Das Rohmaterial der Steinartefakte von Andernach

Ein Beitrag zur Anwendung naturwissenschaftlicher Verfahren in der Archäologie

Judith M. Grünberg

I0894766

BAR International Series 448
1988

B.A.R.

122 Banbury Rd, Oxford, OX2 7BP, UK

BAR -S448, 1988: 'Das Rohmaterial der Steinartefakte von Andernach'

ISBN 9780860545750 paperback

ISBN 9781407347325 e-book

DOI https://doi.org/10.30861/9780860545750

A catalogue record for this book is available from the British Library

This book is available at www.barpublishing.com

Dem Andenken an

Franz Niquet

"It may well be that in another hundred years most of archaeology will be conducted in a precise scientific manner, but until then it seems necessary to demonstrate the importance of scientific work within archaeology which is derived from, or influenced by, other fields of science. Geology has a long history of association with archaeology, especially where they share common ground in environmental and palaeontological studies of the Pleistocene. However, petrological work is only now being appreciated for the breadth and wealth of information it can provide to archaeologists."

(Don Brothwell, in: D.R.C. Kempe and A.P. Harvey. The Petrology of Archaeological Artefacts. Oxford 1983, S. 1)

Inhaltsverzeichnis

TEIL I

1. Einleitung

Die vorliegende Magisterarbeit ist ein Versuch, mit Hilfe von naturwissenschaftlichen Verfahren zusätzliche Informationen zum sozio-ökonomischen Rohmaterialverhalten der späteiszeitlichen Bevölkerung zu erhalten.

Als Beispiel diente das 1979 - 1983 unter der Leitung von Herrn Prof. Dr. Gerhard Bosinski und Herrn Dr. Stephan Veil ergrabene Steinartefaktinventar des Fundplatzes Andernach (Neuwieder Becken).

Aufgabe der Untersuchung war es zum einen, das Rohmaterialspektrum der Steinwerkzeuge des Magdalénien- und endpaläolithischen Fundhorizontes genau petrographisch zu definieren, um einen späteren Vergleich mit anderen Fundinventaren des Neuwieder Beckens zu ermöglichen.

Zum zweiten sollte versucht werden, die Anzahl und Herkunft der verschiedenen Ressourcen zu erfassen, die von den Jäger- und Sammlergruppen exploitiert worden sind. Damit war beabsichtigt, Hinweise für den ökonomischen Aktionsradius im späten Jungpaläolithikum zu gewinnen.

Als letzten Komplex befaßt sich die Arbeit mit möglichen Aussagen über die Qualität der Rohmaterialien. So werden die lokal im Neuwieder Becken anstehenden Quarzitvarietäten mit anderen bekannten Vorkommen in Mitteleuropa verglichen, die ebenfalls im Paläolithikum als Werkstoff für die lithische Industrie gedient haben. Zum anderen werden auch die in Andernach verwendeten vier Hauptgesteinsarten - Quarzit, Chalzedon, Kieselschiefer und Feuerstein - nach Kriterien für ihre unterschiedlichen Bearbeitungsfähigkeiten differenziert. Ziel dieser Studien soll es sein, die rohmaterialbedingten technologischen Möglichkeiten zu erklären und zusätzliche Informationsquellen zu den traditionellen archäologischen Methoden zu erhalten.

Die Bereitstellung des Fundmaterials verdanke ich Herrn Prof. Dr. Gerhard Bosinski. Wichtige Anregungen für diese Arbeit ergaben sich aus vielen Gesprächen mit Herrn Dr. Stephan Veil. Außerdem konnte ich mich der großzügigen Unterstützung und Hilfestellung durch beratene Gespräche und Zurverfügungstellung von wissenschaftlichen Geräten der nachstehenden Damen und Herren erfreuen:

Herr Dr. H.J. Albers (Landesanstalt für Ökologie, Landschaftsentwicklung und Forstplanung Nordrhein-Westfalen, Recklinghausen)

Herr Dr. R. Below (Institut für Paläontologie, Bonn)

Herr Prof. Dr. W. Boenigk (Geologisches Institut, Köln)

Frau I. Cloß (Institut für Ur- und Frühgeschichte, Köln, Labor für Vegetationsgeschichte/Pollenanalyse)

Herr D. Dettmar (Institut für Mineralogie, Bochum)

Herr Dipl.-Ing. W.M. Felder (Rijks Geologische Dienst, Heerlen, Niederlande)

Herr Dipl.-Geol. F. Farrokh (Geologisches Institut, Köln)

Herr Prof. Dr. O. Flörke (Institut für Mineralogie, Bochum)

Herr Prof. Dr. H. Füchtbauer (Institut für Geologie, Bochum)

Herr Dr. H. Graetsch (Institut für Mineralogie, Bochum)

Herr Prof. Dr. U. Jux (Geologisches Institut, Köln, Abt. Paläontologie)

Herr Prof. Dr. E.K. Kempf (Geologisches Institut, Köln, Abt. Mikropaläontologie)

Herr W. Mackowiak (Geologisches Institut, Köln, Abt. Paläontologie)

Herr Dipl.-Geol. U. Marheinecke (Geologisch-Paläontologisches Institut und Museum, Hamburg)

Herr Dr. A.B. McKenzie (Reactor Centre, East Kilbride, Schottland)

Frau Dr. J. Meurers-Balke (Institut für Ur- und Frühgeschichte, Köln, Labor für Vegetationsgeschichte/Pollenanalyse)

Herr Dr. H. Noll (Geologisches Institut, Köln)

Herr Dr. E. Overkott (Dr. C. Otto GmbH, Bochum)

Frau Dr. E.A. Slater (Department of Archaeology, Glasgow, Schottland)

Herr Dr. K. Steingötter (Geologisches Landesamt Rheinland-Pfalz, Mainz)

Durch Korrespondenz erhielt ich noch zusätzlich viele Anregungen von:

Herr H. Altmeyer (Bergisch-Gladbach)

Frau Dr. C.C. Bakels (Instituut voor Prehistorie, Rijksuniversiteit Leiden, Niederlande)

Frau Dr. A. Masson (Département de Géologie, Villeurbanne, Frankreich)

Frau Dr. M. Mauger (Institut d'Art et d'Archéologie, Paris, Frankreich)

Herr Prof. Dr. P. Ney (Berchtesgaden)

Herr Dr. A. Přichystal (Ustředni ústav geologický, Brno, Tschechoslowakei)

Herr Dr. G. de G. Sieveking (British Museum, London, England)

Herr PD Dr. W.B. Stern (Geochemisches Labor der Universität Basel, Schweiz)

Herr Prof. Dr. P.M. Vermeersch (Instituut voor Prehistorie, Leuven, Belgien).

Den Herren Dr. S.K. Arora (Hambach), N. Arts und J. Deeben (Amsterdam), Prof. Dr. R. Feustel (Weimar), Dr. H. Löhr (Trier) und Frau I. Schweitzer (Hildesheim) danke ich dafür, daß sie mir großzügig Gesteinsproben zum Vergleich zur Verfügung gestellt haben.

Bei meinem einjährigen Studienaufenthalt an der Universität von Cambridge (England) 1983/84, den mir die King Edward VII Foundation finanziell ermöglicht hat, konnte ich wertvolle methodische Anregungen gewinnen. Zu großem Dank verpflichtet bin ich deshalb den Herren Prof. Dr. A.C. Renfrew und Dr. P.A. Mellars. Mein Dank gilt außerdem Herrn Prof. Dr. K.J. Narr (Seminar für Ur- und Frühgeschichte der Westfälischen Wilhelms-Universität Münster), der das Manuskript kritisch durchgelesen und die Anfertigung zum Druck gefördert und betreut hat.

Nicht zuletzt danke ich meinen Kommilitoninnen und Kommilitonen der Geologie, Mineralogie und Ur- und Frühgeschichte an der Universität zu Köln und am Department of Archaeology in Cambridge (England), mit denen ich zahlreiche Diskussionen führen konnte.

Die vorliegende Magisterarbeit+ ist in zwei Bänden mit insgesamt vier Teilen gegliedert. Band 1 enthält den Text (I), Band 2 Teil II - IV. Im Teil II befinden sich sämtliche Tabellen und Abbildungen, die nicht in den Text (I) integriert worden sind. Die Datenbasis (Aufnahme von Geländekoordinaten und Untersuchungsergebnisse der naturwissenschaftlichen Analysen) ist zusammengefaßt in Teil III (Anhang). Teil IV bilden die Tafeln mit Mikrofotografien der Dünnschliffe und rasterelektronenmikroskopischen Aufnahmen. Im Text wird auf die einzelnen Teile mit römischen Ziffern hingewiesen, z.B. Abb. I.1 oder Abb. II.1.

+ Sie ist unter dem Titel "Charakterisierung des Rohmaterials der Steinwerkzeuge mit naturwissenschaftlichen Verfahren am Beispiel des späteiszeitlichen Fundplatzes Andernach" von der Philosophischen Fakultät der Universität zu Köln 1986 als schriftliche Arbeit für die Verleihung des Titels eines Magister Artium angenommen worden.

2. Der Rohmaterialaspekt in der Forschungsgeschichte

Die Frage nach der Art und Herkunft des prähistorischen Werkstoffes läßt sich mindestens bis zu den Anfängen der systematischen Erforschung der Menschheitsgeschichte zurückverfolgen.[1] Ein Grund für dieses Interesse liegt sicherlich in der Bedeutung der Archäologie als multidisziplinäre Wissenschaft. Seit frühester Epoche haben Geologen wie Ch. Lyell, D. Buckland, Sir J. Prestwich, H. Falconer, J. Evans, W. Pengelly und W. Boyd Dawkins wichtige Beiträge zur Archäologie geleistet. Somit ist der Begriff "Archäometrie"[2] zwar neu, seine Spuren lassen sich jedoch bis in die Mitte des 18. Jahrhunderts finden.[3]

Es sind primär zwei Faktoren, die das besondere Interesse an der Archäologie und an den aus der Vorgeschichte bekannten Materialien und Bearbeitungstechniken erweckten und diese interdisziplinäre Zusammenarbeit weiterhin erforderlich machten. Zum einen begann eine riesige Ausgrabungswelle, von Europa ausgehend, im eigenen Land, besonders jedoch in Asien und im Nahen Osten, die es notwendig machte, das Fundkonvolut mit besseren Materialangaben zu versehen und zum anderen mußten Methoden gefunden werden, die Funde für Museen und Archive zu konservieren. So sind in diesem Zusammenhang besonders die Arbeiten von M.H. Klaproth zu

---

1 Eine der frühesten Überlegungen läßt sich bis 1656 zurückverfolgen, als Sir William Dugdale ein poliertes Steinbeil von Oldbury (North Warwickshire) beschrieb und darauf hinwies, daß das Rohmaterial nicht lokal anstand "in this part of the Countrie, nor within x 1 miles from hence". (F.W. Shotton und G.L. Henry, 1979:76)

2 Modernes Kunstwort aus griech. (archaiōs) "urtümlich", "alt" und (metréō) "ich messe", Sammelbezeichnung moderner naturwissenschaftlicher Methoden der Untersuchung archäologischen Materials, insbesondere solcher, die der Datierung und damit auch der Herkunftsbestimmung sowie der Werkstoffanalyse dienen. (S. Champion, 1982:15)

3 V. Stukeley (1740) legte als einer der ersten ein Stück Gestein - in diesem Fall von Stonehenge - unter das Mikroskop.

erwähnen, der ab 1810 an der neugegründeten Berliner Universität antike Münzen, Waffen, Glaspasten, chinesische Gongs und mittelalterliche Skulpturen mit dem Ziel untersuchte, den Archäologen präzise Informationen zum Material zu liefern (J. Riederer, 1976:2). 1888 entstand schließlich das erste Museumslabor der Welt bei den Königlichen Museen in Berlin. Erster Direktor des chemischen Labors wurde F. Rathgen, nach dem es später benannt worden ist.

Heute existieren mehrere Arbeitsgruppen, die sich mit den verschiedensten Problemen beschäftigen. In Deutschland gibt es u.a. die Arbeitsgruppe Archäometrie der Freien Universität Berlin, den Arbeitskreis Archäometrie der Gesellschaft Deutscher Chemiker (GDCh) sowie den Arbeitskreis Archäometrie der Deutschen Mineralogischen Gesellschaft (DMG). Seit Ende der 50er Jahre erscheint außerdem eine Reihe von Zeitschriften mit Aufsätzen zu diesem Forschungsbereich (C.W. Beck, 1980). In diesem Zusammenhang sind u.a. zu nennen:

Archaeometry (The Bulletin of the Research Laboratory for Archaeology and the History of Art, Oxford University, Bd. 1- (1958-))

Berliner Beiträge zur Archäometrie, Hrsg. v. Staatliche Museen Preußischer Kulturbesitz, Bd. 1- (Berlin-West 1976-)

Informationsblätter zu den Nachbarwissenschaften der Ur- und Frühgeschichte (INW), Hrsg. v. V. Arnold, R. Busch und J. Hoika, Heft 1- (Göttingen, Bonn 1970-)

Seit 1971 wird von der Stiftung Volkswagenwerk ein Schwerpunktprogramm "Archäometrie" gefördert.

Im folgenden Überblick über die Forschungsgeschichte sollen exemplarisch nur einige wichtige Arbeiten vorgestellt werden, die kennzeichnend für die Forschungsprojekte und Anwendung der Petroarchäologie[4] im Laufe der

---

[4] Eine wissenschaftliche Disziplin, die ihr Objekt - vor- bis frühgeschichtliche Steinartefakte - mit Hilfe

Zeit sind. Verständlicherweise können nur die Publikationen berücksichtigt werden, die sich mit der Bestimmung und Herkunft von geschlagenen und polierten Rohmaterialien der Steinindustrie beschäftigen.

2.1. Die Entstehung der Petroarchäologie (1840 - 1899)

Seit Beginn der systematischen Archäologie in den Jahren zwischen 1840 und 1870 (G. Daniel, 1975:57) lassen sich der Literatur schon zahlreiche Überlegungen zu der geologischen Bestimmung des Rohmaterials von Steingeräten entnehmen. Das Hauptinteresse lag primär auf folgenden drei Bereichen:

1) Genaue petrographische Ansprache des Materials

2) Herkunft des Gesteins

3) Verbreitung des Gesteins

Ein großes Forschungsproblem war in dieser Zeit und bis Ende des 19. Jahrhunderts die sogenannte Nephrit-Jadeit-Frage. F. Berwerth beschreibt die Problematik folgendermaßen:

"Man versteht darunter im Allgemeinen die Lösung einer ethnologischen Aufgabe mit Hilfe der Mineralogie und Petrographie. Ihre Entstehung wurde hauptsächlich durch die in neuerer Zeit von sämmtlichen Culturstaaten eifrigst gepflegten Forschungen nach den vom Schoosse der Erde nicht verzehrten Überresten vorgeschichtlichen Völkerlebens veranlaßt." (1890:54)

---

spezifisch archäologischer und petrographischer Methoden erforscht. Die genaue Bestimmung der stofflichen Zusammensetzung von Steinartefakten, die Bestimmung des Gefüges, und der Herkunft der Gesteine, morphologische, typologische Analysen, bzw. Analysen von Arbeitsspuren dienen ihr als Mittel zur exakten Fixation des Objektes, das so zu einer glaubwürdigeren Quelle für die Erkenntnis der Entwicklung der menschlichen Gesellschaft wird (J. Štelcl, M. Maška und J. Malina, 1970:151).

Anlaß für diese Untersuchungen waren zahlreiche polierte Steinbeile aus Jade, Jadeit, Nephrit und Chloromelanit, d.h. einem Gestein, dessen natürliche Vorkommen in ganz Europa - mit Ausnahme einiger weniger Stellen in den glazialen nordmitteleuropäischen Ablagerungen - noch völlig unbekannt waren. Die Diskussionen erregten bald nicht nur die internationale Aufmerksamkeit von Archäologen und Mineralogen, sondern auch berühmter Ethnologen. So gaben Hypothesen, wie sie u.a. von H. Fischer (1875) in seinem Buch "Nephrit und Jadeit nach ihren mineralogischen Eigenschaften sowie nach ihrer urgeschichtlichen und ethnographischen Bedeutung" formuliert wurden, Anstoß für heftige Debatten. H. Fischer hatte versucht, das Auftreten dieser Steinbeile in Zusammenhang mit Völkerwanderungen aus Asien nach Europa zu erklären. So schreibt er:

"Dem gegenüber erscheint es befremdend, wie dem ganzen Erdtheil Europa - soweit bis jetzt bekannt - ein ihm selbst zugehöriges Vorkommen von dem Nephrit, d.h. einer kryptokrystallinischen, dem Grammatit mehr weniger nahestehenden Varietät des sonst so gemeinen Minerals Hornblende versagt ist, während Asien und Oceanien dieselbe zum Theil in bedeutenden Massen liefern und während vielleicht auch Amerika seine eigenen Nephritvorkommnisse besitzt." (1875:6)

Ein großer Anteil dieser Steingeräte wurde vor allem durch die Ausgrabungen der Schweizer Pfahlbausiedlungen seit 1854 zutage gefördert, die erste analytische Arbeiten von E. Désor (1866), H. Fischer (1866), L.R. Fellenberg (1866, 1869) und anderen hervorriefen.

Durch die Diskussionen der verschiedenen Wissenschaftler ausgelöst, folgte nun bald eine intensive Suche nach dem Gestein in der einheimischen Umgebung. So blieb die fast allseitig angenommene Ansicht von H. Fischer nahezu widerspruchslos bis zum Jahre 1879 bestehen, als schließlich anstehender Nephrit u.a. im Zobtengebirge (Schlesien) und der Steiermark gefunden wurde (H. Traube, 1884, 1885; F. Berwerth, 1890).

Außerdem begann jedoch eine umfassende Grundlagenforschung, um durch eine petrographische Untersuchung aller bekannten Steingeräte, eine Vergleichsbasis zu erhalten. Diese Arbeiten lassen sich bis in die heutige Zeit verfolgen, u.a. in Großbritannien und Frankreich. In diesem Zusammenhang sind die Arbeiten von A. Damour (1863, 1865, 1881) in Frankreich und die von R. Virchow angeregten Studien von A. Arzruni (1881, 1883), R. Virchow und A. Arzruni (1884), J. Palliardi (1889) und F. Berwerth (1890) in Deutschland zu nennen, die in den "Verhandlungen der Berliner Gesellschaft für Anthropologie, Ethnologie und Urgeschichte" später besonders publiziert worden sind. Das Forschungsprojekt wurde zum Bestandteil der Zielsetzungen der erst 1869 unter großer Mitwirkung von R. Virchow gegründeten Gesellschaft.

Daneben wurden aber auch andere Felsgesteinarten durch Arbeiten von P. Lohmann (1884), z.B. über Eklogit, durchgeführt. Auch hier waren die polierten Steinbeile Gegenstand der Untersuchungen. Gleichzeitig beschäftigte man sich auch mit den anderen einheimischen Rohmaterialien der lithischen Industrien prähistorischer Zeit, u.a. mit Feuerstein, Jaspis, Hornstein und Obsidian. Die Arbeiten waren jedoch sehr viel seltener und nahmen bei weitem nicht die Bedeutung an, wie die Nephrit- und Jadeit-Frage. Es sind die Publikationen von M.G. Bleicher und C.F. Faudel (1878), die sich neben den Felsgesteinen auch mit Feuerstein, Jaspis und anderen Gesteinsarten auseinandergesetzt haben. Mit Obsidian, der von den neolithischen Industrien in Mähren bekannt war, beschäftigten sich u.a. die Untersuchungen von J. Knies (1891) und I.L. Červinka (1895). Daneben gibt es auch eine Reihe von ganz regionalen Studien, wie z.B. die Arbeiten von Dr. Loewer über die "Waffen und Geräthe der Steinzeit in Hessen in geologischer Beziehung" (1892) oder von P. Voß über die "Petrographische Untersuchung einiger Steingeräthe aus Thüringen" (1893) sowie die Bearbeitung eines spezifischen Fundinventars, wie z.B. über die Station von Predmost (J.N. Woldřich, 1886). Das letzte Beispiel zeigt, daß es auch hier manchmal durchaus zu etwas lebhaften Diskussionen kommen konnte, sobald die Herkunft des Rohmaterials sozio-politische Interessen berührte (K.J. Maška, 1886).

Abschließend zu erwähnen sind noch die sehr detaillierten Untersuchungen von T. Ortvay (1887), der eine Übersicht über die stoffliche Zusammensetzung von ca. 26 verschiedenen Gesteinstypen gibt, die für die Herstellung von prähistorischen Steingeräten in Ungarn verwendet worden sind. Interessant sind u.a. seine Anmerkungen über die Bedeutung mineralogischer Analysen. So schreibt er:

"Bekanntlich besitzen diese Steinarten eine große mineralogische Mannigfaltigkeit, also zahlreiche locale Varietäten. Wenn die chemische Analyse oder die mikroskopische Untersuchung auch an den Steinsachen von gleicher Eigenthümlichkeit der mineralogischen Disparität constatirt, dann können wir deren locale Provenienz unwiderleglich nachweisen." (1887:60)

Die Untersuchungsmethoden umfaßten neben einer kurzen makroskopischen Beschreibung des Gesteins und seiner Eigenschaften (Farbe, Struktur, Bruchform, Härte) zumeist auch eine Dünnschliffanalyse über Mineralzusammensetzung, Korngröße, Matrix und andere Gefüge- und Texturmerkmale. Auch die Möglichkeit einer chemischen Analyse wurde z.T. erwogen bzw. stark - besonders durch A.B. Meyer (F. Berwerth, 1890:56) in Dresden - angeregt. So schreiben M.G. Bleicher und C.F. Faudel in ihrem Aufsatz "Nature et provenance des roches qui ont servi à la fabrication des instruments":

"On sait combien il est parfois difficile de spécifier une roche sur des échantillons roulés ou ayant subi l'action prolongée des agents atmosphériques et ne montrant aucune cassure fraîche. Il aurait fallu, dans quelques cas, recourir à l'analyse chimique, à la recherche du poids spécifique, à l'examen microscopique de plaques minces et polies; or, nous n'avions ni le temps ni les moyens de nous livrer à des investigations si délicates." (1878:184)

Wichtig für diese Zeit war, daß nur das archäologische Material analysiert wurde, während anstehendes Gestein anscheinend nur makroskopisch mit dem Fundinventar verglichen wurde. Das geologische Gestein wurde bisher jedoch nicht durchgehend systematisch kartiert und petrographisch bearbeitet, um dann das archäologische Fundgut mit einem präzisen Vorkommen eindeutig in Verbindung zu setzen. So blieben alle Aussagen zur genauen Lokalisierung der prähistorisch exploitierten Aufschlüsse weiterhin reine Spekulation. Die zahlreichen petro-chemischen Angaben zum archäologischen Rohmaterial waren wiederum meistens für den Archäologen - bis auf die genaue Gesteinsansprache, d.h. zum Beispiel ob Jade, Jadeit oder Chloromelanit - nicht zu verwenden.

2.2. Die erste Blütezeit der Petroarchäologie (1900 - 1939)

Die nächsten vier Jahrzehnte sind gekennzeichnet durch das zunehmende Interesse von Naturwissenschaftlern an archäologischen Fragen, durch Experimente in der Petroarchäologie und vermehrte Institutionalisierung.

Anders als in den vergangenen Jahren widmet man sich jetzt stärker dem Rohmaterial einheimischer archäologischer Steinindustrien. Arbeiten, wie sie von P. Voß (1893) und anderen schon begonnen worden waren, werden nun intensiv fortgesetzt. Es werden nun entweder bestimmte Regionen oder einzelne Fundplätze aufgearbeitet. Da man inzwischen das Nephrit- und Jadeitproblem gelöst hat, d.h. das Vorkommen dieser Gesteine in Deutschland und anderen Teilen Europas nachweisen kann, befaßt man sich in der Folgezeit auch mit anderen Werkstoffen.
In der Literatur finden sich Untersuchungen zu Feuerstein, Quarzit, Lydit, Chalzedon und Jaspis. Während sich früher die Analysen primär mit Felsgesteinbeilen, d.h. mit neolithischen und bronzezeitlichen Fundinventaren, beschäftigt haben, kommen auch die paläolithischen Steinindustrien hinzu. Zu den wichtigsten theoretischen und methodischen Studien zählen die Arbeiten von

W. Deecke, ordentlicher Professor der Geologie und Paläontologie an der Universität Freiburg i. Br., (1900, 1905, 1933), die einen neuen Abschnitt in der Geschichte der Petroarchäologie einleiten. Gemeint sind besonders seine experimentellen Rohmaterialuntersuchungen, z.B. zur Erklärung von Farbvarianten und Patinabildung auf Feuerstein (1900, 1905). In seinem Aufsatz "Über das Gesteinsmaterial der Rügen'schen und Neuvorpommer'schen prähistorischen Werkzeuge" beschreibt W. Deecke, wie dunkle Feuersteinsplitter über der Flamme bzw. mit verschiedenen Chemikalien bestimmte Farbwechsel zeigen. Aufgrund seiner experimentell erzielten Ergebnisse versucht er, auf die Einbettungsbedingungen von Feuersteinartefakten zu schließen. Aber es sind noch andere Beobachtungen, u.a. zu den schon früher untersuchten Felsgesteinbeilen, die zeigen, daß nun ein neuer Abschnitt beginnt. W. Deecke untersucht nämlich die Felsgesteinbeile nicht nur in Hinblick auf ihre Korngröße, Härte und mögliche Herkunft, sondern er versteht auch, Gesteinsart, Funktion und technologische Bearbeitungsbedingungen in Verbindung zu setzen.
So schreibt er:

"Als Schleifplatten zum Poliren der roh zugeschlagenen Feuersteine hat man fast ausschließlich quarzitische kambrische Sandsteine verwendet. Dieselben kommen in geeigneter Größe häufig vor und zeichnen sich durch ihre rothe oder bräunliche Färbung, schwachen Fettglanz und gelegentlich durch bunte Streifung aus. Als Schleifmittel diente wohl Sand und zwar der reine Quarz (Dünen) Sand, mit dem auch die Löcher in die Aexte gebohrt sein werden. Da der Sand die gleiche Härte wie der Feuerstein hat, ließ sich letzterer mit diesem damals einzig bekannten Mittel nicht durchbohren, so daß künstlich durchlöcherte Flintsachen kaum bekannt sind. Dagegen ist der Quarzsand härter als die Feldspathe, Augite und Hornblenden und konnte deshalb sehr wohl zu deren Durchlöcherung gebraucht werden; freilich ging die Bohrung langsam vor sich, weil die Härteunterschiede nur einen Grad der mineralogischen Skala betragen." (1900:96)

Auf Anregung von W. Deecke werden die Untersuchungen von Felsgesteinbeilen auch von anderen Wissenschaftlern in anderen Regionen fortgesetzt, so von O. Luedecke "Über die Steinbeile der Umgebung von Halle a. S." (1902, 1904) und von O. Hildebrand über die "Petrographische Untersuchung einiger Steinwerkzeuge aus Westpreußen" (1904).

Wenn auch die Zeit der spektakulären Diskussionen beendet ist, so werden doch die Arbeiten über die Felsgesteinbeile der schweizerischen Pfahlbausiedlungen fortgesetzt. Es sind die Veröffentlichungen von A. Bodmer-Beder (1903) und L. Hezner (1905) mit dem Schwerpunkt, die Herkunft des Gesteins näher bestimmen zu können. Im Unterschied zu den älteren Untersuchungen werden nun nicht mehr ausschließlich die archäologischen Fundstücke, sondern auch die geologischen Vergleichsproben betrachtet. Ebenso erfahren die Untersuchungsmethoden eine deutliche Änderung. Während man früher fast ausschließlich Dünnschliffe zur Gefügebestimmung benutzt hat, werden sie jetzt durch chemische Hauptkomponentenanalysen ergänzt - u.a. SiO_2, TiO_2, Al_2O_3, FeO, MnO, CeO, MgO - und vergleicht deren quantitative Verteilung in den einzelnen Stücken.

1922 erscheint schließlich ein Aufsatz von J. Andree, der auf einer Verbreitungskarte rund 40 geologische Nephrit- und Jadeit-Vorkommen in Europa kartiert. Er betont noch einmal nachdrücklich, daß nur die mineralogisch-chemische Untersuchung letzten Endes mit absoluter Sicherheit den Ursprung des benutzten Materials festzustellen vermag (1922:25).

Zwischenzeitlich werden an verschiedenen Universitäten in Deutschland eine Reihe von Dissertationen über Rohmaterialbestimmung - meist von Steingeräten eines begrenzten regionalen Gebietes - mit unterschiedlichen Methoden angefertigt: z.B. die Arbeiten von P. Stautz über die "Petrographische Untersuchung von Steinartefakten aus dem Vogelsberge" an der Großherzoglich Hessischen Ludwigs-Universität zu Gießen (1910), F. Würzbach über "Das Rohmaterial prähistorischer Silexwerkzeuge nach Vorkommen und Eigenschaften" an der Naturwissenschaftlich-Mathematischen Fakultät der Albert-Ludwigs-Universität zu Freiburg im Breisgau (1914) und F. Keller über "Petrographische Untersuchung unterfränkischer Steinartefakte" an der Hohen Philosophischen Fakultät der Bayerischen Julius-Maximilians-Universität Würzburg (1920).

Die Dissertation von P. Stautz beruht dabei auf makroskopischen und mikrochemischen Untersuchungen von primär in Oberhessen gefundenen Felsgesteinbeilen, die als Einzelfunde im Museum des Oberhessischen Geschichtsvereins in Gießen ausgestellt waren. Wichtig für die weiteren Publikationen ist, daß der Autor zum ersten Mal eine Verbreitungskarte für die Provinz Oberhessen beifügt. So schreibt er:

"Zum leichteren Auffinden der einzelnen Fundorte und zur Feststellung etwaiger Beziehungen zwischen diesen und den verwandten Gesteinen, ist eine Karte beigefügt (Tafel III), auf der die Fundorte durch schräge Schrift kenntlich gemacht sind. Durch ein Zeichen ist das Gestein, das zur Herstellung des dort gefundenen Artefakts gedient hat, gekennzeichnet." (1910:5)

F. Keller befaßt sich ebenfalls mit der Bestimmung und Herkunft von Felsgesteinbeilen, versucht jedoch auch die Abnutzungs- und Bearbeitbarkeit in Zusammenhang mit der physikalischen Festigkeit eines Rohmaterials zu betrachten. Wichtig scheinen auch einige seiner Überlegungen zur Zielsetzung der Analysen, die hier deshalb wiedergegeben werden sollen. So schreibt er:

"Allerdings gestattet die Untersuchung eines Dünnschliffes am sichersten die Feststellung der Gesteinsart; aber einesteils kommt bei größeren Objekten, vor allem für technische Verwendung, gerade die Makrostruktur in Frage, welche im Dünnschliff meist nicht zu übersehen ist, andernteils sind die kristallinen wie sedimentären Gesteine so weitverbreitet, daß auch die genaueste Bestimmung der Gesteinsspezies im allgemeinen keinerlei Schlüsse auf die Herkunft des Materials zuläßt; letztere, welche den Prähistoriker besonders interessiert, muß vielmehr aus anderen, vor allem geologisch-geographischen Beobachtungen gefolgert werden. Deshalb dürfte die Herstellung von Dünnschliffen nur selten notwendig, eine detaillierte Beschreibung derselben überhaupt überflüssig zu sein.

Außerdem möchte gerade der Prähistoriker, welcher mit optischen Untersuchungen weniger vertraut ist, und nicht zuletzt mancher Laie durch die Möglichkeit der makroskopischen Bestimmung in den Stand gesetzt werden, die Gesteinsart zu erkennen. Es sollte also dem Ausbau dieser Prüfungsmethode in erster Linie Rechnung getragen werden." (1920:6/7)

Die Meinung von F. Keller spiegelt das Interesse wider, Ergebnisse durch möglichst einfache aber dennoch adäquate Methoden zu erhalten, die archäologische Forschungsprobleme lösen helfen.

So unterscheiden sich auch schon die Angaben der beiden oben erwähnten Dissertationen. P. Stautz legt den Schwerpunkt seiner Arbeit auf eine sehr detaillierte mineralogische Beschreibung des Materials, ohne jedoch z.B. den Mineralgehalt quantitativ wie A. Bodmer-Beder (1903) zu erfassen. F. Keller listet dagegen in den Übersichtstabellen nur wenige Angaben zum Material auf, wie etwa das spezifische Gewicht, die Härte und das mögliche Vorkommen. Seine Untersuchungen basieren somit nur auf makroskopischen Merkmalen.

Schließlich ist noch eine weitere Überlegung bei F. Keller zu finden, die es wert ist, hier erwähnt zu werden.
So sagt er:

"Die Verfertiger mußten also bei der Bearbeitung eines Stückes immer die Eigenschaften des betreffenden Gesteines im Auge behalten, damit ihnen die Arbeit nicht mißraten konnte." (1920:22)

Auch dieses Zitat zeigt, daß eine neue Tendenz in der Petroarchäologie aufkommt. Es ist nun nicht nur wichtig. das Fundobjekt mineralogisch zu charakterisieren und dessen mögliche Herkunft zu ermitteln, sondern viel wichtiger scheint es jetzt zu sein, andere "archäologische" Fragen, die den prähistorischen Menschen und seine Selektionskriterien, d.h. seine Gedankengänge betreffen, zu erfassen.

Das Thema der dritten oben erwähnten Dissertationen zeigt diese neue Orientierung ganz eindeutig. Sie ist von W. Deecke an seinen Studenten F. Würzbach vergeben worden und befaßt sich im Gegensatz zu den beiden anderen Werken mit Artefakten der paläolithischen Industrien. F. Würzbach (1914) beschreibt so nicht nur ausführlich die geomorphologischen Gegebenheiten des Paläolithikums Europas, d.h. die Umwelt, sondern sie enthält auch diverse Überlegungen zum geologischen Vorkommen von Rohmaterialien für die Werkzeuge in Form von primären und sekundären Lagerstätten, Bergbau und Theorien über mögliche Handelswege entlang der Flußtäler von Süddeutschland, über die Donautäler bis zur Mährischen Schweiz und das Thema der Form und Ausbildung der Werkzeuge in Abhängigkeit vom Material. Er konzentriert sich dabei - ganz in der Tradition von W. Deecke - primär auf den Feuerstein, zu dem er sowohl über seine Entstehung, die geologischen Vorkommen, als auch über Verwitterungsformen und Varietäten der amorphen und kryptokristallinen Kieselsäure (Hornstein, Feuerstein, Kieselschiefer) schreibt. Das letzte Kapitel seiner Arbeit umfaßt eine mikroskopische Analyse des lithischen Inventars der Munzinger Station, die noch einmal in der Publikation von A. Padtberg (1925:51-55) veröffentlicht worden ist. Auch hier sind mit Hilfe von W. Deecke Dünnschliffe angefertigt worden, die als Foto der Abhandlung beigegeben werden. Wie wichtig diese Dissertation für die weitere Entwicklung der Petroarchäologie ist, soll das folgende Zitat belegen. So schreibt er:

"Durch das Entgegenkommen Herrn Prof. Deeckes war es mir möglich, die verschiedensten Kieselsäureausscheidungen im Dünnschliff zu untersuchen, und zwar wurden von einem Vorkommen nicht nur je ein Schliff hergestellt, sondern mehrere, um Zufälligkeiten der Ausbildung zu eleminieren. Es sei noch einmal betont, daß es sich keineswegs um eine mineralogische oder petrographische Untersuchung und Anordnung der Schliffe handelt, sondern um eine für den Prähistoriker brauchbare, d.h. praktische Einteilung des mannigfaltigen Materials." (1914:114)

Auch zum Thema Werkstoff und praktische Verwendbarkeit des Materials hat F. Würzbach eine Reihe von grundlegenden Kriterien erarbeitet, auf die noch einmal später im Kapitel "Rohmaterialart und technologische Möglichkeiten" zurückgekommen werden soll.

1926 erscheint im Reallexikon der Vorgeschichte (Hrsg.

von F. Ebert) im Band 4 (1) ein Beitrag von H. Obermaier unter dem Stichwort "Gesteinsmaterial der paläolithischen Industrien". Darin heißt es u.a.:

"Da der Mensch des älteren Paläolithikums seine Dauer-Werkzeuge und -Waffen ausschließlich aus Stein herstellte und auch im jüngeren Paläolithikum desgleichen noch wesentlich auf ebensolche Geräte angewiesen war, bedeutete die Frage der Beschaffung des geeigneten Rohmaterials für ihn ein nicht zu unterschätzendes Problem." (1926:304)

Obwohl H. Obermaier nicht auf die Methoden zur Erforschung der Rohmaterialfrage eingeht, läßt sich doch erkennen, welche große Bedeutung er diesem Forschungsbereich beimißt und auch die Abhängigkeit der Bearbeitungsfähigkeit vom Werkstoff vermutet.

Es ist noch eine weitere grundlegende Arbeit zu nennen, die für die weitere Entwicklung der Petroarchäologie von entscheidener Bedeutung war: 1933 erscheint wiederum eine Publikation von W. Deecke mit dem Titel "Die mitteleuropäischen Silices - nach Vorkommen, Eigenschaften und Verwendung in der Prähistorie". Er knüpft damit direkt an die Dissertation seines ehemaligen Studenten F. Würzbach an. Seine Veröffentlichung erklärt W. Deecke damit, daß erstens der Druck der Dissertation von 1914 durch die Kriegswirren des I. Weltkrieges und die Inflationsjahre nicht erfolgt war, und zweitens eine Neubearbeitung infolge erweiterter Informationsgrundlagen in den darauf folgenden zwei Jahrzehnten es nötig gemacht hätte, neue Aspekte zu berücksichtigen.

Die Arbeit von W. Deecke ist in vier Teile gegliedert, die sich mit den Themen Nomenklatur von Mineralien und Gesteinen, Patina[5] und der Größe und Auswahl der bearbeiteten Silices beschäftigen. Am Ende der Monographie ist eine Bestimmungstabelle beigefügt, mit deren Hilfe der Archäologe oder interessierte Laie Rohmaterial einfach

---

[5] Veränderungen des frischen Gesteins in Farbe und Konsistenz durch Korrosion bzw. Verwitterung (S. Champion, 1982:129-30, verkürzte Definition).

bestimmen kann.

Im ganzen stellt die Arbeit noch heute ein wichtiges Handbuch für den Archäologen dar: Die Begriffe "Mineral" und "Gestein" werden erklärt und auch diverse SiO_2-Varietäten (Feuerstein, Chalzedon, Jaspis, etc.) erneut und genauer definiert. Außerdem listet W. Deecke bekannte geologische Vorkommen in Mitteleuropa auf. Dabei verliert er niemals den Bezug zu der archäologischen Fragestellung. So beschreibt er auch das Rohmaterialspektrum zahlreicher archäologischer Fundstellen.

Aufbauend auf seinen Studien über Farbveränderungen von Feuerstein durch geo-chemische und klimatologische Vorgänge von 1900 und 1905, widmet er nun ein ganzes Kapitel der Patina. Überhaupt scheint das Thema "Patina" den Anstoß zu vielen neuen Überlegungen und Forschungsprojekten gegeben zu haben (W.J. Sollas, 1913; H.D. Hewitt, 1915; L. Cayeux, 1929, 1930; E. Hue, 1929; E. Gehrcke, 1930; G. Hoffmann, 1933; C. Ophoven, 1938 u.a.)[6]. Die Patina galt bald als eines der wichtigsten Merkmale für die Altersbestimmung eines Silexwerkzeuges und seiner Echtheit (W. Deecke, 1933:87).

In seinem letzten Kapitel geht W. Deecke noch einmal auf die Selektionsprinzipien der prähistorischen Menschen ein. So weist er auf die Beziehung zwischen der Größe der Artefakte und dem Gesteinsvorkommen (primäre und sekundäre Lagerstätte) und der damit verbundenen Qualität des Werkstoffes hin. Zum anderen betrachtet er den Einfluß verschiedener Feuerstein- und Quarzitarten auf die Bearbeitungsfähigkeit.

Die Bestimmungstabellen umfassen Angaben zur Farbe, makroskopischen Struktur, Glanz und typischen Bruchform, anhand der auch ein Nicht-Geologe frische Silices klassifizieren kann.

---

[6] Nach L. Cayeux untersucht man seit dem Jahre 1797 Patina wissenschaftlich (1930:61).

Aber nicht nur in Deutschland werden Rohmaterialuntersuchungen durchgeführt. Auch die Arbeiten von N.H. Kolderup über "Petrologische Untersuchungen über das Material der Werkzeuge im westlichen Norwegen" (1925) und von H. Leitmeier über "Mineralogische Untersuchungen an den Werkzeugen von Willendorf" (1932) und "Die Hornsteinartefakte von Willendorf in der Wachau" (1932) sind zu nennen. Von Obsidianvorkommen in der Slovakai als Hinweis auf prähistorische Handelsbeziehungen - ein Thema, das später in den 60er Jahren von den englischen Wissenschaftlern intensiv verfolgt worden ist - handelt eine Veröffentlichung von Š. Janšák mit einem mineralogischen Beitrag von F. Ulrich (1935). Auch die ersten petrographischen Arbeiten über quarzitische Sandsteine werden in dieser Zeit publiziert. So untersuchen K. Zapletal und V. Rosický (1935) Artefakte aus diesem Gestein, der als Werkstoff in der paläolithischen Steinindustrie der Station Otaslavice in Mähren neben Chalzedon, Hornstein und Quarzbrekzien verwendet worden ist. In Frankreich beschäftigt man sich verstärkt mit dem Silex, z.B. L. Aufrère (1937).

Am Ende dieses Forschungsabschnittes in der Geschichte der Petroarchäologie steht die Formierung von überregionalen Institutionen zum Zweck der besseren Organisation von Rohmaterialuntersuchungen prähistorischer Fundkomplexe, wie z.B. die Gründung des "Sub-Committee of the South-Western Group of Museums and Art Galleries" in Großbritannien (1936). Ziel der Arbeitsgruppe - der sowohl Archäologen als auch Petrologen angehören - war "to consider the petrological identification of stone implements especially those found in the area covered by the group" (A. Keiller et al., 1941:50). So wurden in den folgenden Jahren alle nur auffindbaren Felsgesteingeräte systematisch mit Hilfe von Dünnschliffen nach Rohmaterial bestimmt sowie die geologischen Vorkommen des Gebietes kartiert.

Am 1. April 1937 wird schließlich in Deutschland durch Erlaß des Reichs- und Preußischen Ministers für Wissenschaft, Erziehung und Volksbildung am Mineralogisch-Petrographischen Institut der Universität Bonn die

"Zentralstelle für petrographische Vor- und Frühgeschichtsforschung" gegründet. Diese Gründung ist sicher im Zusammenhang zu sehen mit den vorausgegangenen, erfolgreichen petrographischen Keramikuntersuchungen des bandkeramischen Dorfes von Köln-Lindenthal durch W. Buttler und K. Obenauer ab 1932 (K. Obenauer, 1933) und die der weniger bekannten Untersuchungen der Steingeräte durch L. Koch (1936).

Außerdem sind es wieder zwei theoretisch-methodische Abhandlungen, in denen der Autor, F.R. Schmitt (1938, 1939), eine Art Resümee der Forschungsarbeiten der letzten vier Jahrzehnte zieht und damit den Entwicklungsstand der Petroarchäologie bis zum Beginn des II. Weltkrieges gut wiedergibt. So schreibt F.R. Schmitt in seinem Aufsatz "Möglichkeiten und Grenzen des Einsatzes der Petroarchäologie bei der Untersuchung von Vorzeitfunden":

"Ziel und Zweck dieser Untersuchungen war es, die Art des Materials und Herkunft desselben zu bestimmen, um damit Schlüsse auf die Handelsbeziehungen der einstigen Besitzer zu ziehen." (1939:50)

Eine wesentliche Aufgabe der Zentralstelle war aus diesem Grunde die Anlage einer Vergleichssammlung, von der Herkunftsort und Mineralgehalt bekannt ist. Alle angefertigten Dünnschliffe blieben ebenfalls im Besitz der Zentralstelle. Andere chemische und spektroskopische Methoden wurden zwar von der Behörde auch angewandt, doch sind sie anscheinend auf Metall- und Glasanalysen beschränkt gewesen. (F.R. Schmitt, 1939:50/51)

Während F.R. Schmitt auch eine Art Schlußbetrachtung für eine ehemals rege Entwicklung der Petroarchäologie in Deutschland gibt, sind in Großbritannien nun hier die ersten Hinweise auf neue Forschungsansätze in der Archäologie erkennbar, deren theoretische Basis das Fundament für die "New Archaeology" der 60er und 70er Jahre schuf. Es sind primär die Arbeiten von V.G. Childe, der schon 1935 in seiner ersten Rede als erster Präsident der neugegründeten Prehistoric Society mit dem Titel "Changing Methods and Aims in Prehistory" sagte:

"Prehistoric archaeology has twin roots and a dual function; it tries on the one hand to prolong written history backward beyond the oldest literary records, on the other to carry natural history forward from the point where geology and palaeontology would leave it. ...But it was the union with geology after the acceptance of Boucher de Perthe's discoveries that made prehistory a science." (1935:1)

"The study and appreciation of a culture from this angle imposes fresh obligations upon the archaeologist. He can no longer be content with merely describing and classifying the objects he uncovers; he must ascertain how they were made and whence the materials for their manufacture came. To do that the archaeologist must enlist the co-operation of geologists, botanists and zoologists, of practical farmers, artisans and engineers as well as of ethnographers. And to see the culture functioning the environment to which it was an adaptation must be reconstructed." (1935:10)

2.3. Die Ruhephase der Petroarchäologie (1940 - 1957)

Dann bewirken die Kriegs- und ersten Nachkriegsjahre eine Stagnation in diesem wie auch in vielen anderen Forschungsbereichen. So waren u.a. die Tätigkeiten der Zentralstelle stark eingeschränkt. In den Zeiten des Wiederaufbaus fehlte das Geld für viele notwendige Untersuchungen. Trotzdem wurden die Forschungen - wenn auch unter z.T. schwierigsten Bedingungen - fortgesetzt, ohne daß ein deutlicher Zuwachs an neuen Methoden oder experimentellen Versuchen zu verzeichnen ist.

1941 werden die ersten Ergebnisse der Untersuchungen an Felsgesteinbeilen durch die South-Western Group of Museums and Art Galleries in den Proceedings der Prehistoric Society veröffentlicht, der Anfang einer systematischen Serienuntersuchung in den kommenden Jahren. (A. Keiller et al., 1941)

In Deutschland werden die schon früher begonnenen

Arbeiten über die Felsgesteinbeile und geologischen Gesteinvorkommen fortgesetzt. In diesem Zusammenhang ist besonders die Publikation von F. Geschwendt "Der schlesische Nephrit und seine Verwendung in vorgeschichtlicher Zeit" (1941) zu nennen. In diesem Aufsatz sind nicht nur Verbreitungskarten der schlesischen Nephritgeräte und geologischen Nephrit- und Serpentinvorkommen bei Jordansmühl enthalten, sondern auch petrographische Angaben zur Struktur, Korngröße, Lage und Ausbildung der einzelnen Nephritkomponenten, Farbe, Härte, Schwere des Rohmaterials sowie einige Beobachtungen zur Verwitterungskruste. Schließlich enthält die Arbeit auch Mikroaufnahmen der Dünnschliffe und umfaßt somit alle wichtigen Angaben für weitere Vergleichsstudien.

In der Schweiz werden die bisherigen Untersuchungen der Steinartefakte der Schweizer Pfahlbausiedlungen durch chemische Alkalibestimmungen ergänzt, wie sie auch schon von A. Bodmer-Beder (1903) durchgeführt worden sind. Wichtig ist, daß nun sowohl die Steinbeile als auch Rohstücke aus der näheren Umgebung in die chemischen Analysen einbezogen werden (Th. Hügi, 1948).

Daß genaue Rohmaterialanalysen - trotz der zahlreichen petroarchäologischen Arbeiten in den Jahren zuvor - noch nicht zum allgemeinen Bestandteil der archäologischen Bearbeitung gehörten, zeigt der Aufsatz von F. Wiegers zur "Rohstoffversorgung im Paläolithikum" (1949/50), in dem der Autor noch einmal die Bedeutung des Rohmaterialaspekts für die archäologische Forschung betont. So schreibt er:

"Die Versorgung des Menschen mit Rohstoffen spielt nicht erst seit der Zunahme der Industrialisierung der Völker eine Rolle, sondern sie hat eine solche von jeher gespielt, von den Tagen an, wo der erste Mensch zu einem Stein gegriffen hat, um mit ihm eine Arbeit zu verrichten, zu der Zähne und Nägel nicht ausreichten. Das ist der Tag, an dem der Mensch beginnt, die Anfänge der Kultur zu schaffen; denn "Kultur" ist gebunden an den "Stoff", den der Boden liefert. ...Weil sich also an die Bezeichnung feste Begriffe knüpfen, ist es eine unbedingte Notwendigkeit, bei jeder Beschreibung vorgeschichtlicher Funde die vorgefundenen Steinmaterialien mineralogisch und petrographisch so genau wie möglich zu bestimmen und die Herkunft derselben festzustellen. Denn aus dem Ursprungsort der Materialien ergibt sich eine ganze Reihe von weiteren Folgerungen, ..." (1949/50:225-26)

An den Beispielen der Magdalénien-Station vom Petersfels im Hegau und von Munzingen am Tuniberge im Breisgau demonstriert er die Bedeutung dieses Forschungsbereiches. So beendet er seine Ausführungen mit folgendem Resümee:

"Die Versorgungsräume sind also nicht ganz klein und lassen die Munzinger, wie die Petersfelser Leute in einem anderen Lichte erscheinen, als zuvor, wo man sich über die Rohmaterialbeschaffung wenig oder gar keine Gedanken machte. Sie ist aber keine Selbstverständlichkeit und ihre Kenntnis ist notwendig, denn die Rohstoffbeschaffung war für den Urmenschen eine der wichtigsten Aufgaben, die aber mit Geschick und Verständnis gelöst wurde." (1949/50:230)

Auch in den folgenden Jahren werden weiterhin Steinbeile in Serien fast ausschließlich mit Hilfe von Dünnschliffen untersucht. In Halle wird so 1956 eine Diplomarbeit von H. Bartels über die "Petrographische Untersuchung von Steinbeilen aus "Wider Schiefer"" fertiggestellt. Wichtig zu erwähnen ist auch die Publikation von R. Herrmann und A. Schüller über "Die Gesteine mittel- und jungsteinzeitlicher Geräte des Döbelner Raumes und ihre Verarbeitung" (1951/52).

In Frankreich erscheinen mehrere Aufsätze über petrographische Studien an bretonischen Äxten durch P.R. Giot (1951, 1959, 1964) und J. Cogné und P.R. Giot (1952, 1953, 1954, 1955, 1957).

In der Tschechoslovakei beschäftigt sich K. Zapletal (1945) mit der stofflichen Zusammensetzung der Steinindustrie der jungpaläolithischen Fundstellen bei Dolní Věstonice (Südmähren), deren Rohmaterial vor allem aus Feuerstein, aber auch aus Radiolarit, Rauchquarz, Hornstein, Opal und Quarzit besteht.

In Österreich werden die Arbeiten über die Gesteinsanalysen der Artefakte von Willendorf i. d. Wachau (Niederösterreich), unter der Leitung von E. Zirkl am Mineralogisch-Petrographischen Institut der Universität Wien, fortgesetzt. In seinem Beitrag in der Publikation der Fundstellen von F. Felgenhauer (1956-59) befaßt sich der Autor noch einmal mit der "Nomenklatur für Gesteine und Minerale, die vom urgeschichtlichen Menschen zur Herstellung von Geräten und Werkzeugen verwendet wurden". So nimmt er u.a. "Silex" als Oberbegriff von Quarz, Chalzedon und Opal (Abb. I.1).

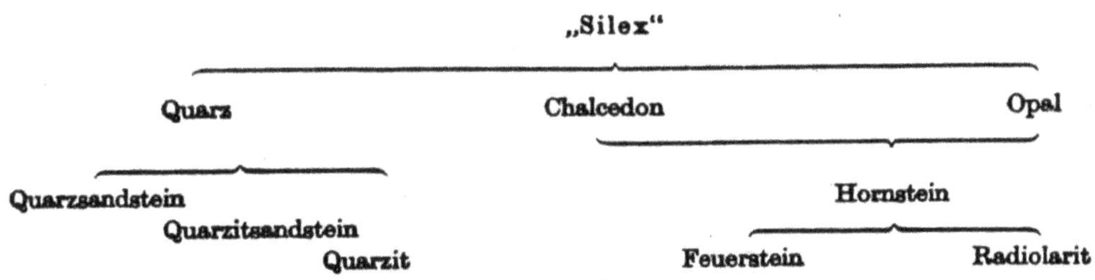

Abb. I.1 Übersicht der "Silexmassen" (E. Zirkl, 1956-59:100)

Interessant ist auch sein Diagramm über den Chemismus von Mergel, kieseligen Mergel, Hornstein, gemeinen Opal und reinem Opal (E. Zirkl, 1956-59:101). Im übrigen versucht E. Zirkl, Sandstein-, Quarzit-, Chalzedon- und Hornsteinvarietäten sowie einige Felsgesteine, u.a. kieseligen Muschelkalk, Serpentin, Amphibolit, Pilitkersanit, Rötel, Limonit, Graphit und Kalzit möglichst einfach für den Archäologen zu definieren.

Abschließend zu erwähnen wäre noch, daß die Einbeziehung der Naturwissenschaften zur Lösung archäologischer Probleme seit den 40er Jahren, 1955 schließlich zur Gründung eines Laboratoriums für historische Technologie am Archäologischen Institut der Akademie der Wissenschaften der UDSSR (Leningrader Abteilung) führte. In den folgenden Jahren werden in den UDSSR weitere ähnliche Arbeitsstätten eingerichtet, deren Aufgabe "in der Erforschung der Anatomie der archäologischen Gegenstände unter Anwendung exakter Methoden besteht" (B.A. Kolčin, 1963:256).

2.4. Die zweite Blütezeit der Petroarchäologie (1958 - heute)

Ab 1958 läßt sich wieder ein vermehrtes Interesse an der Weiterentwicklung der petroarchäologischen Forschung in ganz Europa beobachten, die bald zu einer Art "Boom" führt. Es beginnt die Zeit der "systematischen Petrographie im Dienste der Archäologie". Während bis jetzt jedes Land ein paar Naturwissenschaftler aufwies, die aus archäologischem Interesse Gesteine nach ihren Methoden und Fragestellungen untersucht hatten, machen sich nun die Archäologen die speziellen naturwissenschaftlichen Methoden zu eigen, die sie brauchen, um ihre archäologischen Fragen zu beantworten. Das Ziel ist, nicht nur eine genaue Gesteinsbestimmung zu erhalten, sondern die exakten naturwissenschaftlichen Ergebnisse zu verwenden, um u.a. Informationen über den Interaktionsradius und die technologischen Möglichkeiten prähistorischer Menschen zu bekommen, die nicht mehr mit den traditionellen archäologischen Methoden zu erfassen sind.

Anders als früher, wo besonders aus Deutschland wichtige weiterführende theoretisch-methodische Beiträge kamen, sind die folgenden Jahre - bis heute - durch die angloamerikanischen Studien geprägt. Die alten Proklamationen von V.G. Childe der "Archaeology as a Science" (1935:1) wurden wieder aufgegriffen. Entscheidende Anstöße für die neuen Zielsetzungen der Rohmaterialforschung kamen sicherlich mit dem Beginn der "New Archaeology", wie sie von L.R. Binford u.a. formuliert worden sind. In seinem Aufsatz "Archaeology as Anthropology" (1962) betont er den Umfang, den archäologische Forschung einnehmen soll. So schreibt er:

"Initially, it must be asked, "What are the aims of anthropology ?" Most will agree that the integrated field is striving to explicate and explain the total range of physical and cultural similarities and differences characteristic of the entire spatial-temporal span of man's existence... ." (1962:217)

"Three major functional sub-classes of material culture are discussed: technomic, socio-technic, and ideotechnic, as well as stylistic formal properties which cross-cut these categories. In general terms these recognized classes of materials are discussed with regard to the processes of change within each class. ...Consistent with this line of reasoning is the assertion that we as archaeologists must face the problem of identifying technomic artifacts from other artifactual forms. Technomic signifies those artifacts having their primary functional context in coping directly with the physical environment. Variability in the technomic components of archaeological assemblages is seen as primarily explicable in the ecological frame of reference. Here, we must concern ourselves with such phenomena as extractive efficiency, efficiency in performing bio-compensatory tasks such as heat retention, the nature of available resources, their distribution, density, and loci of availability, etc." (1962:217-19)

Welche Bedeutung man für die archäologische Interpretation den ethnographischen Beobachtungen beimißt, läßt sich u.a. auch bei D.L. Clarke in seinem Buch "Analytical Archaeology" (1968, 1978) erkennen. Es heißt darin u.a.:

"At first sight the fundamental attributes of a culture's economic subsystem might be assumed to be a set of artefacts and a set of resources and indeed this is the case at a superficial level. However, a very brief acquaintance with the economic patterns of prehistoric and historic societies quickly reveals that these subsystems do not exploit all the varied resources of their environment, but on the contrary are marked by ideosyncratic selections of favourite staples - even failing to gain an optimal yield on occasions when this is possible. Among the hunter-fisher-gatherer societies we may note the examples of the Tuluaqmiut band of the Nunamiut Eskimos, to whom only 12 out of 149 edible plant species are of dietary importance (Campbell 1968). The satisficer strategies employed by Swedish farmers in obtaining outputs of 40 - 70 per cent of optimal yields have already been demonstrated by Wolpert (above pp. 94-95). Furthermore taboos and religious constraint arbitrarily reduce the variety of resources, sometimes even engendering unnecessary death and starvation - the Arabs will not eat pork, the aboriginal Tasmanians would not eat scaled fish, the Chinese will not drink milk and the English will not eat horse.

Thus it seems that a society's economy is a highly peculiar, selective and apparently irrational compound of extractive processes from within the broad variety of possible stable subsistence techniques. The economic subsystem comprises a set of information about the resources of a territory and conveys a strategy indicating, within broad limits, an arbitrary scale of importance of the various resources, as well as apportioning and co-ordinating the amount of time devoted to each process and deciding the organization and distribution of the output." (1978:114-15)

1973 erscheint ein weiterer wichtiger Artikel von demselben Autor mit dem Titel "Archaeology: the loss of innocence", in dem der "Boom" in der Anwendung von naturwissenschaftlichen Verfahren im Dienst der archäologischen Forschung der letzten Jahre klar hervorgehoben und der Umbruch innerhalb der Disziplin deutlich gemacht wird. So schreibt D.L. Clarke:

"Old methods have not only been extended in new ways but a huge range of new methodology has sprung up which either extends our archaeological senses by detecting more, different and previously unknown data attributes, or extends our capacity for information recovery, manipulation and analysis. ...Physical, chemical and botanical techniques amplify our information about the sources, properties and movements of organic remains, fauna, flora, stones, clays, pottery, glass, resins and metals - using chromatography, thin section methods, heavy mineral analyses, optical and electron microscopy, electron microprobes, optical emission spectrometry, infra-red spectroscopy, X-ray fluorescence, diffraction and microanalysis, beta-ray back scatter, neutron activation techniques, and many others." (1973:9)

Zusammenfassend lassen sich also zwei verschiedene Strömungen erkennen. Zum einen bleiben die naturwissenschaftlichen Untersuchungen nicht mehr die Domäne der Mineralogen und Petrographen, sondern werden zum aktiven Bestandteil der archäologischen Forschung. Zum anderen konzentriert sich das archäologische Interesse mehr denn je auf sozio-ökonomische Fragekomplexe.

Die folgenden Jahre sind gekennzeichnet durch die Gründung zahlreicher interdisziplinärer Forschungsstellen in ganz Europa und durch einen regelmäßigen

Erfahrungsaustausch auf internationaler Basis in Form von Konferenzen. Zu den ersten dieser Art gehören:

1960	1. International Symposium on Archaeometry in London (Großbritannien) (schriftl. Mitteilung Dr. M. Aitken)
1963	1. Symposium über die Verwertung von naturwissenschaftlichen und technischen Disziplinen in der Archäologie in Moskau (UDSSR) (B.A. Kolčin, 1963)
1969	Symposium on the Impact of the Natural Sciences on Archaeology in London (Großbritannien) (T.E. Allibone et al., 1970)
1969	1. Internationales Feuerstein-Symposium in Maastricht (Niederlande) (Nederlandse Geologische Vereniging, 1971)
	weitere Symposia: 1975 in Maastricht 1979 in Maastricht 1983 in Brighton

1958 erscheint der erste Band der englischen Zeitschrift "Archaeometry", die vom Research Laboratory for Archaeology and the History of Art in Oxford - 1955 gegründet - herausgegeben wird und leitet damit eine neue Phase in der Forschung ein. Die Petroarchäologie hat nun auch ein eigenes Sprachorgan erhalten und damit den Anspruch auf Anerkennung als eigene Disziplin. In den späteren Jahren folgen weitere Zeitschriften (vgl. S. 5) sowie zahlreiche Monographien, u.a. D. Brothwell und E. Higgs (1969), B. Hrouda (1978), Z. Goffer (1980), D.R.C. Kempe und A.P. Harvey (1983) und R.C.A. Rottländer (1983). Ziel dieser Fachzeitschriften ist es, die Publikationen von Forschungsergebnissen und die Information über den Fortschritt auf allen Gebieten der Archäometrie (Berliner Beiträge zur Archäometrie, 1976:1).

Im folgenden soll ein kurzer Überblick über die Forschungsprojekte der letzten Jahre in Europa gegeben werden. Dabei läßt sich beobachten, daß sich eine Art Spezialisierung auf bestimmte Rohmaterialien in verschiedenen Ländern entwickelt hat.

In Großbritannien beschäftigt man sich primär mit drei Gesteinsarten. Einmal werden die Analysen der Felsgesteingeräte fortgeführt, die von der South-Western Group of Museums and Art Galleries begonnen worden sind und nun in das Programm der CBA (Council for British Archaeology) als Sub-Committee for Implement Archaeology - durch D.P. Dymond initiert - 1962 aufgenommen wird. Damit wird das Forschungsprojekt auf ganz Großbritannien erweitert, das man in verschiedene Gruppen unterteilt. Eine gute Zusammenfassung über die Untersuchungen und verwendeten naturwissenschaftlichen Verfahren seit Beginn des Programms befindet sich bei W.A. Cummins (1983).

Andererseits beschäftigt man sich mit den Feuersteinvorkommen, speziell denjenigen, die als Bergwerke mindestens seit dem Neolithikum systematisch abgebaut worden sind, z.B. Grime's Graves, Cissbury, Blackpatch, Easton Down, etc.. In die Analysen werden auch die Feuersteinbergwerke von Frankreich und den Niederlanden einbezogen (Grand Pressigny, Spiennes und Rijckholt). Als Methoden werden überwiegend Atomabsorptionsspektroskopie (AAS) und Neutronenaktivierungsanalyse (NAA) verwendet, um die Vorkommen aufgrund ihres Spurenelementgehaltes zu differenzieren. In diesem Zusammenhang sind besonders die Arbeiten der Universität Bradford und des Research Laboratory of the British Museum zu nennen, u.a. von A. Aspinall und S.W. Feather (1972), G. de G. Sieveking et al. (1972) und T. Craddock et al. (1983). Zum anderen sind es auch diverse Untersuchungen zur Patina und zum Tempern, u.a. A.J.H. Goodwin (1960), R.F. Schmalz (1960) und T.D. Price et al. (1982). Dieser Forschungsbereich wird auch in anderen Ländern intensiv betrieben. Hervorzuheben wären besonders die schwedische Arbeit von D.S. Olausson und L. Larsson (1982) und die deutschen Studien von H. Lindner (1964/65), R. Rottländer (1975a, 1975b) und R. Rottländer und M. Thoma (1975).

Das dritte Interesse der britischen Forschung gilt dem Obsidian. Zu den bekanntesten Arbeiten gehören die Untersuchungen von J.R. Cann und C. Renfrew (1964), C. Renfrew, J.R. Cann und J.E. Dixon (1965), C. Renfrew, J.E. Dixon und J.R. Cann (1966, 1968) und C. Renfrew und J.E. Dixon (1976). Auch hier besteht das Team aus einem Archäologen, einem Petrographen und einem Mineralogen. Die Obsidianproben von verschiedenen geologischen Vorkommen werden mit den aus den archäologischen Fundinventaren mit Hilfe von 15 Spurenelementen charakterisiert, die durch Atomemissionsspektroskopie (AES) gemessen worden sind. Die Analysen haben gezeigt, daß die einzelnen Ressourcen aufgrund von drei Elementen (Zirkonium, Strontium und Rubidium, bzw. Barium) eindeutig zu bestimmen sind. So konnte die Herkunft der Obsidianartefakte auf den Fundstellen mit Hilfe der naturwissenschaftlichen Ergebnisse exakt bestimmt werden. Dadurch wurden zusätzliche Informationen gewonnen, die genaue Aussagen über Aktionsradien und Handelsbeziehungen zuließen. Ähnliche Erfolge konnten u.a. auch mit der Neutronenaktivierungs- und Röntgenfluoreszenzanalyse (RFA) erzielt werden (A.A. Gordus et al., 1968; B.R. Hallam et al., 1976; D.P. Stevenson et al., 1971). Daneben sind in den letzten Jahren zahlreiche andere physikalisch-chemische Verfahren zum großen Teil ebenfalls erfolgreich angewendet worden. Eine Zusammenstellung darüber befindet sich u.a. bei J.R. Cann (1983).

In Frankreich liegt das Hauptaugenmerk auf dem Feuerstein, den man vorwiegend mittels Mikrofossilien, aber auch mit diversen anderen naturwissenschaftlichen Verfahren (Thermolumineszenz- (TL), Neutronenaktivierungsanalyse u.a.) zu klassifizieren versucht. Die wichtigsten Arbeiten sind u.a. die Untersuchungen von P.-Y. Demars (1980, 1982), A. Masson (1981, 1982) und M. Mauger (1984). Grundlage dieser Analysen sind ältere Arbeiten, z.B. von G. Deflandre (1934, 1935, 1966), L. Valensi (1955, 1957, 1960) und O. Wetzel (1932, 1933).

Auch in Osteuropa hat seit den 60er Jahren ein sprunghafter Anstieg an petroarchäologischen Studien mit neuen physikalisch-chemischen Verfahren stattgefunden. So bemerkt man schließlich auch in den UDSSR, daß die "Notwendigkeit, die Steinobjekte zu bearbeiten mit der Zeit zur Entstehung einer neuen wissenschaftlichen Disziplin der "archäologischen Petrographie" führen wird" (V.F. Petruň, 1967). Besonders sind hier die Arbeiten in der Tschechoslovakei und in Polen zu nennen.

In der Tschechoslovakei hat sich seit 1960 eine integrierte petrographisch-archäologische Zusammenarbeit des Institutes für Vor- und Frühgeschichte unter der Leitung von F. Kalousek einerseits und des Institutes für Mineralogie und Petrographie der J.E. Purkyně-Universität in Brünn unter der Leitung von J. Štelcl andererseits formiert. Während anfangs die Petrographie primär zur Lösung von architektonischen Fragen herangezogen worden ist, wurden schon bald auch geschlagene und polierte Steinartefakte mit einbezogen. Neben den praktischen Forschungen wurde die "Petrographie für Archäologen" auch in vielen Spezialvorträgen publik gemacht, so daß man schließlich 1968 eine eigene "Abteilung für die petrographische Erforschung von archäologischem Material" am Institut für Vor- und Frühgeschichte in Brünn gründete, in dem der Petrograph J. Štelcl und der Archäologe J. Malina als Team arbeiten (J. Štelcl, M. Maška und J. Malina, 1970:151). Das Hauptinteresse scheint auch hier auf den Felsgesteinbeilen und deren Herkunft zu liegen, was sicherlich im Zusammenhang mit der vorwiegend angewendeten Dünnschliffmethode steht. Spektroskopische, röntgenographische und andere quantitative physikalisch-chemische Analysen scheinen dagegen sehr viel seltener angewendet zu werden (J. Štelcl und J. Malina, 1970:28). Einen sehr guten Überblick über die theoretisch-methodischen Aspekte der Petroarchäologie und die durchgeführten Untersuchungen seit Bestehen der Arbeitsgruppe vermitteln besonders die Publikationen von J. Štelcl und J. Malina über die "Anwendung der Petrographie in der Archäologie" (1970) und "Základy Petroarcheologie" (1975) und von J. Štelcl, M. Maška und J. Malina "Zur Entwicklung der petroarchäologischen Forschung" (1970). Für die Rohmaterialforschung der steinzeitlichen Abschlag- bzw. Klingenindustrien sei speziell noch einmal auf Aufsätze von J. Malina über "Die jungpaläolithische Steinindustrie aus Mähren, ihre Rohstoffe und ihre Patina" (1970) und J. Štelcl und J. Malina über "Les matières premières lithiques de la Moravie au Paléolithique et au Néolithique" (1976) hingewiesen. Abschließend zu erwähnen wären nur noch die mikropaläontologischen Studien von M. Mišík (1975) und seine petrographischen Untersuchungen in Zusammenarbeit mit J. Bárta (1979).

In Polen werden - wie in Frankreich - überwiegend Feuersteinvorkommen untersucht. Zu den interessantesten Publikationen in den letzten Jahren zählen die Arbeiten von R. Schild (1976), M. Kaczanowska et al. (1979) und J. Lech (1980). Weiterhin sind die Analysen von Radiolarit durch J.K. Kozłowski et al. (1981) besonders zu erwähnen. Anders als im Nachbarland Tschechoslovakei scheint man in Polen zunehmend physikalisch-chemische Verfahren einzusetzen und sehr gute Ergebnisse dabei zu erzielen (Röntgendiffraktometrie (XRD), Infrarot Spektroskopie (IRS), Atomemissionsanalyse (AES) u.a.).

Für Osteuropa zu erwähnen sind auch zwei ungarische Studien. L. Vértes und L. Tóth publizierten 1963 ihre Analysen des glasigen Quarzporphyrs aus dem Paläolithikum des Bükk-Gebirges mit Hilfe der Röntgendiffraktometrie nach dem Debye-Scherrer-Verfahren. A. Végh und I. Viczián (1964) versuchten, das mittelpaläolithische Fundmaterial - primär Feuer- und Hornsteinvarietäten - aus Tata aufgrund der organischen Reste zu differenzieren.

In Bulgarien untersuchte man auch mit Spektralanalysen Feuersteinartefakte, z.B. K. Kănčev, 1976. Hinweise auf den Umfang dieser Arbeiten lassen sich jedoch aus der Literatur nicht entnehmen.

In den Niederlanden sind Rohmaterialuntersuchungen auf physikalisch-chemischer Basis sehr selten. Zu den bekanntesten Forschungsprojekten gehören die Untersuchungen von C.E.S. Arps über die "Petrography and possible origin of adzes and other artefacts from prehistoric sites near Hienheim (Bavaria, West-Germany), Elsloo and

Stein (Southern Limburg, The Netherlands)" (1978) und der Steingeräte der frühmittelalterlichen Stadt Dorestad (H. Kars, 1980, 1982, 1983a, 1983b; H. Kars und J.A. Broekman, 1981; H. Kars und J.M.A.R. Wevers, 1982; D. Mader und H. Kars, 1985). Die Fundstücke werden nicht nur mit Dünnschliffen, sondern u.a. auch mit Röntgendiffraktometrie und Mikrofossilanalyse analysiert, um die Herkunft des Gesteins zu ermitteln.

Auch in Belgien versucht man, die Felsgesteinbeile geologischen Vorkommen zuzuordnen. In diesem Zusammenhang sind zu erwähnen die Studien von den Gebrüdern M. und G. Toussaint über die "Pétrographie et Paléogéographie des herminettes omaliennes de Hesbaye" (1980-82). Die Ergebnisse beruhen alle auf Dünnschliffanalysen. Eine große Rolle scheinen Rohmaterialuntersuchungen in Belgien jedoch nicht zu spielen.

In der Schweiz beschäftigt man sich auch weiterhin mit den Felsgesteingeräten, aber auch mit den steinzeitlichen Abschlag- bzw. Klingenindustrien. Aus der Literatur ist nicht zu erkennen, welche Bedeutung man den modernen naturwissenschaftlichen Methoden beimißt. Die lithischen Artefakte werden vorwiegend nur makroskopisch, bzw. mit Dünnschliffen differenziert, wie es bei den Funden aus den neolithischen Seeufersiedlungen von Twann gemacht worden ist (Ch. Willms, 1980; M. Uerpmann, 1981). Es finden sich aber auch Publikationen - zum Beispiel von W.B. Stern (1977) -, wo physikalisch-chemische Verfahren angewendet worden sind. Im allgemeinen scheinen derartige Untersuchungen jedoch auch in der Schweiz wenig Anwendung zu finden.

In Deutschland schließlich haben Rohmaterialuntersuchungen erst in den letzten Jahren wieder an Bedeutung gewonnen. Die Arbeiten in den 60er Jahren stehen noch ganz in der Tradition von W. Deeckes Studien (H. Otto, 1961; G.F. Scholz, 1968). Es läßt sich jedoch auch schon eine andere Strömung erkennen, die im klaren Gegensatz zu den neuen Forschungszielen der anglo-amerikanischen Archäologie steht. Während in Großbritannien der Archäologe Analysen mit präzisen archäologischen Fragestellungen durchführt, bzw. durchführen läßt, gliedern sich in Deutschland die archäologischen Publikationen in zwei methodisch deutlich getrennte Forschungsansätze. Die naturwissenschaftliche Bearbeitung wird in einem Appendix oder zumindest in einem eigenen Kapitel beigefügt (J. Frechen, 1965; P. Ney, 1969). Eine ähnliche Tendenz war jedoch schon bei der tschechischen Arbeit von K. Zapletal und V. Rosický (1935) und der österreichischen von E. Zirkl (1956-59) zu beobachten.

Jedoch beginnt in den 70er Jahren das Interesse an Rohmaterialforschung als Informationsquelle für archäologische Fragestellungen neu aufzuleben. In den folgenden Jahren entstehen Beiträge, die dadurch gekennzeichnet sind, daß die von Archäologen erstellte Gesteinscharakterisierung auf makroskopischer Basis - häufig mittels einer Merkmalanalyse - beinhalten. Ziel dieser Arbeiten, die durch systematische Feldbegehungen nach lokal vorkommenden Werkstoff ergänzt werden, soll es ein, die Lagerstätten und die Verbreitung zu erfassen, um dadurch ebenfalls Hinweise auf den Aktions- und Interaktionsradius prähistorischer Menschen zu erhalten. Nur selten, meist jedoch überhaupt nicht, entstanden die Differenzierungskriterien in Zusammenarbeit mit Mineralogen oder Petrographen, sondern vorwiegend im Alleingang oder mit archäologischen Kollegen in Teamarbeit (I. Gabriel, 1974; H. Löhr et al., 1977; S.K. Arora, 1978, 1979, 1980; J. Weiner, 1979; A. Zimmermann, 1981). Im ganzen konnte diese Entwicklung nur eine Notlösung sein, dadurch bedingt, daß die naturwissenschaftliche Disziplin häufig weder am Rohmaterial (Quarzit, Feuerstein und andere SiO_2-Varietäten) noch an den archäologischen Fragestellungen sonderlich interessiert war.

Ein Beispiel für eine positive Zusammenarbeit, die an die Projekte in Großbritannien anknüpfen, sind die Untersuchungen über Felsgesteinbeile im Braunschweiger Landkreis vom Archäologen-Geologen-Team G. Schwarz-Mackensen und

W. Schneider (1983a, 1983b). Weiterhin sind in diesem Zusammenhang die Analysen der Specksteinfunde von B.E. Alfsen und O.H.J. Christie (1979) und der Mühlsteinreste von P. Hörmann und A. Richter (1983) aus Haithabu sowie die Untersuchungen von W. Kühn und R. Feustel (1980) über die Steinartefakte der Magdalénien-Station Teufelsbrücke bedeutsam.

Zu erwähnen ist noch, daß 1984 ein erstes Kolloquium zum Thema "Silex-Rohmaterial-Nutzung und Verbreitung" in Tübingen abgehalten worden ist, auf dem beschlossen wurde, ein zentrales Rohmaterialdepot einzurichten, das später allen am Thema Interessierten als Vergleichssammlung dienen kann. Außerdem ist ein Austausch typischer Silexvarietäten aus verschiedenen Sammlungen angestrebt worden, um so eine überregionale Bandbreite zu schaffen. Daher soll auch von bekannten Plätzen Rohmaterial mitgebracht, gezeigt, beschrieben und die mögliche urgeschichtliche Nutzung angesprochen werden (aus "Einladung zum 1. Kolloquium", Brief vom 24.1.84). Drittens sollen technologische Untersuchungen und das Verhältnis von Rohmaterial und Schlagtechnik, die Herkunft, Merkmale, Eigenschaften, Gewinnung, Verbreitung und Verwendung diskutiert werden (aus "Einladung zum 2. Kolloquium", Brief vom 16.6. und 29.6.84). Viertens soll versucht werden, die geologischen Vorkommen aller als Werkstoff verwendeten Gesteinsarten - Quarzit, Chalzedon, Hornstein, Kieselschiefer, Quarzporphyr u.a. - auf einer Referenzkarte für die gesamte Bundesrepublik Deutschland aus der Literatur bzw. durch eigene Geländefunde zusammenzutragen (aus "Einladung zum 3. Kolloquium", vom 10.3.86).

Zusammenfassend für die Zeit nach 1958 läßt sich feststellen, daß das zunehmende Interesse an der Rohmaterialforschung sehr schnell die Anwendung neuer physikalisch-chemischer Untersuchungsverfahren bewirkte. Für die Bestimmung von prähistorischen Artefakten aus Feuerstein, Obsidian, Radiolarit und anderen SiO_2-Modifikationen reichte die Dünnschliffanalyse allein nicht mehr.

Das homogene Gestein mit geringen Verunreinigungen und wenig differenzierten Strukturen ließ eine zuverlässige Klassifizierung nach den herkömmlichen Methoden nicht mehr zu. Dazu eignet sich nur die Spurenelementbestimmung. Nur mit ihr lassen sich sowohl die geologischen Vorkommen als auch das Gestein selbst über große Distanzen hinweg sicher verfolgen. Außerdem liefert dies Verfahren so präzise Ergebnisse, daß diese auch von angrenzenden Wissenschaftszweigen als Grundlage eigener Forschung verwendet werden können. Welchen Weg die Rohmaterialforschung in Zukunft nehmen wird, ist noch nicht abzusehen. Zumindest für Europa läßt sich ein steigendes Interesse der Archäologen am Thema Rohmaterial verzeichnen. Es wäre wünschenswert, daß auch in den kommenden Jahren die interdisziplinäre Zusammenarbeit beibehalten wird, um die archäologischen Forschungsprobleme in Team-Arbeit zu lösen. Denn brauchbare Resultate lassen sich nur erzielen, wenn - wie schon V.F. Petruň (1967:11) ermahnte - eine Arbeitsgemeinschaft aus Archäologen, Petrographen und Mineralogen gegründet wird. Sicherlich können dadurch beide Seiten - Archäologen und Naturwissenschaftler - voneinander lernen und profitieren. Dabei muß sichergestellt sein, daß archäologische Fragen auch archäologische Antworten erhalten.

3. Zur Geologie des Neuwieder Beckens in Hinblick auf mögliche Ressourcen für die Steinindustrie des Fundplatzes Andernach-Martinsberg (Kr. Mayen-Koblenz)

3.1. Allgemeine Geologie des Neuwieder Beckens

Das Neuwieder Becken ist eine durch Tektonik und seitliche Erosion im Tertiär und Quartär bedingte Reliefdepression am oberen Mittelrhein, inmitten des Rheinischen Schiefergebirges. Es erstreckt sich in Südost-Nordwest-Richtung, von Nieder-Lahnstein bis zur "Andernacher Pforte" und umfaßt ein Gebiet von ca. 20 x 30 km. Das Becken wird begrenzt durch drei rheinische Gebirgszüge, im Süden durch den zwischen Rhein und Mosel gelegenen Ausläufer des Hunsrücks, im Osten durch den Westerwald, im Westen und Nordwesten durch die Eifel, in deren Hintergrund die quartären Vulkane des Maifeldes und des Laacher Sees liegen (A. Günther, 1910; K. Brunnacker, 1978).

Den Wasserhaushalt regeln rechtsrheinisch Lahn, Saynbach, Wiedbach und Aubach, linksrheinisch Mosel, Nette, Bubenheimer Bach und Lützelbach sowie zahlreiche andere Bäche, die entweder ebenfalls in den Rhein münden oder schon vor ihrem Eintritt in die Rheinebene versickern.

Das variszische Untergrundgestein besteht primär aus Schichten des Unterdevons, die man im Süden als "Koblenzschichten" und im Norden als "Siegener Schichten" bezeichnet. Das Rheinbett ist in diese Schiefer-, Sandstein- und Grauwackenlagen eingeschnitten.

Auf der mächtigen fossilen Verwitterungsrinde der devonischen Schichten liegen tertiäre Ablagerungen (H.W. Schünemann, 1958:457). Sämtliche Formationen des Mesozoikums fehlen.

Bei den tertiären Ablagerungen handelt es sich vorwiegend

um die sogenannten "Braunkohlentone", tertiäre Geröllbildungen (pliozäne Kieseloolithschotter und untermiozäne Quarzschotter) und tertiäre Vulkanite. Die tertiären Schichten bestehen aus einer Folge von Tonen, Sanden und Kiesen, bei denen die Korngröße von unten nach oben zunimmt. Die älteren Tertiärlagen werden in Vallendar- und Arenberg-Schichten unterteilt.

Nach Ausbildung der Hauptterrassen von Rhein und Mosel hat sich im Quartär das rheinische Massiv um mindestens 150 m herausgehoben, gefördert von einem in der Westeifel und dem Neuwieder Becken weitverbreiteten Vulkanismus. Gegen Ende des Pleistozäns bewirkte ein weiterer, anscheinend auf die Eifel begrenzter Vulkanismus erneut diverse tektonische Bewegungen, die wiederum zu Höhenverschiebungen und tieferem Einschneiden des Rheins in das sich immer stärker profilierende Schiefergebirge führten. Für den Nordwestteil der Eifel ist die Phase des Heraushebens auch heute noch nicht abgeschlossen (K. Brunnacker, 1978; J.H. Illies und K. Fuchs, 1983).

Auf den Tuffhorizonten, die durch vulkanische Eruptionen, besonders in Nordost-Richtung und zwischen 1 - 4 m mächtig, ausgeblasen wurden, lagerten sich mächtige Lößpakete ab.

Der Rhein hat im Laufe des Quartärs drei deutliche Terrassenfolgen herausgebildet, die sich treppenartig beidseitig des Ufers hinaufziehen:

1. Hauptterrassenfolge
2. Mittelterrassenfolge
3. Niederterrassenfolge

Durch Erosion bedingt, findet man entlang des heutigen Rheinverlaufes nur noch Reste der Terrassen.

Über dem Niveau der Hauptterrasse - ca. 300 bis 330 m über NN (E. Bibus, 1983:57) - bilden tertiäre Kieseloolithschotter auf den Höhen rings um das Neuwieder Becken deutlich eine weitere zusammenhängende Terrasse aus (E. Kaiser, 1910:69).

Der Fundplatz Andernach liegt linksrheinisch, am Nordosthang des Martinsberges. Die späteiszeitlichen Jäger- und Sammlergruppen haben sich - ähnlich wie in Gönnersdorf - auf der Mittelterrasse, in einer Höhe von ca. 80 m über NN niedergelassen (A. Günther, 1910:48). Als Siedlungsuntergrund diente an dieser Stelle ein Ausläufer eines mittelpleistozänen Basaltlavastromes (Abb. II.1). Die Fundstelle war mit fast 4 m mächtigen Laacher-See-Tuff bedeckt, bis sie schließlich 1883 beim Bimsabbau entdeckt und im gleichen Jahr noch von H. Schaaffhausen erstmalig archäologisch untersucht wurde (H. Schaaffhausen, 1883, 1888).[7]

3.2. Mögliche Ressourcen für die paläolithische Steinindustrie

Zahlreiche ethno-archäologische Studien in den letzten zwei Jahrzehnten (R.B. Lee und I. DeVore, 1968; M.D. Sahlins, 1974; L.R. Binford, 1978, 1980, 1983) haben gezeigt, daß nicht nur der Siedlungsplatz, sondern auch dessen Umgebung wichtige Aufschlüsse über die Lebens- und Verhaltensweise prähistorischer Menschen gibt ("site catchment analysis"). Denn nur die Erfassung möglichst vieler potentieller Ressourcen an Nahrungs- und Rohstoffquellen ("economic catchment") in der Fundplatzumgebung liefert schlüssige Informationen über den wahrscheinlichen Aktionsradius, den die prähistorischen Jäger- und Sammlergruppen benötigt und benutzt haben, um ihren Bedarf zu decken ("site exploitation territory"). Daraus schließlich ergeben sich auch zuverlässige Rückschlüsse

---

7 Neuere bisher publizierte Forschungsergebnisse über das Fundmaterial von Andernach-Martinsberg: G. Bosinski und J. Hahn (1972); St. Veil (1977/78, 1979, 1982).

auf die verbundenen Anstrengungen ("foraging strategies"). So betont auch L.R. Binford (1983:360):

"It is through mobility that a given place may be economically modified relative to the human behaviour."

Da die Siedlungsplätze fast stets nur saisonal bewohnt gewesen sind, kann anhand der einzelnen Fundplatzanalysen ihre Funktion als "Wirtschaftskomplex" für das gesamte Gebiet rekonstruiert werden, das von einer Gruppe innerhalb eines Jahres durchzogen und wirtschaftlich genutzt wurde ("annual exploitation territory"). In diesem Zusammenhang zu sehen sind die Studien über Organisation und das topographische Verhältnis von Basislager, "Satellitenstation" ("task specific sites") und Ressourcen als einheitliches Wirtschaftsnetz innerhalb einer Aktivitätszone ("residential mobility") sowie die Gründe für deren Verlegung ("logistic mobility"). Flankierend dazu sind auch die limitierenden Faktoren ("limits of subsistence activity") wie Umwelt und Klima zu erfassen, die als mögliche Regulationsmechanismen gewirkt haben könnten.

Diese neuen Fragestellungen haben im Laufe der Zeit innerhalb der Archäologie eine eigene Forschungsrichtung, die sogenannte "Palaeoeconomy", hervorgebracht (u.a. E.S. Higgs, 1972, 1975; J.A. Sheridan und G.N. Bailey, 1981).

Die Versorgung mit Werkstoff für die lithische Industrie war sicherlich ein wichtiger Aspekt im sozio-ökonomischen Verhalten prähistorischer Jäger- und Sammlergruppen. Daß die Beschaffung von Rohmaterial durchaus einen anderen Aktionsradius bedingen konnte als die Versorgung mit Nahrungsmitteln, hat G. Bailey (1983:60) schon erwähnt. Ebenso wurde in verschiedenen Aufsätzen darauf hingewiesen, daß nicht immer das nächstliegende Vorkommen nach dem "least effort principle" exploitiert worden ist (D.L. Clarke, 1968; M.D. Sahlins, 1974; G. Bailey et al., 1983 u.a.), sondern auch "irrationale" Gründe eine Selektion bestimmt haben können. So schreiben G. Bailey et al. (1983:67):

"The classic answer to this dilemma is to argue that potential resources close to the site should be given priority over those further away, in accordance with least-cost principles, and that a suitable system of territory should narrow down the possibilities - ideally to a single possibility uniquely determined by the location of the site in relation to the surrounding environment. However, as indicated above, the particular dynamics of animal-based economies may lead to considerable spatial modification of the least-effort principle."

Im folgenden Teil soll versucht werden, die Rohmaterialquellen für die Steinindustrie aufzuzeigen, die den damaligen Siedlern auf dem Martinsberg möglicherweise zur Verfügung gestanden haben.

Das Fundinventar umfaßt sechs Gesteinsarten, die in den beiden Zeithorizonten (Magdalénien und Endpaläolithikum) scheinbar unterschiedlich bevorzugt worden sind.

Gesteinsarten des Fundinventars von Andernach (ohne Sammlung Schaaffhausen)

	Magdalénien[8]	Endpaläolithikum[9]
Quarzit	20.515 g (81,6 %)	720 g (33,9 %)
Feuerstein	4.135 g (16,5 %)	804 g (37,8 %)
Chalzedon	475 g (1,9 %)	226 g (10,6 %)
Kieselschiefer	---	313 g (14,7 %)
Kieseloolith	---	43 g (2,0 %)
verkieselter Kalk	---	20 g (1,0 %)
Summe	25.125 g (100 %)	2.126 g (100 %)

[8] Angaben beziehen sich nur auf Artefakte > 3 mm.

[9] Gew.% Angaben gemäß pers. Mitteilung M. Bolus.

Als Rohmaterialquellen boten sich den Siedlern folgende Möglichkeiten an:

1. Gerölle aus den verschiedenen Rheinterrassen, soweit sie aufgeschlossen waren.

2. Primäre und andere sekundäre Vorkommen in der Umgebung des Siedlungsplatzes.

3. Importe.

Im Magdalénien-zeitlichen Fundinventar finden sich direkte Belege für die Verwendung von Geröllen[10] nur beim Chalzedon[11]. Im Endpaläolithikum liegen von allen Rohmaterialien - mit Ausnahme des tertiären Quarzites und des Chalzedons - Stücke vor, die eine Gerölloberfläche aufweisen. Durch Zusammensetzungsarbeiten kann die mögliche Anzahl der auf den Wohnplatz mitgebrachten Gerölle folgendermaßen rekonstruiert werden:

<u>Magdalénien</u>

Chalzedon	mindestens 1 Geröll (mit Schlagmarken)

<u>Endpaläolithikum</u>

Feuerstein	1 Maaseigeröll
Kieselschiefer	5 Gerölle
Kieseloolith	1 Geröll
verkieselter Kalk	1 Geröll

---

[10] Ein Geröll ist ein bei der Verfrachtung durch fließendes Wasser oder in der Meeresbrandung mehr oder weniger abgerundetes Gesteinsbruchstück. (R. Hohl, 1981:603)

[11] Das betreffende Geröll stammt aus dem Suchschnitt 10/54. Es ist zu überlegen, ob das Stück nicht dem endpaläolithischen Fundhorizont zuzuordnen ist.

3.2.1. Gerölle der verschiedenen Rheinterrassen

In den Rheinterrassen lassen sich noch heute u.a. Quarzit- und Lyditgerölle finden. Zum größten Teil handelt es sich dabei um devonische Quarzite aus dem Rheinischen Schiefergebirge (Taunus-, Ems- und Hunsrückquarzite usw.). Daneben kommt jedoch auch Tertiärquarzit als Geröll oder als große, bisweilen tonnenschwere Blöcke vor. Sie zeigen meist eine glatte, dichte Oberfläche, teilweise aber auch gröbere, sandige Struktur.

Der Kieselschieferanteil beträgt ca. 1 - 1,5 %. Die Gerölle sind meist schwarz und kantengerundet, mit dichter, glänzender Oberfläche. Manche sind von dünnen weißen Quarzadern durchzogen. Einige Stücke sind gebändert. Neben den schwarzen Lyditen gibt es graue und braune Varietäten mit und ohne Schichtung. Selten dagegen sind helle oder rote Kieselschiefer (L. Koch, 1935:29-30). Kieselschiefer mit grünlicher Färbung finden sich ebenfalls unter den Geröllen (pers. Mitteilung Dr. R.B. Hausmann).

Chalzedon und Jaspis sind in den Rheinterrassen selten. Die Anzahl der Stücke beträgt weniger als 1 % des Gesamtspektrums. Der Chalzedon ist vorwiegend von bräunlicher Färbung. Der Jaspis ist rotbraun oder weiß und hat eine fleckige, gemaserte Zeichnung. Daneben finden sich auch Karneolgerölle. Sie sind kantig und wenig gerundet, dicht, glänzend und besitzen meist eine fleischrote Farbe mit heller Aderung (H. Altmeyer, 1982a:10-11).

Außerdem gibt es noch Eisenkiesel in den Schottern, die aber nur einen geringen Anteil ausmachen.[12]

Feuerstein ist nur sehr selten in den Rheingeröllen zu finden. Er ist scharfkantig oder eiförmig gerundet. (H. Altmeyer hat 6 Feuersteineier bei Köln-Böcklemünd

---

[12] Eisenkiesel werden häufig mit den roten Kieselschiefervarietäten verwechselt (pers. Mitteilung Dr. H. Noll).

gefunden (1982a:15)).

Bei den folgenden Angaben über die Schotterzusammensetzung der einzelnen Terrassenfolgen stütze ich mich auf die Diplomarbeit von C. Langer (1978). Dabei wurden nur die Gesteinsarten berücksichtigt, die auch im lithischen Inventar von Andernach vorkommen (vgl. S. 40). Die verwendeten Daten beziehen sich dabei alle nur auf linksrheinische Aufschlüsse im Neuwieder Becken.

Schotterzusammensetzung (Prozentanteil) der:

1. Tertiären Terrassen

Quarzit	2,7 %
quarzitischer Sandstein[13]	6,6 %
Lydit	0,3 %
Hornstein	1,4 %

Die tertiären Terrassen sind heute hauptsächlich im Südteil des Neuwieder Beckens - linksrheinisch an der unteren Mosel - in sehr ausgedehnten Aufschotterungen mit Höhenlagen von 300 - 330 m über NN (vgl. S. 44) anzutreffen. Ein weiteres kleineres Vorkommen ist nördlich der Nette in 200 - 240 m über NN bekannt. Der Terrassenkörper besitzt eine Mächtigkeit bis zu 10 m.

Quarzitischer Sandstein und Quarzit sind meist hellgrau. Hornstein zeigt eine grauweiße und Kieseloolith, der zur Gruppe der Hornsteine gerechnet wird, vereinzelt eine hell- bis mittelgraue Färbung. Die hier oft vorhandenen Kieseloolithe sind meist verwittert. (C. Langer, 1978:64)

---

[13] Die Unterscheidung zwischen Quarzit und quarzitischem Sandstein wurde von C. Langer (1978) nur makroskopisch vorgenommen. Ob die Bezeichnung "Quarzit" nur auf devonische Quarzit zutrifft, läßt sich nicht eindeutig klären, ist aber mit großer Wahrscheinlichkeit anzunehmen.

2. Ältestpleistozänen Terrasse

Da im Neuwieder Becken die ältestpleistozäne Terrasse nur bei Kärlich (Tongrube) als Liegendes ausgewiesen ist, hat C. Langer (1978:26) hier keine weiteren Aussagen gemacht.

3. Hauptterrassenfolgen

Quarzit	4,3 %
quarzitischer Sandstein	18,8 %
Lydit	0,2 %
Hornstein	0,3 %

Reste der Hauptterrassenfolge sind im linksrheinischen Teil des Neuwieder Beckens 160 - 210 m über NN recht häufig anzutreffen. Zahlreiche Vorkommen befinden sich nach C. Langer (1978) auch in den beiderseits gelegenen Seitentälern. Etwas höhergelegene Vorkommen bei 215 - 260 m über NN sind südwestlich von Bassenheim als Leseschotter bekannt (C. Langer, 1978:64). Die Schottervorkommen sind durchschnittlich 6 - 8 m mächtig[14]. Die Gesamtbreite der Terrassenaufschüttung beträgt zwischen 10 und 15 km (C. Langer, 1978:26).

Als Besonderheit innerhalb der Hauptterrasse werden große Blöcke von Kh. Kaiser (1955:34) angeführt, die vorwiegend zonal an der Basis angeordnet sind. Einer der größten dieser Findlinge wurde von P. Pruskowsky (1952) bei Rejmerstok in Süd-Limburg (Niederlande) gefunden. Er besaß eine Länge von 3,75 m, eine Breite von 2,75 m und eine Höhe von 1,50 m. Am häufigsten unter ihnen sind mitteltertiäre, helle, z.T. konglomeratische Braunkohlenquarzite. Die großen Blöcke sind vermutlich über weite Strecken mittels "Eisschollendrift" im periglazialen Klima an diese Stelle transportiert worden.

---

[14] Ausnahme: Tongrube Kärlich (10 m).

Devonischer Sandstein und quarzitischer Sandstein ist grüngrau bis olivgrün, seltener rötlich bis hellgrau gefärbt, z.T. ist er geschiefert und mit kleinen Quarzgängen durchsetzt. Der Hornstein zeigt meist eine braune Färbung (C. Langer, 1978:72). Bei den Lyditen handelt es sich um Kulm-Kieselschiefer aus dem Lahn-Dill-Gebiet, devonische Kieselschiefer unbekannter Herkunft und um silurische Kieselschiefer, die möglicherweise aus dem Frankenwald stammen. Neben diesen schwarzen Kulm-Kieselschiefern, die häufig von feinen Quarzadern durchzogen werden, kommen nördlich des Neuwieder Beckens - in der Niederrheinischen Bucht - auch dunkelbraune Kieselschiefer in den Maaskiesen vor (A. Schnütgen und K. Brunnacker, 1977).

4. Mittelterrassenfolgen

Quarzit	2,6 %
quarzitischer Sandstein	28,4 %
Lydit	---
Hornstein	---

Geringe Vorkommen befinden sich am Rand der Niederterrasse in 75 - 100 m über NN und rheinfern beiderseits der Nette in 130 - 150 m über NN (C. Langer, 1978:74). Die Verbreitung der Mittelterrassenfolge ist rechtsrheinisch dagegen etwas ausgedehnter und zieht sich teilweise auch in die Seitentäler hinein, wo sie dann höher - bis 160 m über NN liegen. Die Reste dieser Terrassen sind bis zu 9 km breit. Die Aufschüttungsmächtigkeiten betragen bis zu 13 m (Neuwied).

In den Schottern sind auch Quarzitblöcke bis zu einer Größe von 40 cm beobachtet worden (C. Langer, 1978:74). Quarzitischer Sandstein und Quarzit sind überwiegend olivgrün oder grau gefärbt, seltener dagegen rötlich.
In den rechtsrheinischen Vorkommen wurden außerdem einige Lydite (0,5 %) und Hornsteine (0,4 %) in den Schottern gefunden (1978:77), so daß sie vermutlich auch linksrheinisch vorhanden sind.

5. Niederterrassenfolgen[15]

Quarzit	0,3 %
quarzitischer Sandstein	12,2 %
Lydit	---
Hornstein	---

Die Niederterrassen im Neuwieder Becken nehmen eine Breite bis zu 6 km ein und haben eine Höhenlage von 65 - 80 m über NN (C. Langer, 1978:25).

Lydit und Hornstein wurden von C. Langer (1978:92) nicht gefunden. Bei C. Mordziol (1909:390) und H. Altmeyer (1982a:8-11) sind jedoch auch Lydit und Hornstein in der Niederterrasse beschrieben (vgl. S. 49).

3.2.2. Primäre und andere sekundäre Vorkommen in der Umgebung des Siedlungsplatzes

Quarzit

Als primäre und sekundäre Vorkommen in der Umgebung des Fundplatzes Andernach stehen verbreitet unterdevonische Felsquarzite in mächtigen Bänken oder Gängen an. Sie gehören zum Untergrundgestein des gesamten Rheinischen Schiefergebirges. Diese Quarzite werden auch als "echte", "typische" oder "kristalline" Quarzite bezeichnet. Es handelt sich um metamorph überprägte Sandsteine (L. Cayeux, 1906, 1907; A. Plank, 1910; K. Endell, 1913b; B. von Freyberg, 1926). Sie bestehen aus einem Gemenge von klastischen Quarzkörnern, die im wesentlichen von anderen, ursprünglichen (primären) Lagerstätten stammen. Nach der Zertrümmerung des dort vorhandenen Gesteins sind die Quarzkörner durch das Meer an ihre jetzige (sekundäre)

---

[15] Die Angaben sind gültig für rechts- und linksrheinische Vorkommen am unteren Mittelrhein.

Lagerstätte transportiert und abgelagert worden. Im Verlaufe der Diagenese werden aus den abgelagerten Sedimenten erneut Sandsteine, die bei weitergehender Zementation durch kieseliges Bindemittel zu Quarziten geworden sind. Kennzeichnend für den paläozoischen Quarzit sind u.a. Drucklösungserscheinungen, d.h. die Ränder der Quarzkörner greifen zackig ineinander und werden auf diese Weise gut miteinander verzahnt. Die Festigkeit des Gesteins ist dadurch sehr hoch. Als akzessorische Minerale findet man Muskowit, aber auch verschiedene Schwerminerale (Zirkon, Rutil, Turmalin), schwarze, seltener gelbe Eisenerze mit ihren Zersetzungsprodukten und ein schwarzes, kohliges Pigment. Sehr selten treten dagegen Feldspat und Chlorit auf. Der Zement der devonischen Quarzite ist entweder quarzhaltig - als ergänzender körniger Quarzzement -, glimmerhaltig oder aus körnigem Quarz und Glimmer gemischt (F. Wernicke und W. Wildschrey, 1910:724-26). Felsquarzite sind vorwiegend weißlich oder grau, seltener gelblich gefärbt und besitzen eine rauhe Oberfläche. Sie werden kaum dicht oder hornsteinartig. Ihr Bruch ist schuppig, grobsplittrig und rauh (A. Plank, 1910:9; F. Wernicke und W. Wildschrey, 1910:724; B. von Freyberg, 1926:2-3).

Aufschlüsse des Devons befinden sich u.a. westlich der Fundstelle Andernach - am Krahnenberg - bzw. nordwestlich von Namedy mit Quarzitsandstein (Emsquarzit).

Neben diesen devonischen Quarziten gibt es auch zahlreiche Tertiärquarzitvorkommen. Diese Quarzite, die im Tertiär entstanden und an die damalige Landoberfläche gebunden sind, bilden horizontale Bänke. Da sie mit den Braunkohlenflözen vergesellschaftet sind, findet man sie in der älteren Literatur auch unter der Bezeichnung "Braunkohlenquarzite". Sie werden wegen ihres lokalen Auftretens als Findlinge auch "Findlingsquarzite", wegen ihrer knolligen Oberfläche auch "Knollensteine"[16] und we-

---

[16] Carolus Justus Andrae, de formatione tertiaria Halae proximae. Nominis "Knollenstein" origo est in pecu-

gen ihrer kieseligen amorphen Grundmasse als "Zementquarzite" bezeichnet. Im Volksmund tragen sie wegen ihrer oft bizarren, buckeligen, knolligen Form, die häufig mit einer bräunlichen, aus Kieselsäure und Eisenoxid bestehenden Schicht überzogen ist, Namen wie Quecken, Nagelsteine, Opfersteine, Teufelssteine, Feldschlacken, Trappquarze, Feuerwacken, Kieselfritten u.a. (W. Schubel, 1911:1; A. Hasebrink, 1924:1019).

Braunkohlenquarzit und Findlingsquarzit sind weitverbreitet in Mittel- und Westdeutschland. Die Hauptverbreitungsgebiete sind Nordsachsen, die Umgebung von Halle, das östliche Thüringen, die Tertiärgebiete zwischen Magdeburg und Braunschweig, die Gegend von Kassel und Gießen, der Westerwald und das Siebengebirge. Während im Raum Thüringen-Halle-Nordsachsen fast ausschließlich Quarzite mit Basalzement anstehen, treten in Westdeutschland auch Quarzitsandsteine auf (H. Laspeyres, 1900; A. Plank, 1910; F. Wernicke, 1910; W. Schubel, 1911; K. Endell, 1913a, 1913b; W. Braun, 1921; C. Gäbert, 1922; A. Hasebrink, 1924; O. Burre, 1930; W. Ahrens, 1960 u.a.).

Im Siebengebirge und Westerwald sind die Vorkommen mindestens schon seit der ersten Hälfte des vorigen Jahrhunderts von der Silika-Industrie abgebaut worden, um besonders damit Dinasziegel herzustellen. In den Steinbrüchen bei Herschbach sind z.B. 1913 täglich rund 40 Eisenbahnwagons herausgeholt worden (K. Endell, 1913b:1771). Nach Mitteilung von Herrn Dr. E. Overkott werden allein von der Dr. C. Otto GmbH heute noch monatlich ca. 8000 t dort abgebaut.

Der Tertiärquarzit tritt in verschiedenen Varietäten auf, die man anhand ihrer Beschaffenheit und Genese unterscheiden kann.

---

liari habitu... . Veltheim primus hoc nomine usus... Fr. W. von Veltheim. Mineralogische Beschreibungen der Gegend von Halle, Halle 1820.

Genese der Quarzitlagerstätten

Die Genese des Tertiärquarzites ist in einigen Punkten noch umstritten. Nach allgemeiner Auffassung entstand das Gestein wohl aus den Verwitterungsprodukten des unterdevonischen Grundgebirges. Aus den früheren kristallinen glimmerhaltigen Quarziten, quarzitischen Sandsteinen, Schiefertonen und Grauwacken sind mit Beginn des Oberoligozäns tonige Quarzsande, sandige Tone oder fette Tone geworden. Hinzu kamen die fluviatilen gröberkörnigen Komponenten - Quarzsande und -silte sowie kieselige Gerölle (Vallendarer Schotter). Die notwendige Kieselsäure wird wahrscheinlich aus den darüberliegenden Basalt- und Tuffschichten freigeworden sein (auf 100 kg aus zersetztem Feldspat gebildeten Tones kommen ca. 93 kg Kieselsäure) und bewirkte schließlich die Bildung des Zementquarzites, d.h. eine nachträgliche Verkieselung der schüttigen Sande (C. Simon, 1889:86-88; K. Endell, 1913a:679; W. Braun, 1921:499-500; C. Gäbert, 1922:54-55; A. Hasebrink, 1924:1022; B. von Freyberg, 1926:23-25; O. Burre, 1930:46-50; W. Ahrens et al., 1960:253 u.a.). Andere Autoren vertreten die Meinung, daß die Kieselsäure bei der Kaolinisierung umliegender Gebiete frei geworden ist (H. Laspeyres, 1900:151; W. Schubel, 1911:28-36; B. von Freyberg, 1926:25-27 u.a.). Als dritte Hypothese wird erwogen, daß die verkittende Kieselsäure innerhalb der Tertiärsedimente in Lösung ging (A. Plank, 1910:40-43; W. Schubel, 1911:28-36; W. Petrascheck, 1917b:260-64; W. Braun, 1921:502-03; B. von Freyberg, 1926:27-29). Maßgebend für die Genese der Braunkohlenquarzite war also einerseits das Vorhandensein verkieselungsfähiger Sande und Kiese und andererseits die Zuführung von Kieselsäurelösungen, die im Tertiär durch die humose Verwitterung feldspathaltiger Gesteine entstanden sind (W. Schubel, 1911:35).

Anders also als bei den paläozoischen Quarziten handelt es sich bei den Braunkohlenquarziten nur um eingekieselte Sande, bzw. Sandsteine, nicht jedoch um metamorph überprägtes Gestein.

Erneut einsetzende tektonische Bewegungen während des Oberoligozäns mit anschließender Erosion führten dazu, daß die auf einer fast ebenen Landoberfläche liegenden Quarzitlager in einzelne Schollen zerrissen, stark zerklüftet und zerstückelt wurden. Nur in den tektonischen Senken wurden die Quarzite nicht abgetragen. Kleinere Brocken wurden als sogenannte Rollsteine in Bächen und Flüssen weitertransportiert. Größere Stücke bildeten die Blockhalden oder Felsenmeere. Diese prämiozänen Quarzitblöcke sind daran zu erkennen, daß sie meist unmittelbar von miozänem Tuff und Basalt der Folgezeit bedeckt sind. Im Obermiozän setzte dann erneut eine Oberflächenverwitterung ein, die Brauneisenkrusten mit leuchtend roter oder gelber Farbe auf den Quarzitblöcken hinterließ (Lateritverwitterung). Während des Pliozäns und des Quartärs setzten dann wiederum starke epirogenetische und tektonische Hebungsprozesse im Rheinischen Schiefergebirge ein, die eine weitere Zerklüftung und Erosionen bewirkten. Durch Sickerwasser wurden die Quarzitlagerstätten teilweise verwittert und aufgelöst. Eisenlösungen drangen ein. Es entstanden der sogenannte faule, d.h. bröckelige sandige Quarzit und der eisenschüssige Quarzit ("Blättersandsteine"), z.B. bei Dürresbach (Siebengebirge). Sie zeigen als einzige eine deutliche Schichtung (O. Burre, 1930:36-42). (Abb. I.2 und Abb. II.2)

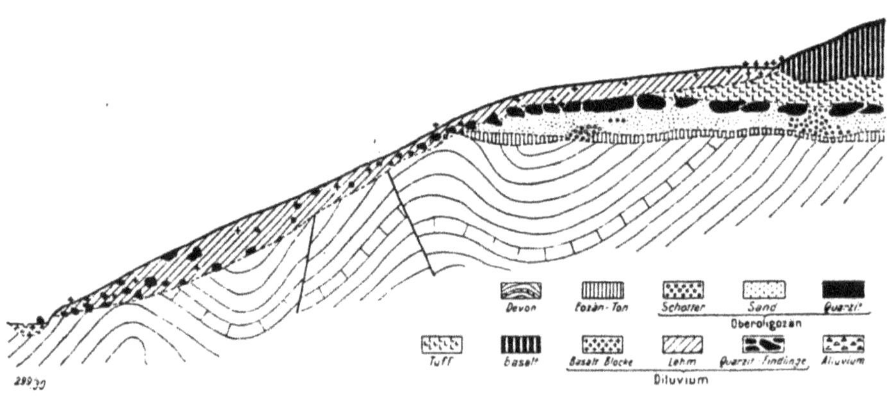

Abb. I.2 Schematisches Profil durch eine bankförmige und eine Findlingslagerstätte (O. Burre, 1930:13)

Die schützende Tuff- und Basaltdecke wurde lokal abgetragen. So entstanden Quarzitfindlinge, deren Reste man bis heute im Gelände offen findet. Einige sind später wieder von Lehm zugedeckt worden (A. Hasebrink, 1924:1020-21). (Abb. I.2)

Beschaffenheit der Quarzit

Die Form der Quarzitlagerstätten ist immer abhängig von dem Stadium, in welchem ihre Verkittung erfolgte. Meist sind sie breit und flach, an anderen Stellen wird die Mächtigkeit größer und die Form kugelig. Die Mächtigkeit der Quarzitlager scheint nach K. Endell (1913a:679) mit der Reichweite der Infiltration der Alkalisilikatlösung in Zusammenhang zu stehen. Die Oberfläche des Gesteins ist besonders dann traubig-knollig ("Knollenstein"), wenn mehrere solcher Zentren aneinanderwachsen. Es kommt zur Bildung einer Quarzitbank. Diese Quarzitbänke können eine Ausdehnung zwischen einigen hundert und 1500 m haben (W. Petrascheck, 1917b:261). Gelegentlich wird die Ober- und Unterkante durch Knollenlagen begleitet (B. von Freyberg, 1926:17-18).

Die Qualität des Tertiärquarzites kann in horizontaler und vertikaler Richtung unterschiedlich ausgeprägt sein. Häufig lassen sich innerhalb einer Quarzitbank sowohl körniger, kristalliner Quarzit und grober oder feiner Zementquarzit finden. Die feinsten Zementquarzite wechseln fast immer mit gröberen Lagen (B. von Freyberg, 1926:18).

Auch die äußere Beschaffenheit der Quarzitblöcke variiert. Sie können sowohl scharfkantig, als auch kantengerundet oder stärker gerundet vorliegen. Gleichermaßen schwankt auch ihr Durchmesser innerhalb einer Lagerstätte von mehreren Kubikmetern bis zu kleinen, kaum handgroßen Stücken. Je nach Wasserdurchlässigkeit des Einbettungsmilieus und der primären Struktur sind sie mit mehr oder weniger angewitterter Rinde überzogen (B. von Freyberg, 1926:20).

Quarzite, die in die Flüsse und Bäche gelangt sind, werden aufgearbeitet, nach den verschiedenen Korngrößen sortiert und abgelagert. Quarzitgerölle besitzen häufig Verwitterungsrinden und Eisenoxidkrusten (B. von Freyberg, 1926:22-23).

Industrielle Nutzung

Der tertiäre Quarzit kommt, wie schon erwähnt, in vielen Varietäten vor, die sich sowohl in der Struktur als auch in der Farbe unterscheiden. So findet man konglomeratartige bis hin zu sehr feinkörnigen Ausprägungen, die von hoher Qualität für die Anfertigung von Dinasziegel in der Silika-Industrie sind. Der Kieselsäuregehalt beträgt durchschnittlich ca. 97,1 - 98,9 %, der Tonerdegehalt ca. 0,8 - 1,9 % und der Eisenoxidgehalt zwischen 0,12 - 3,05 %, wobei die Mehrzahl der Quarzite weniger als 1 % bzw. sogar unter 0,4 % aufweisen. Kalk fehlt oder ist nur in sehr geringen Mengen vorhanden (O. Burre, 1930:52). Der tertiäre Quarzit ist gekennzeichnet durch Anteile von Schwermineralen wie Rutil, Turmalin, Zirkon und Lievrit. Im Unterschied zu den paläozoischen Quarziten besitzt er jedoch niemals Muskowit als akzessorisches Mineral. Sämtliche Feldspäte sind unter Abspaltung eines Teiles der Kieselsäure in reine Tonerde, in Kaolin, verwandelt worden (F. Wernicke und W. Wildschrey, 1910:769; B. von Freyberg, 1926:29).

Im allgemeinen unterscheidet man zwei primäre Quarzitvarietäten in der Silika-Industrie (F. Wernicke und W. Wildschrey, 1910:769):

1. Sandsteinartiger Quarzit

   Rauhe und sandsteinartige oder glatte Oberfläche, mattglänzender, splittriger Bruch, graublaue oder weißlichgraue Farbe,
   Vorkommen: Siebengebirge (in den Brüchen Queckstein, bei Brommelsbitze, bei Heisterbach, Boserodt u.a.), in der Silika-Industrie findet er seine technische Verwertung nur für Dinasziegel von minderer Güte.

2. Quarzit von sehr geringer Korngröße

Gleichmäßig dichte und hornsteinartige Oberfläche, splittriger Bruch mit muscheliger Bruchfläche, durchscheinend graue Farbe mit gelben Streifen und Flecken, manchmal ist er auch trüb hellgrau oder gelblich weiß, tonsteinähnlich, von höher Qualität für die Silika-Industrie.

Als Beispiel für einen solchen geologischen Aufschluß soll hier der Tertiärquarzitsteinbruch von Herschbach im nordöstlichen Teil des Westerwaldes dienen.

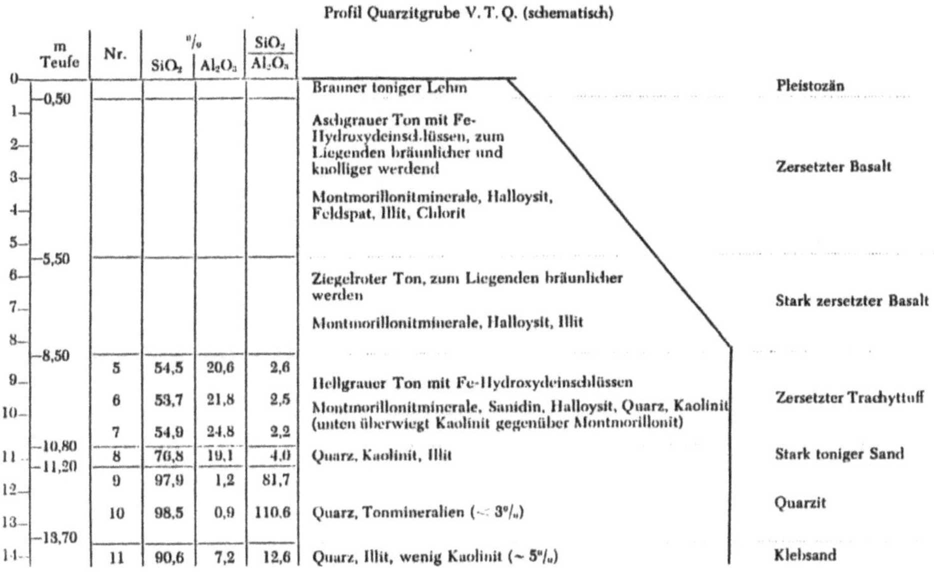

Abb. I.3 Schematisches Profil der Quarzitgrube in Herschbach (mit chemischen und röntgenographischen Angaben) (W. Ahrens et al., 1960:254)

Interessant ist, daß sich bei Herschbach - wie bei vielen anderen Steinbrüchen - eine ca. 10 cm dicke Braunsteinschicht zwischen dem Quarzit und dem liegenden Sand gebildet hat (K. Endell, 1913b:1772). An Bruchspalten wird der feste Quarzit oft salbandartig von bröckeligem Quarzit durchsetzt. Der bröckelige Quarzit kann aus dem festen Quarzit durch Auslaugung hervorgehen. Überall, wo Quarzit direkt unter zersetzten Eruptiva ansteht, zeigen sich an der Berührungsfläche ausgelaugte Quarzite oder lockere Quarzitsande (W. Braun, 1921:501). Bei manchen ist ein späteres Eindringen von Limonit zu beobachten, der in stark wechselnder Konzentration auftritt. Die meisten

Proben enthalten jedoch nur eine geringe Menge davon. Bei einem größeren Prozentanteil ist das Gestein tiefer gelb bis gelbbräunlich gefärbt, besonders auch bei den Blättersandsteinen (O. Burre, 1930:38).

Verbreitung der Tertiärquarzitfindlinge im Siebengebirge und Westerwald

Die Braunkohlenfindlinge sind von hellbraun-gelblich-grauer Farbe und haben nie Quarzgänge wie die Taunusquarzite. Man erkennt sie meist am Fehlen der Schichtung und Aderung. Wenn sie lange Zeit hindurch frei liegen, erhalten sie die typische polierte Oberfläche. Oft zeigen sie an der Oberfläche kleinere oder größere Toneinlagen oder auch tonige Ausfüllungen von verwesten Pflanzenresten. Bei der Verwitterung wurde der Ton dort entfernt. Die Vertiefungen blieben zurück. Die größten bekannten Tertiärquarzitfindlinge haben einen Umfang von ca. 3,75 m x 2,75 m x 1,50 m bei Rejmerstok (Süd-Limburg, Niederlande) (vgl. S. 44) und in der Nähe des Grabenbunkers Gotteshülfe ca. 4 m x 4 m x 1,50 m (P. Pruskowski, 1952:19-20). Die Findlinge können ein Gewicht von 3000 kg und mehr haben.

Im Rahmen dieser Arbeit wurde versucht, alle bekannten Findlingsvorkommen[17] in einem Gebiet von 175 km^2 (Abb. II.3) um die Fundstelle Andernach zusammenzustellen (Tab. II.4). Drei Kreise, im Abstand von 10 km, 20 km und 30 km vom Siedlungsplatz, markieren Versorgungsradien, wie sie aus der ethno-archäologischen Literatur bekannt sind (C. Vita-Finzi und E.S. Higgs, 1970; E.S. Higgs und C. Vita-Finzi, 1972; R. Foley, 1976; L.R. Binford, 1980; G. Bailey, 1983).

Betrachtet man die Gesamtverbreitungskarte (Tab. II.4),

---

[17] siehe Anhang: Verzeichnis von Vorkommen der Tertiärquarzitfindlinge.

so fällt auf, daß während der intensiven wirtschaftlichen Nutzung des Tertiärquarzites für die Silika-Industrie bei der Kartierung besonders auf die Vorkommen dieses Rohmaterials geachtet wurde. Bei den späteren geologischen Geländearbeiten fehlen Findlingsquarzite. Die Bimsbedeckung war im Westerwald sicherlich aber viel geringer als linksrheinisch, so daß der Grund auch in der Geländemorphologie liegen kann. Es ist sehr schade, daß alte Kartierungen vom Blatt Kempenich und Blatt Virneburg nicht vorliegen.

Der tertiäre Quarzit steht als lockere Blockstreuung in weniger als 10 km Entfernung von der Fundstelle Andernach an, sowohl in quartären Schuttbildungen als auch in meist oberoligozänem Gehängelehm (Tab. II.4). Ähnliche Quarzitbänke wie im Siebengebirge und Westerwald und die deutliche Konzentration der Vorkommen vor allem im östlichen Teil des Westerwaldes (Roßbach, Wahlrod, Welkenbach, Herschbach, Rückeroth, Vielbach, Nister b. Hachenburg, Hahn b. Marienberg, Nauroth, Beilstein usw.) (A. Hasebrink, 1924:129) sind hier nicht bekannt. Auffällig ist auch die scheinbare Diskrepanz zwischen den kartierten Quarzitvorkommen - als Findlingsblöcke - in den verschiedenen Meßtischblättern (TK 25) und den Angaben über große Quarzitblöcke, die industriell abgebaut worden sind, in der Literatur der Silika-Industrie (u.a. Blatt Selters, Blatt Bad Marienberg). Man erhält oft den Eindruck, daß sich diese Quarzitbänke in den Gebieten befinden, die auf der geologischen Karte mit der Bezeichnung "Quarzsand (Oberoligozän oder Untermiozän)" vermerkt sind (u.a. bei Herschbach, Rückeroth, Roßbach, Welkenbach, Wahlrod).

Tertiärquarzit tritt natürlich nicht nur in dem bearbeiteten Gebiet auf. Er findet sich z.B. auch in den Steinbrüchen im Nordosten des Westerwaldes zwischen Allendorf und Beilstein, bei Elgershausen, Heckholzhausen, Nieder- und Oberdresselndorf (H. Autschbach, 1922:45-51; B. von Freyberg, 1926:199-201). Die bekanntesten Quarzitbankvorkommen liegen im Siebengebirge bei Boserodt, Quegstein,

Kippenhahn und Remscheid. Linksrheinisch sind aber auch die Vorkommen bei Muffendorf und Züllighoven zu nennen. Quarzitfindlinge sind insbesondere an den Rändern des Siebengebirges, d.h. im Pleißbachtal im Norden, im Osten der Rostinger Heide (die als Wiege des Quarzitabbaus bezeichnet wird), im Süden und Südosten bei Honnef, Ägidienberg, Stockhausen, Asbach, Kalenborn, Vettelschoß bis Neustadt a. d. Wied beobachtet worden (A. Hasebrink, 1924: 1021-22).

Für die Beurteilung des Fundmaterials von Andernach ist es wichtig zu wissen, daß z.B. im Gebiet westlich des Herchenberges bis fast zum Bausenberg hin ein größeres Vorkommen vorhanden war. Da es jedoch schon vor 1936 nahezu restlos ausgebeutet worden ist (W. Ahrens, 1936: 11), findet man heute bei der Feldbegehung davon nur wenige Reste.

Das Literaturstudium wurde durch zahlreiche eigene Geländebegehungen ergänzt, da für fast alle Regionen (außer Siebengebirge und Westerwald) keine Arbeiten existieren. Mit Hilfe des Geologischen Landesamtes in Mainz konnten weitere Lücken mit unveröffentlichten Manuskripten geschlossen werden.

Chalzedon

Als weiteres Gestein, das von den Jäger- und Sammlergruppen der Fundstelle Andernach zu Werkzeugen verarbeitet worden ist, findet man in der Umgebung des Wohnplatzes Chalzedon. Leider konnte im Rahmen dieser Arbeit eine ähnliche Zusammenstellung wie für den tertiären Quarzit nicht erfolgen. Dieses Rohmaterial wird von der Industrie nicht verwendet, so daß die Vorkommen, anders als bei den industriell genutzten Gesteinen, nicht systematisch erforscht und fast überhaupt nicht in der Literatur erwähnt werden. Anzeichen dafür, daß sich Chalzedon-Vorkommen im Untersuchungsgebiet befinden bzw. befunden haben, zeigt das inzwischen in der archäologischen Literatur bekannte Vorkommen bei Muffendorf, südwestlich von Bad Godesberg (H. Schwabedissen, 1970:104-06; H. Löhr, 1971:470-77; S.K. Arora und G. Bosinski, 1978:22; E. Franken und St. Veil, 1978:230, 1983:23; S.K. Arora, 1979:7; N. Arts und J. Deeben, 1981:49-50). Eine der ersten Beschreibungen dieses Vorkommens befindet sich bei C.O. Weber (1850). Der Autor schreibt darin u.a. in seinem Aufsatz "Über die Süßwasserquarze von Muffendorf", daß zahlreiche Stücke "weißen und gelben Halbopals, Hornsteins und Feuersteins" auf der Höhe im Wege und auf einem Felde entlang des Pfades zum Kloster Marienforst liegen. Die Größe und Form der Blöcke gibt er an mit "kaum einige Cubikzoll, oft aber mehrere Cubikfuß große, eckige, kaum oder gar nicht abgerundete Blöcke eines nicht selten Pflanzen und Conchylien enthaltenen Quarzgesteines" (1850:20). Weiterhin bemerkt C.O. Weber, daß die Gesteine mineralogisch verschieden sind, und die meisten, massiveren Blöcke aus einem dichten weißgrauen, manchmal ins Bräunliche, Gelbliche oder auch Tiefschwärzliche übergehen (1850:20-21). Den Hornstein charakterisiert er als Gestein mit undeutlich flachem, großmuscheligen, ins Grobsplittrige übergehenden Bruch von ziemlicher Sprödigkeit, welcher an den Kanten wenig durchscheinend, matt, manchmal gelb und weißlich oder grau gestreift oder auch fast geflammt ist. Häufig findet man Versteinerungen in der Kieselmasse und zahlreiche Löcher und Höhlungen von zerstörten oder zerfallenden Pflanzenresten, besonders dickeren Wurzeln (1850:21).

Weiterhin beschreibt er ein Gestein bei den Braunkohlen-Sandsteinbrüchen am Quegstein (Queckstein) im Siebengebirge, das dem Muffendorfer "Halbopal" sehr ähnlich ist. Es entstand in den leeren Räumen, die ausgewitterte Pflanzen hinterlassen haben, oder auf den Schichtungsflächen zwischen den Lagen des sehr feinkörnigen, durch Kieselzement gebundenen Sandsteins. Im Gegensatz zu dem von ihm untersuchten Muffendorfer Material gibt es in diesem Gestein auch lauchgrüne Varietäten in sehr dünnen, fein übereinanderliegenden Schichten, aber auch in größeren Mengen. Sie brechen feinmuschelig und lassen eine

Schichtung nicht mehr erkennen. Die maximale Mächtigkeit beträgt jedoch niemals mehr als einen Fuß (ca. 30 cm). In den Stücken sind auch Versteinerungen gefunden worden, und zwar dieselben wie in den Hornsteinen. Sie sind jedoch weniger deutlich erkennbar, da meist die Versteinerungsmasse die Schalen vollständig ausgefüllt hat (1850: 23).

Nach O. Burre (1978:29-30) befanden sich auch zwei kleinere Blöcke von "Halbopal" als Reste obermiozäner Ablagerungen auf der Kuppe des Minderberges, südwestlich von Kalenborn. Er beschreibt es als ein bräunliches Gestein mit splittrigem Bruch, das hauptsächlich aus Opal besteht und hier neben Opal und Chalzedon auftritt.

Weitere "Chalzedon- bzw. Opal-, Jaspis- und Hornsteinvorkommen" - leider nur für das Siebengebirge - nennen u.a. auch H. von Dechen (1852) und H. Laspeyres (1900) (Tab. II.5). Diese Bildungen sind auf Klüften und in Hohlräumen der quarzhaltigen tertiären Schichten beobachtet worden, die durch Eisenverbindungen meist gelb, braun oder auch grün gefärbt sind (Eisenopal). Häufig gehen sie in milchweißen Chalzedon über oder sind lagenweise damit verwachsen (u.a. Bolvershahn, Kl. Rosenau, "Drachenfels", "am Steinchen"). Daneben kommen sie auch mit Andesit (u.a. Rosenau, Perlenhardt, Ofenkaulberg), in Trachyt-Konglomeraten (u.a. Rothen Kreuz, Gr. Weilberg, Dürresbacher Seifen), zwischen den Basaltsäulen als "Basaltjaspis" (u.a. Limberg, Quegstein, Gr. Weilberg) oder in Quarziten und Konglomeraten als "Holzopal" (bei Wintermühlenhof) vor.

Hornsteingänge und -äderchen im Basalt erwähnt J. Ahlburg (1916:328) auch für den Westerwald.

Nach H. Laspeyres (1900:175) hat sich die bei der Kaolinisierung der Trachyttuffe in Lösung gegangene Kieselsäure in den durchsickerten Gesteinen als Opal und Chalzedon teilweise wieder abgeschieden.

3.2.3. Import von Rohmaterial

Abschließend muß auch der Import von Rohmaterial in die Diskussion einbezogen werden. Als Import soll hier alles Gestein bezeichnet werden, das außerhalb des 30-km-Radius' vorkommt. Im allgemeinen bedeutet eine 10-km-Distanz von einem Fundplatz einen zweistündigen Fußmarsch. Die Länge des zurückgelegten Weges ist dabei direkt abhängig von der Beschaffenheit der Ressourcen und den Anstrengungen, die notwendig sind, den Werkstoff zu gewinnen. In der ethno-archäologischen Literatur wird der "normale" Aktionsradius zur Deckung des täglichen Bedarfs ("foraging radius") mit durchschnittlich "6 Meilen" (ca. 10 km) angegeben, so daß der Hin- und Rückweg einschließlich des Arbeitsvorganges an einem Tag erledigt werden kann (L.R. Binford, 1983:359). Die Distanz von 30 km und mehr würde danach einen sechsstündigen Anmarsch voraussetzen und wohl eher Expeditionscharakter gehabt haben.

Kreidefeuerstein steht im Neuwieder Becken nicht an. Die nächsten Vorkommen befinden sich im Raum Aachen (Lousberger und Vetschauer Flint). Daran schließen weitere größere Lagerstätten in Belgien und den Niederlanden (u.a. Obourg, Spiennes, Rullen-Bas, Rijckholt/St. Geertruid, Valkenburg) an.

Als sekundäre Vorkommen findet man Feuerstein als Flußgeröll in den Rhein- und Rhein-Maas-Mischfazies-Schottern des Hauptterrassenbereiches. Die ersten Gerölle treten in sehr geringen Mengen und nur sporadisch ca. 6 km nördlich von Euskirchen auf. Einen Anteil von 25 Feuersteingeröllen erreichen sie erst ab nordwestlich Düren (Abb. II.6). In den Schottern des Maas-Schwemmkegels, vereinzelt auch in den Hauptterrassen, werden im allgemeinen zwei Feuersteinvarietäten unterschieden (Kh. Kaiser, 1955:28; A. Schnütgen, 1974:34):

1) mausgraue, eiförmige Gerölle aus dem Senon des Aachener Raumes;

2) braune und dunkelgraue, löchrige, unregelmäßig geformte, kantengerundete Gerölle aus der Oberkreide von Kunraed ("Gekrösefeuerstein").

Nach D. Sidiropoulos (1977:80) konnte eine sehr große Konzentration von Feuersteinen in den ältesten Schotterterrassen (Höhenterrassen des Pliozäns) zwischen Sieg und Ruhr festgestellt werden. In der Mettmann-Terrasse[18] erreichen sie sogar 16 - 20 % (durchschnittlich ca. 12 %) des Gesamtspektrums. Die Feuersteingerölle kommen hier besonders häufig ei- oder nierenförmig, gerundet, fast immer von länglicher Form, d.h. als sogenanntes Feuersteinei, vor. Sie sind blaugrau bis grau gefärbt, mit meist helleren oder dunkleren Flecken. Anzumerken wäre in diesem Zusammenhang noch, daß sich in der Mettmann-Terrasse u.a. 18 - 19 % tertiäre und paläozoische Quarzite, 11 - 12 % schwarzgraue, oft weiß gebänderte Kieselschiefer, 4 - 8 % verkieselte Kalke und 1 - 2 % Kieseloolithe in den Schottern befinden (D. Sidiropoulos, 1977: Tab. 1).

Weiterhin bilden Feuersteineier bis zu 20 cm mächtige Lagen in den Deckschichten der westlichen Braunkohlengebiete aus, z.B. bei Eschweiler (pers. Mitteilung Prof. Dr. E.K. Kempf). Wie schon oben erwähnt, stammen die Feuersteineier aus der Aachener Kreide. Im Oligozän sind sie durch küstenparallele Strömungen versetzt worden. Kennzeichnend für diese Feuersteingerölle sind die extreme Zurundung (untypisch für Flußtransport) und die Schlagmarken auf der Oberfläche.

H. Breddin (1932:398) erwähnt u.a. auch häufig auftretende Feuersteingeröllagen in den weißen Sanden - bis zu 6 Schichten übereinander - im ganzen Bereich des Herzogenrather Tertiärgrabens. Jede dieser Lagen kann bis zu 1 m mächtig sein und Gerölle bis zu 10 - 12 cm Größe be-

---

[18] Die Mettmann-Terrasse befindet sich in einer Höhe zwischen 179 und 185 m über NN. Kh. Kaiser (1957:8) zählt sie einschließlich der Homberg- und der oberen Hösel-Terrasse der Bergischen Rheinterrassen zu der Kieseloolithterrasse des Mittelrheingebietes.

inhalten. K. Hoffmann (1959) beschreibt drei verschiedene Feuersteinvarietäten ("normaler, konkretionärer", "organoformer" und "quarzitischer" Feuerstein), die auf der Hochfläche des Aachener Waldes vorkommen.

Weitere Details zum makroskopischen Aussehen und Vorkommen von einigen Feuersteinarten der nordfranzösisch-belgisch-niederländischen Kreideformation (einschließlich Lousberger und Vetschauer Flint) und der Maas-Schotter, die im Neolithikum als Rohmaterial u.a. auch im Siedlungsgebiet der Aldenhovener Platte auftreten, finden sich in der Magisterarbeit von J. Weiner (1979).

Schließlich berichtet H. Altmeyer (1982b) von Feuersteingeröllen in der südlichen und östlichen Eifel (an der oberen Ahr bei Antweiler, auf hochgelegenen Terrassen der unteren Kyll, Sauer und Prüm). Nach mündlicher Mitteilung von Herrn Dr. H. Noll sind diese Stücke gut gerundet, vom Flußtransport her mit Schlagmarken versehen und vorwiegend nur ca. 3 - 5 cm groß. Selten erreichen sie dagegen den doppelten Durchmesser.

Rechtsrheinisch findet sich Feuerstein u.a. auch noch in den Cenoman Plänern am Haarstrang des südlichen Münsterlandes, am nördlichen Rand des Möhne-Ruhr-Tales. Aus zwei Kalksteinbänken der unteren Mergel-Kalk-Formation von je ca. 30 cm Mächtigkeit stammen zahlreiche graue bis schwarze, wulstige Feuersteinknollen. Sie erreichen bis Dezimetergröße und treten durchgehend von Schelk bis etwa Delecke, an die Oberfläche gewittert, auf den Äckern auf (M. Hiss, 1982:97-98). Zum Teil überlagern sich diese Feuersteinvorkommen mit denen aus den nordischen Geschiebresten.

Baltischer Flint findet sich in den Moränen und Geschieberesten der letzten Eiszeit. Das nordische Inlandeis, das während der Saalevereisung seine größte Ausdehnung besaß, stieß nach Osten hin bis in die Gegend von Hösel vor. Die südliche Grenze lag nördlich von Ratingen. Nach einem Rückzug des Eises stieß der Gletscher erneut vor, ohne je-

doch dabei die vorhergehende Randlage wieder zu erreichen. Dieser zweite Vorstoß hinterließ Stauchmoränen an der Ruhr, die nach der Typlokalität als Mintarder Eisrandlage bezeichnet wird. Der Vorstoß des Eises bis in dieses Gebiet war allerdings nur von kurzer Dauer, so daß keine größeren Sedimentkörper akkumuliert wurden. Nordische Geschiebe machen deshalb nur ca. 1 % der Geschiebe der Stauchmoräne aus. Diese Stauchmoränen lassen sich im Süden bis in das Niveau der Ruhr-Drüfel-Terrasse, im Westen bis in das Niveau der Ruhr-Hauptterrassen und im Norden bis in das Niveau der oberen Mittelterrassen der Ruhr verfolgen.
(Kh. Kaiser, 1957:32-34)

S.K. Arora (1979:4-5; 1981:250) konnte kleine Stücke von baltischen Feuerstein in den Stauchmoränen am Niederrhein, z.B. am Hülserberg und am Tönigsberg nördlich von Krefeld sowie südlich und westlich von Xanten und westlich von Kleve linksrheinisch aufsammeln. Rechtsrheinisch bildet die Ruhr die südliche Grenze.

3.3. Zusammenfassung

Zusammenfassend läßt sich über die lokalen und nicht lokalen Rohmaterialressourcen folgendes sagen: Quarzit, Chalzedon und Lydit finden sich in den Rheinschotter-Terrassen unterschiedlich häufig. Auch anstehendes (primäres) Gestein ist von allen drei Arten bekannt. Während für den tertiären und paläozoischen Quarzit Vorkommen in unmittelbarer Nähe zur Verfügung standen, kann das für den Chalzedon nur vermutet werden. Mit Sicherheit befanden sich Aufschlüsse im Siebengebirge und Westerwald, d.h. in ca. 30 km Entfernung. Der Tertiärquarzit stand den Siedlern sowohl als Quarzitbank, als Blockstreuung oder auch in Form von einzelnen Findlingsblöcken in näherer Entfernung zur Auswahl (ca. 10 km, möglicherweise auch weniger).

Kieseloolith konnte sowohl auf den tertiären Terrassen

vorwiegend im Südteil des Neuwieder Beckens als auch - in viel größeren Mengen - in der Niederrheinischen Bucht aufgesammelt werden. Verkieselter Kalk läßt sich im Neuwieder Becken nur sehr selten finden. Die nächsten größeren Vorkommen sind auch für dieses Gestein, z.B. die Bergischen Höhenterrassen der Niederrheinischen Bucht.

Feuerstein konnte als einzige der sechs verwendeten Gesteinsarten mit Sicherheit nicht aus der unmittelbaren Umgebung des Wohnplatzes geholt werden. Er mußte entweder mitgebracht oder - nach dem heutigen Kenntnisstand - aus mindestens 60 km (Luftlinie), wahrscheinlich aber 70 bis 100 km Entfernung, besorgt werden. Der Werkstoff läßt sich als Geröll in der Niederrheinischen Bucht bzw. im südlichen Münsterland, in der südlichen und östlichen Eifel und im Raum Aachen sammeln oder in Form von anstehenden Knollen (oder Platten) in den angrenzenden Gebieten, dann jedoch in noch größerer Distanz. Schließlich konnte er auch in den glazialen Ablagerungen der letzten Eiszeit, ebenfalls ab einer Entfernung von mindestens 100 km gefunden werden.

4. Naturwissenschaftliche Analyseverfahren zur Charakterisierung von Rohmaterial

4.1. Ziel der Untersuchungen

Für die Untersuchung von Rohmaterial sind in den letzten zwanzig Jahren verschiedene Verfahren angewendet worden. Die Literatur gibt dafür zahlreiche Beispiele (s. Kapitel 1). Die Verfahren unterscheiden sich nicht nur in ihrer Aussagekraft und Genauigkeit über den Mineralbestand und Chemismus, sondern auch durch die Menge des benötigten Materials (ob zerstörungsfrei oder nicht) und den erforderlichen Aufwand an Zeit und Material bei der Präparation und der Messung (Abb. I.4).

Nahezu allen bisher publizierten Untersuchungen ist gemeinsam, daß der Archäologe auf die Mitarbeit von Naturwissenschaftlern angewiesen war, weil er selbst nicht über die notwendigen methodischen Kenntnisse und Erfahrungen verfügte. Diese interdisziplinäre "Zusammenarbeit" mußte unbefriedigend bleiben, weil eine archäologische Fragestellung eine andere Antwort erfordert, als sie unter naturwissenschaftlichem Blickwinkel zu erwarten ist, d.h. die naturwissenschaftlichen Untersuchungsergebnisse müssen durch den Archäologen selbst interpretiert werden. Es ist daher erforderlich, die traditonellen archäologischen Arbeitsmethoden um relevante naturwissenschaftliche Verfahren zu erweitern, um zu fruchtbaren Ergebnissen zu kommen. Zwar ist ein Doppelstudium (Archäologie und z.B. Mineralogie) in der heutigen Form kaum durchführbar, wie schon R.C.A. Rottländer (1983:2) bemerkte. Es ist aber auch nicht unbedingt notwendig, weil im allgemeinen nur eingrenzbare Kenntnisse aus der naturwissenschaftlichen Methodik für den Archäologen für seine Aufgabenstellung interessant sind.

Im folgenden soll versucht werden, diese Erkenntnisse in praktische Ergebnisse umzusetzen. Dazu werden einige

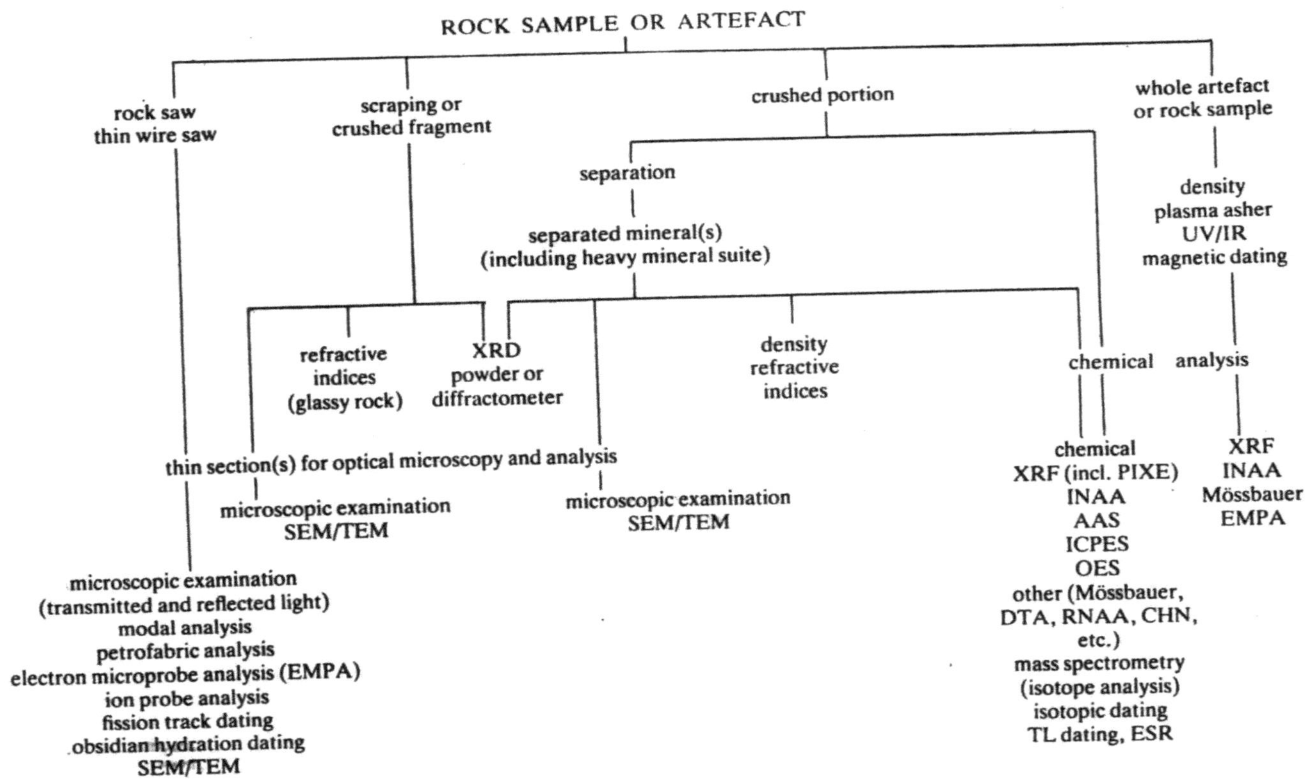

Abb. I.4 Moderne naturwissenschaftliche Analyseverfahren im Überblick (D.R.C. Kempe und J.A. Templeman, 1983:27)

aussagekräftige morphologische und physikalisch-chemische Analyseverfahren dargestellt, mit denen das lithische Fundinventar der Jäger- und Sammlerstation Andernach in exemplarischer Weise differenziert und charakterisiert worden ist. Ziel der Untersuchungen sollte sein, Hinweise zu finden, die geeignet sind, die exploitierten Rohmaterialressourcen und die möglichen Gründe für deren Selektion näher bestimmen zu können. In einem größeren Rahmen könnten diese Daten für die Rekonstruktion des Aktivitätsradius' ("site exploitation territory" etc., s. Kapitel 2) aufschlußreiche Einzelheiten vermitteln.

4.2. Mineralbestand und Gefüge

4.2.1. Polarisationsmikroskopie an Dünnschliffen (THIN-SECTION MICROSCOPY)

Prinzip der Methode:

Die in der Mineralogie und Geologie neben der Röntgenbeugung (s. Abschnitt 4.2.2.) gebräuchlichste Methode zur Gesteinsuntersuchung ist die Polarisationsmikroskopie. Mit Ausnahme von Erzen sind die meisten Minerale in dünnen Schichten lichtdurchlässig. Durch unterschiedliche Wechselwirkung des Probenmaterials mit dem Licht (Brechung, Absorption, Polarisation, Dispersion etc.) können die Komponenten eines Dünnschliffs anhand ihrer kristalloptischen Eigenschaften wie Einfach- oder Doppelbrechung, Größe der Brechungsindizes, Richtungsabhängigkeit der Absorption (Pleochroismus), optischer Charakter etc. identifiziert werden. Die Dünnschliffe werden entweder im normalen Durchlicht, zwischen gekreuzten Polarisatoren oder unter Verwendung von besonderen Linsen und Filtern, im konvergenten Strahlengang (Konoskopie) betrachtet.

Neben dem Mineralbestand erhält man Informationen über

die Morphologie (Form, Größe, Spaltbarkeit), die Verteilung und die Orientierung der Minerale im Dünnschliff. Der Mineralbestand wird meistens qualitativ erfaßt, doch kann mit geeigneten Geräten (siehe unten) auch quantitativ gearbeitet werden.

Art der Ergebnisse:

1. Qualitative und quantitative Aussagen über den Phasen- bzw. Mineralbestand.

2. Angaben über Gefüge- und Texturmerkmale.

3. Möglicherweise Genese des Gesteins.

4. Veränderungen des Gesteins durch thermische Einwirkung.

Experimentelle Technik

Da für die Anfertigung von Dünnschliffen vorzugsweise nur kleinere Abschläge benutzt werden, müssen die Proben zunächst - zur besseren Handhabung beim Schleifvorgang - in Araldit AY[19] oder einem entsprechenden anderen Epoxydharz eingebettet werden. Als Form lassen sich sowohl biegsame Plastikbecher als auch mit Hilfe von Aluminiumfolie selbstgefertigte Behälter verwenden. Anschließend muß der Araldit ca. 24 - 48 Stunden bei 25 - 30°C im Trokkenschrank aufbewahrt werden. Die Dauer des Aushärtens und die erlaubte Temperatur des Trockenschranks richtet sich auch nach der Art des benutzten Epoxydharzes.

Wenn der Araldit gehärtet ist, werden die Gesteinsproben in kleine Quader von ca. 2,0 cm x 3,0 cm x 1,0 cm Kantenlänge mit einer Diamantsäge zugeschnitten.[20] Bei sehr

---

[19] Der Araldit wird dabei mit einem Härter gemischt, in diesem Fall im Verhältnis 2:1.

kleinen Abschlägen (Absplissen) kann man auch mehrere Artefakte in einem Blöckchen belassen.[21] Man spart dann Objektträger und Arbeitsgänge. Als nächstes werden die Quader einseitig mit Schleifpulver (Siliciumkarbid) und Wasser[22] angeschliffen. Dabei beginnt man im allgemeinen mit einem 80er Korn und endet mindestens mit einem 800er Korn, besser mit einem 1200er Korn. In manchen Labors stehen auch Diamantschleifplatten zur Verfügung, die die Arbeit, die sonst auch auf einfachen Glasplatten ausgeführt werden kann, erheblich erleichtern. Benutzt man eine Glasplatte zum Schleifen, sollte man für alle Korngrößen immer dieselbe Platte verwenden, um ein gleichmäßiges Abschleifen der Fläche zu garantieren. Zwischen jedem Kornwechsel wird das Präparat immer wieder im Ultraschallbad gereinigt, um zu verhindern, daß gröberes Korn in das nächstfeinere verschleppt wird, wodurch erneut Kratzer auf der planen Oberfläche entstehen würden. Ist der letzte Schleifvorgang beendet, wird der Quader ein letztes Mal in das Ultraschallbad gelegt und anschließend mit H_2O dest. von eventuellen Kalkrückständen des normalen Wassers befreit. Danach wird das Präparat wieder in den Trockenschrank gelegt. Die Trockenzeit beträgt ca. 24 Stunden bei 30°C, bei höheren Temperaturen entsprechend weniger. Ist die Gesteinsprobe getrocknet, wird sie mit Araldit auf einem Objektträger aus Glas geklebt (Abb. I.5), der vorher mit 320er Korn einseitig angeschliffen worden ist. Die nun leicht rauhe Oberfläche soll ein Wegrutschen des Quaders verhindern, der nun mit der angeschlif-

---

[20] Im allgemeinen werden die Objektträger vom Gießener Format (24 mm x 48 mm) verwendet. Die maximale Größe der kleinen Blöckchen richtet sich nach der zur Verfügung stehenden Fläche des Objektträgers.

[21] Bei porösen Gesteinen bietet es sich an, die Proben getrennt zu behandeln. In jedem Fall müssen diese Stücke vor dem Schleifen in Araldit getränkt werden (s. Gruppe Q 2/M des Andernacher Fundinventars).

[22] Bei maschineller Herstellung von Dünnschliffen wird sowohl beim Sägen, Schleifen als auch beim Reinigen im Ultraschallbad niemals Wasser, sondern nur Petrolaldehyd verwendet. Dies bietet sich u.a. besonders bei Gesteinen mit einem hohen Tonmineralgehalt an.

fenen Seite auf dieser Fläche befestigt wird. Anschließend muß das Präparat wieder bei 30°C zum Aushärten in den Trockenschrank.[23] Als nächstes wird die andere Seite des Quaders genauso bearbeitet. Es hat sich bei der Dünnschliffauswertung des Andernacher Fundmaterials gezeigt, daß es sich lohnt, das Präparat noch einmal umzubetten, d.h. die zweite Seite wiederum auf einem Objektträger erneut aufzukleben und die erste Seite mit Objektträger wieder abzuschleifen. Dieser Mehraufwand verhindert weitgehend, daß die Mineralbestandteile < 20 µm beim Schleifvorgang herausgerissen werden. In den maschinell hergestellten Dünnschliffen von Feuersteinproben, die ebenfalls mehrmals umgebettet und mit Diamantschleifplatten bis 7 µm Korngröße geschliffen worden sind, konnten sogar zahlreiche Mikrofossilien bestimmt werden. Im allgemeinen werden die Präparate bis zu einer Dicke von ca. 20 - 30 µm heruntergeschliffen. Dabei braucht man nicht den fast 1 cm hohen Quader per Hand herunterzuarbeiten, sondern man sägt mit Hilfe einer Konrad-Säge das Blöckchen bis auf 1 - 2 mm ab. Auch bei den maschinell hergestellten Dünnschliffen verfährt man so. Nur das restliche Stück wird dann per Hand bzw. mit Schleifplatten auf die gewünschte Dicke gebracht.[24] Abschließend reinigt man den fertigen Schliff wieder im Ultraschallbad und H_2O dest. und legt ihn in den Trockenschrank. Zuletzt klebt man mit Vitrol oder Araldit ein kleines Deckgläschen zum Schutz über das Präparat. Die maschinell hergestellten Dünnschliffe wurden nicht abgedeckt, sondern mit einem Diamantspray von 1 µm einseitig poliert. Der Vorteil dieser Methode ist, daß ein solcher Dünnschliff auch für weitere physikalisch-chemische Analysen verwendet werden kann. Weitere Gesteinsproben werden in den meisten Fällen nicht benötigt. Es können direkt am Schliff durchgeführt werden:

---

[23] Es ist darauf zu achten, daß der Trockenschrank nicht gleichzeitig sowohl zum Trocknen als auch zum Aushärten benutzt wird, da Araldit hygroskopisch reagiert. Das Ergebnis wäre, daß sich der Schliff vom Objektträger wieder ablösen würde.

[24] Interferenzfarben: grau 1. Ordnung.

Elektronenstrahl-Mikrosondenanalyse

Röntgendiffraktometrie

Rasterelektronenmikroskopie

u.a.

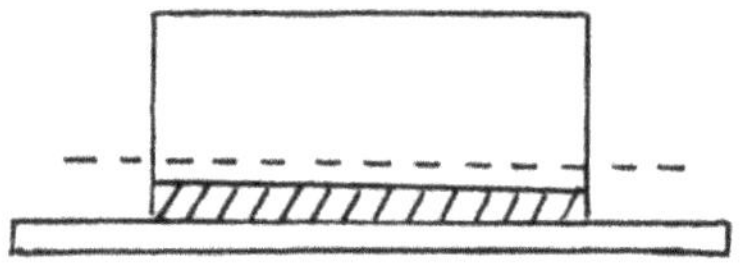

Abb. I.5 Anfertigung eines Dünnschliffes

Die Dünnschliffaufnahmen im Anhang wurden mit einem ZEISS-Photomikroskop unter Verwendung von Kodak Ektachrome 50 und Agfa-Ortho 25 Filmen hergestellt.

<u>Auswertung der Dünnschliffe mit dem Leitz-A.S.M.-Gerät:</u>

Die Korngrößenverteilung wurde aus Gründen der relativ hohen Genauigkeit und großen Schnelligkeit mit dem Bildanalyse-System A.S.M. der Firma LEITZ (Wetzlar) in Verbindung mit einem Polarisationsmikroskop gemessen. Es handelt sich dabei um ein halbautomatisches Bildanalysesystem, das in Verbindung mit einer speziellen Zeicheneinrichtung rechnergestützt eine flächengetreue Analyse der wichtigsten Parameter eines Dünnschliffes ermöglicht. Das Gerät besteht aus einem Programmierteil (Lochstreifenprogrammierung), einem Bedien- und Zeichenpult (Abb. I.6) sowie einem alphanumerischen Drucker. Die Verbindung des A.S.M.-Gerätes mit dem Mikroskop erfolgt über eine spezielle Zeicheneinrichtung zwischen Mikroskopstativ und Tubus, hierbei wird die Zeichenstift-Spitze (rote Leuchtdiode) über einen teildurchlässigen Spiegel in die mikroskopische Zwischenbildebene abgebildet. Somit sind mikroskopisches Bild und die beleuchtete Zeichenstift-Spitze sichtbar. Die im Dünnschliff zu vermessenden Struktu-

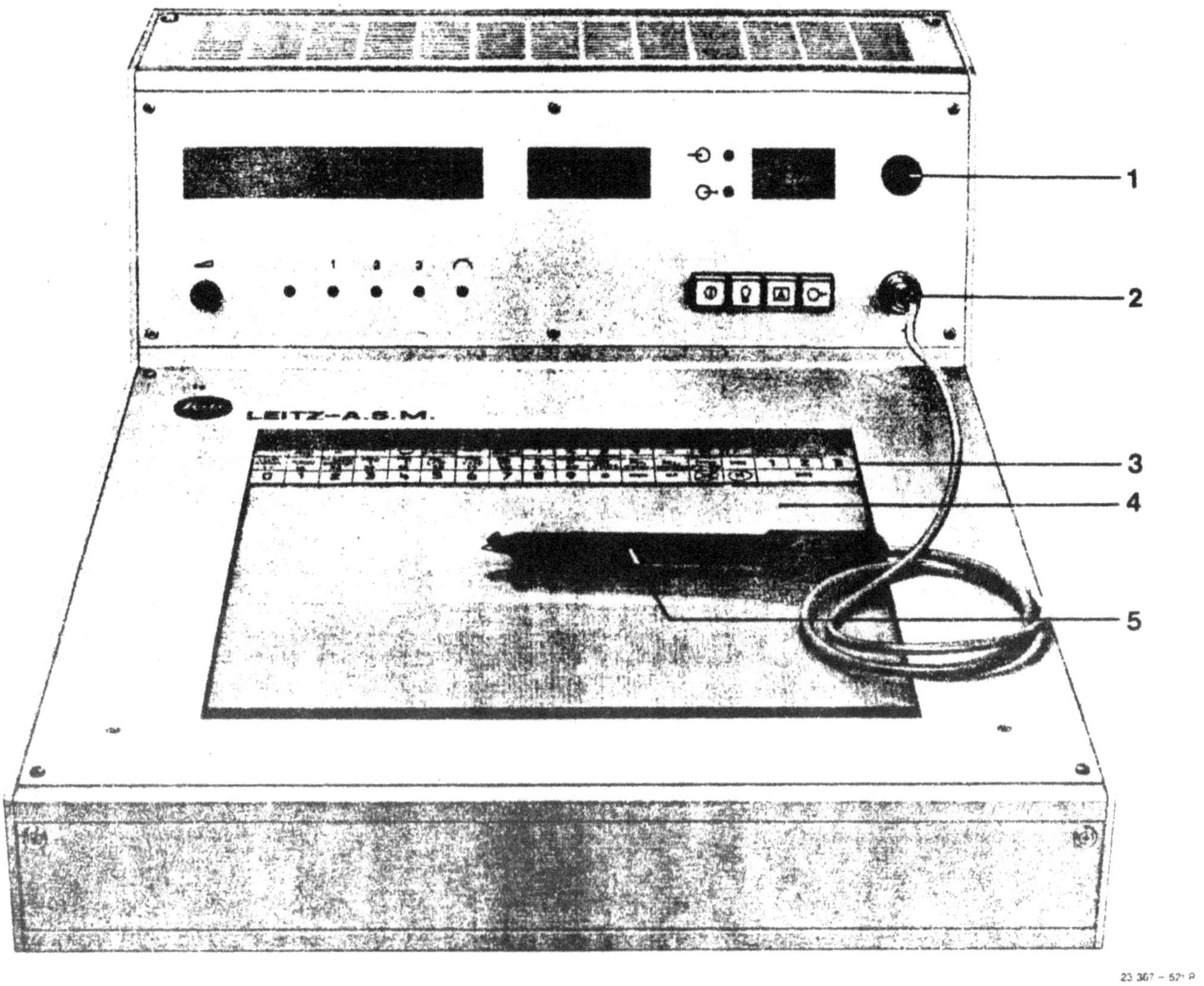

Abb. I.6 Bedien- und Zeichenpult des LEITZ-A.S.M.-Gerätes

ren werden wie beim direkten Zeichnen auf dem Pult umfahren. Dabei bildet die Elektronik der Zeichentafel die Wertpaare der zugeordneten Punkte in Form von digitalen x- und y-Koordinaten. Die Meßwerte werden mit einem Mikrocomputer erfaßt und ausgewertet.

Anwendung auf das Andernacher Fundmaterial:

Folgende Parameter wurden an den Dünnschliffen des Andernacher Rohmaterials gemessen:

- Maximale Projektion des Korndurchmessers und Korngrößenklassierung nach DIN 4022 (Summenverteilung) einschließlich Mittelwert und Standardabweichung.

Beim Messen wurde mit der Leuchtdiode die größte Länge der Quarzkörner abgefahren (ein vereinfachtes Verfahren zur Korngrößenerfassung). Alle Quarzkörner innerhalb eines Blickfeldes wurden ausgezählt, insgesamt 300 pro Dünnschliff. Kontrollzählungen mit 400, 500 und 600 Quarzkörnern pro Dünnschliff haben gezeigt, daß keine größere Genauigkeit erzielt wurde, wenn eine größere Anzahl ausgewertet wird.

Materialverbrauch:

Im Idealfall sind Artefakte von ca. 2,0 cm x 3,0 cm Kantenlänge nötig, um einen guten statistisch auswertbaren Überblick über das Gefüge, die Textur und den Mineralbestand zu erhalten. Für die Untersuchung des Andernacher Rohmaterials standen jedoch nur Absplisse von weniger als 0,5 cm x 1,0 cm Kantenlänge zur Verfügung. Auch diese Größe hat genügt, um das Gestein charakterisieren zu können. Es empfiehlt sich, von jeder makroskopisch sortierten Gruppe mehrere Dünnschliffe anzufertigen.

Zeitaufwand:

Mindestens ca. 3 - 4 Stunden (ohne Härtungs- und Trockenzeit) je nach Härte des Gesteins, Herstellungsaufwand und vorhandenen Hilfsgeräten (z.B. Diamantschleifplatten).

Ca. 20 - 30 Minuten/pro 300 Quarzkörner bei der Korngrößenerfassung.

Archäologische Aussagen:

1. Genaue Gesteinsansprache.

2. Katalogisierung des naturwissenschaftlich charakterisierten Gesteins zu Vergleichszwecken.

3. Herkunft des Gesteins und Hinweis auf Export/Import.

4. Erste Beurteilung des Rohmaterials als Werkstoff (Bearbeitbarkeit, Art der Spaltflächen, notwendiger Kraftaufwand, Qualität, usw.).

5. Anthropogener Einfluß auf das Gestein (z.B. Tempern).

Literatur: W. Batel (1971)
D.R.C. Kempe und J.A. Templeman (1983:30-32)
R.C.A. Rottländer (1983:89-101)
M.S. Tite (1972:215-24).

4.2.2. Röntgendiffraktometrie (XRD) (X-RAY DIFFRACTION, XRD)

Prinzip der Methode:

Ein Kristall ist gekennzeichnet durch die strenge dreidimensional-periodische Anordnung seiner Bausteine (Atome, Ionen oder Moleküle). Das kleinste Muster, aus dem der ganze Kristall durch regelmäßiges Aneinanderreihen aufgebaut wird, ist die Elementarzelle. Jede kristalline Substanz ist durch die Anzahl und Art der Bausteine, der Symmetrie der Anordnung und durch die atomaren Abstände, eben durch seine Kristallstruktur, charakterisiert.

Bei den Pulvermethoden erhält man durch Beugungsexperimente mit Röntgen-, Elektronen- oder Neutronenwellen Informationen über die Abmessungen der Elementarzelle, mit denen man eine Substanz eindeutig identifizieren kann.

Zur Bestimmung des Mineralbestandes wird routinemäßig das Röntgenpulverdiffraktometer eingesetzt. Hierbei wird eine pulverisierte Probe einer feingebündelten Röntgenstrahlung ausgesetzt. Meistens wird Cu-Strahlung verwendet, die durch einen Nickel-Filter monochromatisiert ist. Die abgebeugten Röntgenwellen werden mit einem Zählrohr registriert, das einen Kreissektor um die Probe abfährt (Abb. I.7). Aus den Beugungswinkeln werden die Netzebenenabstände im Kristall und daraus die Dimensionen der Elementarzelle errechnet.

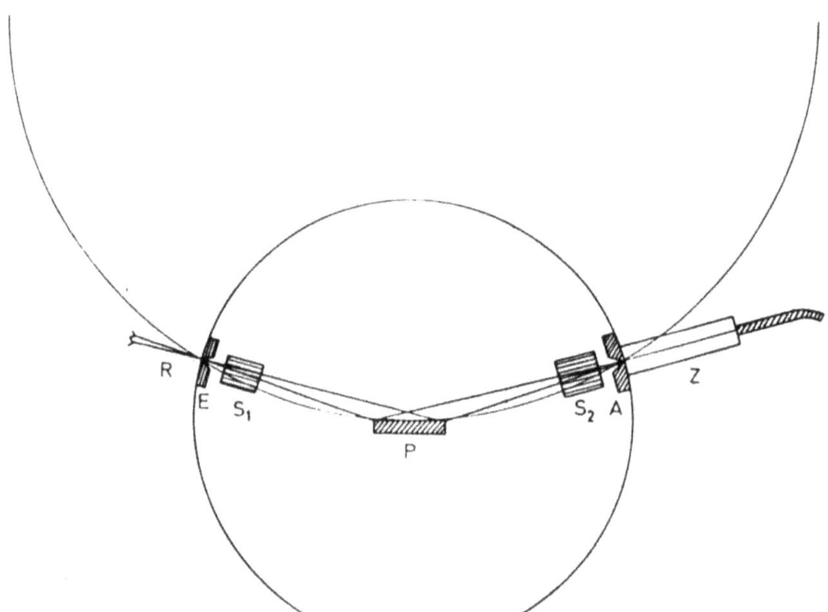

R - Röntgenquelle

P - Präparat

Z - Zählrohr

S1 und S2 - Sollerblenden

E und A - Divergenzblenden

Abb. I.7 Schematische Darstellung eines Pulverdiffraktometers[25] (H. Krischner, 1974:49)

Meistens wird der Phasenbestand einer Probe nur qualitativ erfaßt, doch ist bei Verwendung geeigneter Standards auch eine quantitative Bestimmung möglich.

Art der Ergebnisse:

1. Qualitative Angaben über den Mineralbestand des Gesteins anhand der - anders als bei einer chemischen Analyse - zwischen verschiedenen Modifikationen einer Substanz unterschieden werden kann. Zum Beispiel kann SiO_2 als Chalzedon (Quarz-Struktur) oder als Opal (entweder amorph oder mikrokristallin mit Cristobalitstruktur) auftreten.

2. Quantitative Aussagen über den Mineralgehalt (Nachweisgrenze: ca. 5 Vol.%, in günstigen Fällen 1 Vol.%).

3. Untersucht wird das gesamte eingesetzte Pulver. Die XRD-Methode ist deshalb nicht punktuell einsetzbar wie die energiedispersive Röntgenmikroanalyse (s. Abschnitt 4.3.1.).

Experimentelle Technik:

Die Gesteinsprobe wird in einem Mörser zu Pulver zerrieben (Korngröße: $< 0{,}03$ mm) und entweder in ein dünnes Röhrchen gefüllt oder auf einem speziellen Objektträger aus Metall als dünne Schicht aufgetragen.

---

[25] Der kleine Kreis ist der Gerätekreis auf dem das Zählrohr gefahren wird. Der große Kreis ist der Fokussierungskreis, der bei diesem Verfahren variabel ist (von ≈ 0 bis ∞).

Anwendung auf das Andernacher Fundmaterial:

Die Gesteinsproben vom Andernacher Fundmaterial wurden am Geologischen Institut der Universität zu Köln röntgendiffraktometrisch untersucht und später durch einige weitere Analysen am Mineralogischen Institut der Ruhr-Universität Bochum ergänzt. In Köln wurden die Proben als texturfreie Pulverpräparate auf Al-Träger aufgebracht. Die Aufnahmen erfolgten mit einem Philips-Diffraktometer Typ 2262 A/00 unter folgenden Meßbedingungen:

Röhre: Cu
Filter: Ni
Wellenlänge: Cu-K_α
Röhrenspannung: 30 kV
Röhrenstrom: 30 mA
Empfindlichkeit: 2 x 10^2 Counts per second
Zeitkonstante: 1 sec
Zählrohrbewegung: 1° - 2°/min
Schlitzblende: $1/2^o$ / 1°

Es wurde Silizium als innerer Standard verwendet. Durch Erhöhung der Empfindlichkeit wurde versucht, die Spuren anderer Minerale (außer Quarz) zu erfassen, die nur in geringer Menge enthalten waren.

Materialverbrauch:

Pulverpräparat ca. 2 - 5 mg.

Zeitaufwand:

Je nach Bedarf und Art der Mineralzusammensetzung (ca. 1 bis 6 Stunden Meßzeit).

Archäologische Aussagen:

1. Genaue Gesteinsansprache, z.B. in Hinblick auf eine Differenzierung von Chalzedon und Opal.

2. Katalogisierung des naturwissenschaftlich charakterisierten Gesteins zu Vergleichszwecken.

3. Herkunft des Gesteins und Hinweis auf Export/Import.

Literatur: L.G. Berry (1974)
G.W. Brindley und G. Brown (1980)
D.R.C. Kempe und J.A. Templeman (1983:32-33)
R.C.A. Rottländer (1983:217-27)
M.S. Tite (1972:285-88).

4.2.3. Rasterelektronenmikroskopie (REM) (SCANNING ELECTRON MICROSCOPY, SEM)

Prinzip der Methode:

Die Probe wird mit einem gebündelten Elektronenstrahl punktweise abgerastert, der an einer Glühkathode aus Wolfram erzeugt wird. In der Mikroskopsäule (Abb. I.8) wird der Durchmesser des Elektronenstrahles durch 2 oder 3 Linsen elektronenoptisch verkleinert, so daß der Sondendurchmesser 50 - 200 Å auf dem Präparat beträgt. Ein Ablenkungsgenerator sorgt für die zeilenförmige Abrasterung des Präparates durch die Elektronensonde und - synchron damit - des Bildes in einer separaten Bildröhre. Die emittierten Sekundärelektronen (SE) und/oder rückgestreuten Elektronen (RE) werden von geeigneten Detektoren erfaßt. Das Signal dient nach Passieren des Video-Verstärkers zur Helligkeitsmodulation der Bildröhre (L. Reimer und G. Pfefferkorn, 1973:1).

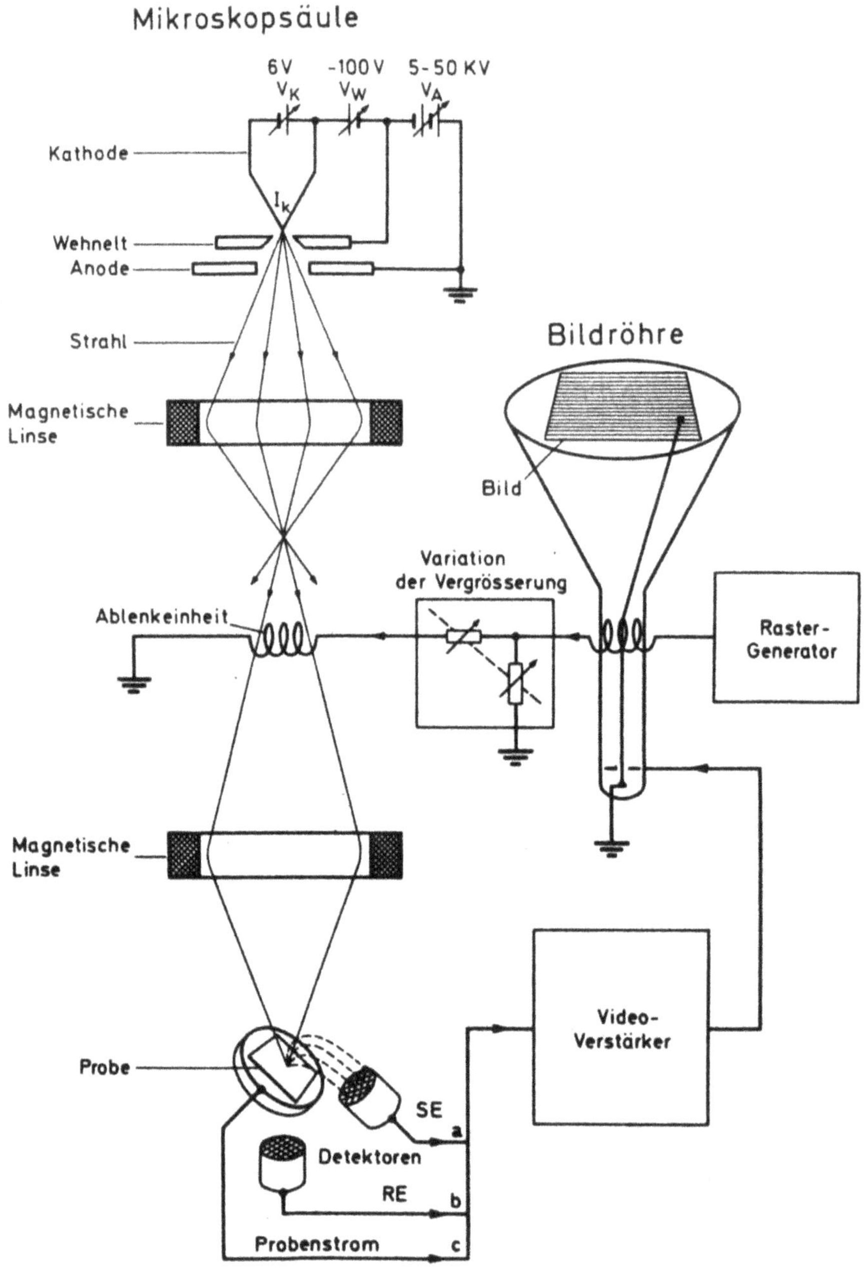

Abb. I.8 Prinzipieller Aufbau und Wirkungsweise des Rasterelektronenmikroskops (L. Reimer und G. Pfefferkorn, 1973:2)

Die Vorzüge des Rasterelektronenmikroskopes liegen u.a. darin, daß das Auflösungsvermögen um mehr als eine Zehnerpotenz besser ist als das eines normalen Lichtmikroskopes. Noch stärkere Vergrößerungen lassen sich nur mit einem Transmissions-Elektronenmikroskop oder einem Feldionenmikroskop erzeugen. Im Rasterelektronenmikroskop lassen sich 20- bis 20.000fache Vergrößerungen erzielen, bei optimaler Justage sogar 50.000fache. Das Rasterelektronenmikroskop bildet nicht nur eine Ebene, sondern eine reliefartige Oberfläche ab. Die Schärfentiefe übertrifft um ein Vielfaches die einer Foto-Kamera, so daß auch unebene Oberflächen direkt abgebildet werden.[26]

Bei der Elektronenbestrahlung treffen die Elektronen auch auf Atome der Probe und werden reflektiert (back scattering). Je höher die Kernladungszahl der Atome ist, desto mehr Primärelektronen werden zurückgestreut. Außerdem werden Röntgenstrahlen von den hoch beschleunigten Elektronen freigesetzt (≤ 1 %). Beide Vorgänge lassen sich verwenden, um die Elementzusammensetzung des Gesteins zu bestimmen (energiedispersive bzw. wellenlängendispersive Röntgenmikroanalyse, Röntgenfluoreszenzanalyse u.a.).

Art der Ergebnisse:

1. Angaben über Gefüge- und Texturmerkmale (Morphologie) bei höherer Auflösung und stärkerer Vergrößerung als beim Lichtmikroskop.

2. Veränderungen des Gesteins durch thermische Einwirkung, Oberflächenkorrosion oder Bearbeitung.

3. Sichere Bestimmung von Mikrofossilien und anderen Einschlüssen durch größere Tiefenschärfe.

---

[26] Weitere Anwendungsbereiche s. L. Reimer und G. Pfefferkorn (1973).

Experimentelle Technik:

Die Gesteinsprobe wird so genommen, daß ein glatter, sauberer Bruch möglichst senkrecht zur Oberfläche des Artefaktes entsteht[27]. Man fixiert mit einem kupferhaltigen Kontaktkleber oder einem speziellen Hochvakuum-Wachs[28] den Absplíß in geeigneter Orientierung auf einen Präparathalter aus Kupfer oder Aluminium. Anschließend bedampf man die Probe mit Gold (bzw. mit Kohlenstoff, Platin oder Silber) im Hochvakuum, um einen höheren Bildkontrast zu erreichen und um elektrische Aufladungen durch den Elektronenstrahl zu vermeiden.

Anwendung auf das Andernacher Fundmaterial:

Die Untersuchung des Andernacher Fundinventars ist mit einem REM Cambridge 80 durchgeführt worden, das mit einem energiedispersiven Röntgenanalysegerät der Firma Edax gekoppelt ist (s. Abschnitt 4.3.1.). Die Proben wurden in einem Eduards Kegelbedampfer mit Gold bedampft.

Materialverbrauch:

Sehr gering, ca. 100 mg (ca. 1 cm^2) bzw. auch sehr viel geringer (z.T. Absplisse von ca. 2 - 3 mm x 5 - 6 mm des Andernacher Fundmaterials verwendet).

Zeitaufwand:

Wenige Minuten (für Bildanalyse).

---

[27] Es gibt auch noch andere Möglichkeiten der Präparation als die Bruchtechnik:
z.B. selektives Ätzen, Dekorationstechnik u.a..

[28] Die Probe kann mit Benzol vom Hochvakuum-Wachs wieder abgelöst werden.

Archäologische Aussagen:

s. Dünnschliffmikroskopie (Abschnitt 4.2.1.).

Literatur: J.I. Goldstein et al. (1981)
D.D. Klemm (1978:368-71)
L. Reimer und G. Pfefferkorn (1973)
R.C.A. Rottländer (1983:105-11).

4.3. Chemismus

4.3.1. Energiedispersive Röntgenmikroanalyse (EDAX) (ENERGY DISPERSIVE SPECTROMETRY, EDS)

Prinzip der Methode:

Für die Durchführung der energiedispersiven Röntgenmikroanalyse wird ein Rasterelektronenmikroskop (REM) mit einem Kristallmonochromator oder Si(Li)-Halbleiterdetektor ausgerüstet. Vorzugsweise verwendet man dafür einen energiedispersiven Halbleiterdetektor mit einem Auflösungsvermögen von 150 bis 200 eV ($Z \geqslant 11$).

Bei der Röntgenmikroanalyse wird die Röntgenstrahlung in einem Porenvolumen von ca. 0,3 bis 1 μm^3 durch Elektronenbeschuß angeregt. Jedes Röntgenquant erzeugt eine der Energie proportionale Zahl von Elektron-Ion-Paaren.

Bei der energiedispersiven Untersuchungsmethode wird nicht nur die Impulsrate gezählt - wie bei der wellenlängendispersiven Analyse -, sondern auch die Impulshöhe aufgezeichnet. Mit Hilfe eines Vielkanalanalysators können die energiedispersiven Halbleiterdetektoren die qualitative Elementverteilung in einer Gesteinsprobe simultan messen (Abb. I.9). Jede Impulshöhe repräsentiert das Vorhandensein eines Elementes.

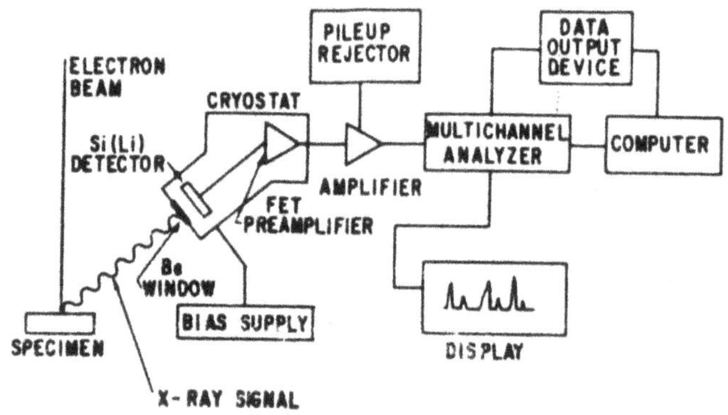

Abb. I.9   Schematische Darstellung eines energiedispersiven Spektrometers (J.I. Goldstein et al., 1981:223)

Für die Registrierung von Röntgenquanten im Energiebereich von 1 bis 50 keV werden heute vorwiegend Lithium-dotierte Silizium-Detektoren verwendet.

Wegen der starken Wechselwirkung des anregenden Elektronenstrahls mit der Probe und der demzufolge geringen Eindringtiefe der Elektronenstrahlen, läßt sich mit Hilfe des Verfahrens nur eine dünne Oberfläche - etwa 50 µm - analysieren. Im allgemeinen eignet sich diese Untersuchungsmethode besser für größere Elementkonzentrationen, obwohl sie in manchen Fällen auch für die Bestimmung von Spurenelementen verwendet wird (Nachweisgrenze: 0,05 - 0,1 %). Durch die starke Bündelung der Elektronenstrahlen sind die Analysen nur punktuell ausführbar, d.h. auf ca. 1 mm^2 der Gesteinsoberfläche begrenzt.

Art der Ergebnisse:

1. Qualitative Angaben über den Chemismus.

2. Halbquantitative Angaben zur Elementkonzentration (Genauigkeit: ± 20 %).

Experimentelle Technik:

s. Rasterelektronenmikroskopie (Abschnitt 4.2.3.).

Anwendung auf das Andernacher Fundmaterial:

Das Rohmaterial des Andernacher Fundinventars wurde mit Hilfe eines energiedispersiven Röntgenmikroanalysegerätes (Stereoscan 180, Cambridge) der Firma Edax am Geologischen Institut der Universität zu Köln (Abt. Paläontologie) untersucht (vgl. Abschnitt 4.2.3.). Weitere Detailfragen konnten mit der Elektronenstrahl-Mikrosonde (Microprobe Analysis) am Institut für Mineralogie der Ruhr-Universität Bochum geklärt werden.

Materialverbrauch:

Ca. 2 - 3 mm x 5 - 6 mm ausreichend[29]
(auch zerstörungsfrei möglich).

Zeitaufwand:

Ca. 2 Minuten/pro Probe.

Archäologische Aussagen:

1. Genaue Bestimmung makroskopischer Strukturen und deren mineralogische Zusammensetzung (z.B. Schlieren aus Mangan oder Eisen, vgl. Andernacher Quarzitvarietät Q 1(b)/M).

2. Katalogisierung des naturwissenschaftlich charakterisierten Gesteins zu Vergleichszwecken.

---

29 Die bei der REM-Bildanalyse eingesetzten Proben können weiterverwendet werden, nachdem die Goldschicht entfernt wurde.

3. Herkunft des Gesteins und Hinweis auf Export/Import.

<u>Literatur:</u> J.I. Goldstein et al. (1981)
L. Reimer und G. Pfefferkorn (1973).

4.3.2. Neutronenaktivierungsanalyse (NAA)
(NEUTRON ACTIVATION ANALYSIS, NAA)

<u>Prinzip der Methode:</u>

Die Aktivierungsanalyse basiert nicht - wie andere Verfahren der analytischen Chemie - auf dem Verhalten der Atomhülle, bzw. dem Abtrennen der ganzen Elektronenhülle wie bei der Massenspektrometrie, sondern auf dem Verhalten der Atomkerne (Abb. I.10).

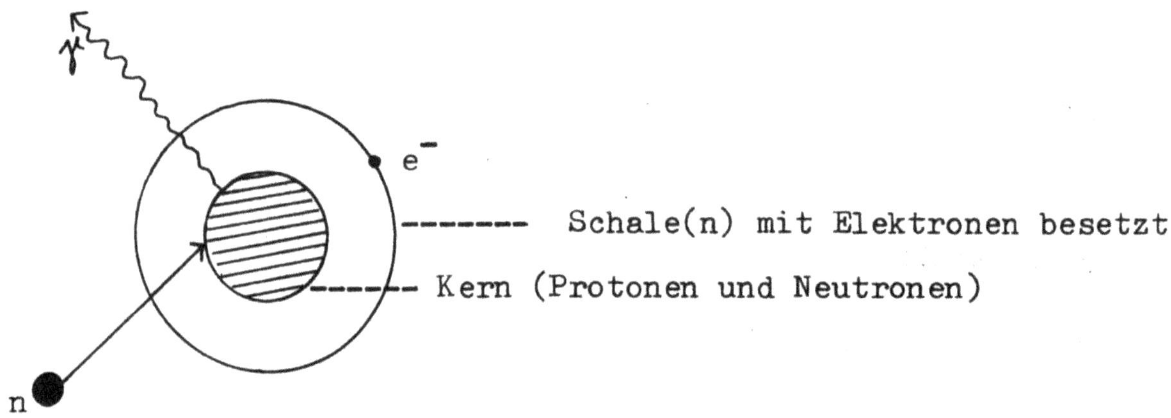

$A \xrightarrow{n,\gamma} B \xrightarrow{\lambda_B} C$ (stabil)

Abb. I.10 Prinzip der Neutronenaktivierungsanalyse

Die Artefakte werden einzeln gewogen und zusammen mit einem "Flux Monitor"[30] in Aluminiumfolie gewickelt. An-

---

[30] Der Flux Monitor ist ein feiner Draht aus reinem Eisen. Er dokumentiert die gleichförmige Bestrahlung des Artefaktes, d.h. bei der Messung des Flux Monitors können Fehlerquellen, die sich bei der Bestrahlung des Artefaktes ergeben haben, sofort erkannt werden.

schließend wird eine Standardprobe hergestellt, indem Ton mit bekannter Zusammensetzung und spezifischen Gewicht (Dichte) in ein Plastikröhrchen gefüllt wird (s. Anlage 5). Die Standardprobe wird ebenfalls mit einem Flux Monitor in Aluminiumfolie gewickelt. Alle Aluminiumpäckchen werden dann zusammen noch einmal in Aluminiumfolie gewickelt und in einem Reaktor einer langandauernden und intensiven Neutronenbestrahlung ausgesetzt. Meistens handelt es sich dabei um sogenannte "thermische" Neutronen, d.h. Neutronen mit einer Energie um ca. 0,025 MeV (Millionen Elektronenvolt). Diese Bestrahlung löst bei bestimmten Elementen (A) eine nukleare Reaktion aus, bei der der getroffene Atomkern ein Neutron (n) aufnimmt und ein Gammaquant (γ) abgibt. Es entstehen radioaktive Isotope. Die Zahl der γ-Photonen, die produziert werden, wenn diese instabilen Isotope (B) wieder zerfallen, verhält sich proportional zur Konzentration. Die Photonen können mit Ge/Li- oder Si/Li-Detektoren gezählt werden. Die charakteristischen γ-Strahlungsenergien für jedes Isotop sind bekannt. Die Konzentration in einer Probe kann mittels Vergleich von Peakhöhen der Artefakte und der Standardprobe ermittelt werden. Mit Hilfe der Standardmessung wird die Ordinate geeicht. Sie gibt die "counts" wieder, d.h. sie zeigt an, wie oft die entsprechende Energie registriert worden ist. Die MeV-geeichte Abzisse gibt die erreichte Trennung in "Kanälen" an. Je mehr Kanäle auf den Bereich von 1 MeV entfallen, desto sauberer ist die Trennung der einzelnen Energien.

Die Methode zeichnet sich besonders dadurch aus, daß auch Spurenelemente von sehr geringer Konzentration gemessen werden können, (Mn, Sc, Ta, Th, Na, Fe, Hf, U), aber auch bestimmte Hauptelemente (wie Mg, Al, Ti und V), die Isotope mit einer Halbwertzeit von weniger als 10 Minuten haben. Mit Hilfe des Verfahrens lassen sich mehr als 20 Elemente gleichzeitig zählen. Konzentrationen von weniger als 1 ppm bis zu 100 % sind erfaßbar. Die relative Meßgenauigkeit liegt unter $\pm$ 5 %.

Art der Ergebnisse:

1. Sehr präzise qualitative und quantitative Angaben zum Haupt- und Spurenelementgehalt aufgrund der sehr niedrigen Nachweisgrenze (Meßwerte in ppm).

2. Messungen des Elementgehaltes der gesamten Gesteinsprobe und nicht nur der Oberfläche (vgl. energiedispersive Röntgenmikroanalyse, Abschnitt 4.3.1.).

3. Differenzierende Ergebnisse möglich bei unterschiedlichen Feuerstein-, Chalzedon-, anderen SiO_2- und Obsidianvarietäten, wo andere Verfahren versagen.

Experimentelle Technik:

Details wurden mit dem folgenden Abschnitt zusammengefaßt.

Anwendung auf das Andernacher Fundmaterial:

Die Andernacher Artefakte sind im Scottish Universities Research und Reactor Centre, East Kilbride (Schottland) mit einem UTR 300 Research Reactor auf ihren Elementgehalt untersucht worden. Die Proben wurden jeweils in Gruppen zu 10 bis 15 zusammen für 6 Stunden im Reaktor bestrahlt. Der Reaktor lief mit 200 kw und einer Bestrahlungsintensität von ca. $3{,}8 \times 10^{12}$ n cm^{-2} sec^{-1}. Nach drei Tagen wurden die Artefakte und der Standard wieder aus der Aluminiumfolie ausgewickelt und die Radioaktivität der einzelnen Proben 15 bis 20 Minuten lang gezählt. Diese erste Messung ergab u.a. die Konzentration von kurzlebigen Isotopen (z.B. Na, K, La und Sc). Nach weiteren zwei Wochen wurden die Artefakte und der Standard ein zweites Mal für ca. 30 bis 45 Minuten gezählt, um die längerlebigen Isotope zu erfassen. Die Flux Monitors wurden jedesmal für Eichzwecke gezählt. Die "counts" für den Fe-Peak bei 1099,27 keV sind gemessen und anschließlich in "counts" pro Sekunde pro Gewichtseinheit umgerechnet worden. Der Mittelwert davon und die Einzelmessungen für jedes der Flux Monitors wurden eingesetzt, um den Korrekturwert für die Variationsbreite der Bestrahlung zu ermitteln, nach dem die Elementkonzentrationen in den Proben berechnet werden können.

Bei jeder Zählung wurden die Gammaspektren mit Hilfe eines 25 cc oder 80 cc Ortec Ge/Li-Detektors und einer Auflösung von 1 keV der Halbwertsbreite (FWHM) des Peaks aufgezeichnet.

Die Spektren sind dann mit einem Computer-Programm, das in East Kilbride entwickelt worden ist, analysiert worden. Es wurde für jeden Peak die untergrundkorregierte integrierte Intensität, Peakhöhe, die Halbwertsbreite und Energie in keV, einschließlich der Meßfehler, ausgewertet. Die Unterschiede in der Neutronenbestrahlung auf das Objekt, die durch ihre unterschiedliche Geometrie bedingt sind, wurden mit einem anhand der Flux-Monitors berechneten Korrekturwert ausgeglichen.

Es wurden die folgenden 24 Isotope gemessen: 24-Na-1368, 42-K-1525, 140-La-1596, 153-Sm-103, 46-Sc-889, 51-Cr-320, 59-Fe-1099, 59-Fe-1292, 60-Co-1173, 60-Co-1333, 86-Rb-1078, 124-Sb-1691, 134-Cs-796, 141-Ce-145, 152-Eu-1408, 152-Eu-344, 160-Tb-879, 160-Tb-216, 177m-Lu-113, 177m-Lu-208, 181-Hf-133, 181-Hf-482, 182-Ta-1221 und 232-Th-312.[31]

Materialverbrauch:

<0,1 g bei Pulverpräparaten (bzw. auch zerstörungsfrei möglich).

---

[31] Die Zahlen beziehen sich auf folgende Angaben:
z.B. 59-Fe-1292.
Massenzahl ↗ ↖ γ-Strahlungsenergie in keV

Die Andernacher Artefakte wurden unzerstört, d.h. als Ganzes, auf ihren Elementgehalt untersucht. Es wurden nur Stücke verwendet, die ein Gewicht von 4 g und eine Länge von 60 mm nicht überschritten, um zu verhindern, daß das archäologische Fundmaterial beschädigt werden muß und um eventuellen Problemen mit der Inhomogenität in den Proben vorzubeugen.

Zeitaufwand:

Die bestrahlten Gesteinsproben, die Standardprobe und die Flux Monitors wurden jeweils 15 bis 20 Minuten (1. Messung), bzw. 30 bis 45 Minuten (2. Messung) gezählt. Zwischen der Bestrahlung und der 2. Messung lagen 14 Tage.

Archäologische Aussagen:

1. Sehr präzise Charakterisierung von Feuerstein-, Chalzedon-, anderen SiO_2- und Obsidianvarietäten.

2. Herkunft des Gesteins, Anzahl der exploitierten Ressourcen und Hinweis auf Import/Export, besonders auf längere Distanzen.

3. Verwendung von einigen Spurenelementen für eine geologische Altersbestimmung (z.B. $^{87}Rb/^{87}Sr$) und damit genauere Hinweise auf die abgebaute Schicht.

4. Katalogisierung des naturwissenschaftlich charakterisierten Gesteins zu Vergleichszwecken.

Literatur: A.A. Gordus (1970:165-74).
D.R.C. Kempe und J.A. Templeman (1983:45)
R.C.A. Rottländer (1983:237-50)
M.S. Tite (1972:273-78).

4.4. Genese

4.4.1. Mikrofossilbestimmung
(MICROFOSSIL ANALYSIS)

Prinzip der Methode:

Schneller Formenwandel, große Häufigkeit und weite Verbreitung machen Mikrofossilien zu Leitfossilien und Gesteinsbildnern (z.B. Foraminiferen, Radiolarien u.a.). Dadurch ermöglichen sie die Zuordnung von Gesteinen (z.B. Feuerstein, Radiolarit usw.) in bestimmte geologische Zeithorizonte.

Art der Ergebnisse:

1. Mikrofossilgehalt (pflanzliche und tierische) und geologische Datierung.

2. Genese.

Experimentelle Technik:

Die Mikrofossilbestimmung kann anhand von kleinen Absplissen ("Splittermethode" nach O. Wetzel, 1968:17), von Dünnschliffen oder durch chemische Aufbereitung des Probenmaterials erfolgen.

Bei der Splittermethode wird man das umfassendste Artenspektrum erhalten. Im Unterschied dazu kommt es bei den Dünnschliffen auf sorgfältige Anfertigung (s. Abschnitt 4.2.1.) und Stabilität der Mikrofossilien an. Bei der chemischen Aufbereitung mit Flußsäure werden alle Mikrofossilien mit kieseligem oder karbonatischem Skelett aufgelöst (z.B. Foraminiferen, Bryozoen, Radiolarien). Dinoflagellaten - zum Beispiel - bleiben dagegen meistens erhalten (Hülle aus Sporopolenin).

Anwendung auf das Andernacher Fundmaterial:

Die Andernacher Feuersteinproben wurden mit den beiden zuletzt genannten Verfahren untersucht. Die Feuersteinproben wurden zunächst im Geologischen Institut (Abt. Paläontologie) der Universität Köln mit Salzsäure (HCl) von Karbonaten gereinigt, anschließend mit H_2O dest. gespült und mehrere Tage in Flußsäure (HF) gelegt, bis sie vollständig aufgelöst waren. Danach wurden sie mit H_2O dest. bei 7000 Umdrehungen dreimal zentrifugiert, gesiebt, das Konzentrat in Kunststoffbehälter abgefüllt und mit Alkohol gegen Schimmelbildung immunisiert. Da in einigen Proben noch ein großer toniger Anteil vorhanden war und Hinweise auf Pollen und Sporen bestanden, wurden die Proben anschließend im Institut für Ur- und Frühgeschichte (Labor für Vegetationsgeschichte/Pollenanalyse) ein zweites Mal behandelt. Nach mehrmaliger 10-minütiger Erhitzung mit H_2O dest. und nachfolgendem Zentrifugieren, Wiederholung mit HCl und HF wurde die Lösung im letzten Arbeitsgang mit einer 10 %igen Kalilauge und etwas Perborat (Bleichfunktion) erhitzt, damit die vorhandenen Pollen und Sporen quellen und so besser identifizierbar werden. Schließlich wurden die Proben wieder zentrifugiert und mit H_2O dest. gespült, um zu verhindern, daß die Pollen weiter quellen. Den fertigen Präparaten wird zur Desinfektion etwas Glycerin beigegeben.

Die Fotos wurden mit einem AGFA-Ortho 25-Film am Institut für Paläontologie der Universität Bonn gemacht.

Materialverbrauch:

Je nach Verfahren unterschiedlich.

Für die chemische Auflösung der Andernacher Feuersteinproben wurden kleine Abschläge von 1 - 1,5 cm x 0,3 - 0,5 cm Kantenlänge verwendet. Für gesicherte qualitative und quantitative Angaben über den Mikrofossilgehalt sind ca. 1000 Exemplare pro Feuersteinvarietät nötig (pers. Mitteilung Dr. R. Below).

Zeitaufwand:

Je nach Verfahren unterschiedlich.

Die Methode mit dem geringsten Aufwand ist sicherlich die Splittermethode, während die chemische Auflösung sehr viel länger dauert (ca. 1/2 - 1 Arbeitstag).

Archäologische Ergebnisse:

1. Differenzierung von Gesteinsvarietäten (z.B. Feuerstein) nach exploitierten Ressourcen.

2. Herkunft des Gesteins und Hinweis auf Export/Import, besonders auf längere Distanzen.

3. Katalogisierung des naturwissenschaftlich charakterisierten Gesteins zu Vergleichszwecken.

Literatur: G. Bignot (1985)
M.D. Brasier (1980)
M. Lejeune (1936)
O. Wetzel (1968:15-23).

4.5. Andere Untersuchungsverfahren

Als Alternative zur Neutronenaktivierungsanalyse kann man auch andere Verfahren einsetzen, mit denen sich Spurenelemente messen lassen. Dazu sind besonders die Atomabsorptionsspektroskopie (AAS), die Atomemissionsspektroskopie (AES), die Röntgenfluoreszenzanalyse (XFA) und die induktiv-gekoppelte Plasma-Emissionsspektroskopie (ICPES) geeignet, die u.a. auch für die Untersuchung von Obsidian und Feuerstein mit Erfolg eingesetzt worden sind (D.R.C. Kempe und J.A. Templeman, 1983:42-43). Nachteilig an diesen Methoden ist, daß sie nicht zerstörungsfrei wie die NAA arbeiten und Probenmaterial von mindestens 0,03 - 0,4 g verbrauchen. Die AAS bedarf am meisten (bis zu 1 g). Die ICPES benötigt die geringste Probenmenge. Sie ist auch die schnellste Methode (ca. 2 - 3 Minuten für eine komplette Analyse, ohne Aufbereitungszeit). Weiterhin weisen die einzelnen genannten Verfahren auch Unterschiede in ihrer Genauigkeit auf.

Eine neue Methode zur Differenzierung von Feuerstein ist die Untersuchung des Fluoreszenzvermögens von Dinoflagellaten-Zysten (H. Hufnagel, 1977). Die Bestimmung erfolgt an polierten Gesteinsanschliffen. Sie könnte die Mikrofossilbestimmung in Zukunft ersetzen.

Zusammenfassende Literatur zu den oben genannten und weiteren chemischen Untersuchungsverfahren sowie Beispiele ihrer Anwendungsbereiche finden sich u.a. bei M.S. Tite (1972), R.D. Reeves und R.R. Brooks (1978), Z. Goffer (1980), D.R.C. Kempe und A.P. Harvey (1983) und R.C.A. Rottländer (1983).

4.6. Zusammenfassung

Um die Steinartefakte der Fundstelle Andernach-Martinsberg weitergehend als nach makroskopischen Gesichtspunkten zu erfassen, ist die Anwendung verschiedener physikalisch-chemischer Analysemethoden erforderlich. Dazu gehört eine mineralogische Charakterisierung, die eine mikroskopische Untersuchung an Dünnschliffen, ein Röntgendiffraktogramm und eine chemische Analyse umfaßt. Anhand der Dünnschliffe werden Mineralbestand, Gefüge- und Texturmerkmale, Korngröße, -form und -verteilung festgestellt. Mittels Röntgenbeugung werden die Befunde der mikroskopischen Untersuchung über den Mineralbestand abgesichert bzw. bei mikrokristallinem Material wie Chalzedon und Opal erst möglich gemacht. Bei monomineralischen Gesteinen wie Quarzit und Feuerstein, die fast vollständig aus SiO_2 bestehen, tritt bei der chemischen Analyse die Erfassung des Spurenelementgehaltes in den Vordergrund, weil nur sie die notwendige chemische Charakterisierung und Differenzierung möglich macht. Zur Spurenelementanalyse von Artefakten bietet sich die NAA an, da sie im Unterschied zu anderen Methoden (AAS, RFA u.a.) zerstörungsfrei arbeitet.

Die Untersuchungen lassen sich durch REM-Aufnahmen ergänzen, um die Oberflächenstruktur - einschließlich der Art der Oberflächenkorrosion (Patina) - deutlicher zu erfassen, als es durch die Dünnschliffe selbst möglich ist.

Die Mikrofossilanalyse liefert weitere Informationen zur zeitlichen Einordnung der abgebauten geologischen Schicht, die durch chemische Analyse nicht direkt bestimmt werden kann.

Die Kombination der genannten naturwissenschaftlichen Untersuchungsverfahren ist ein Versuch, fundierte Aussagen über das Rohmaterial der Steinartefakte der Fundstelle Andernach zu erhalten. Insgesamt gilt sicherlich, daß:

- je größer die Anzahl der Informationen über das Gestein ist, desto umfassender ist die Datenbasis, aus der archäologische Fragestellungen beantwortet werden können.

5. Die Differenzierung des Rohmaterials der Steinartefakte des Fundplatzes Andernach-Martinsberg

5.1. Makroskopische Gruppeneinteilung

Zu Anfang der Untersuchungen wurden die Steinartefakte nach der Art des Gesteins - Quarzit, Chalzedon, Feuerstein, Kieselschiefer, etc. - sortiert[32]. Dann wurden innerhalb dieser Gruppen nach makroskopischen Kriterien wie Farbe und Oberflächenbeschaffenheit weitere Unterteilungen durchgeführt. Grundlage der Sortierung war die Klassifizierung des Rohmaterials des lithischen Fundinventars der Grabung Schaaffhausen (1883) durch G. Bosinski und J. Hahn (1972) und der Magdalénien-Station Feldkirchen-Gönnersdorf (Stadt Neuwied, Kr. Neuwied) durch E. Franken und St. Veil (1978, 1983) sowie der petrographischen Charakterisierung durch J. Frechen (1973). Arbeitsbezeichnungen wie "Blümchenquarzit", "Schlierenquarzit", "Bröselquarzit" etc. wurden zunächst übernommen. Anhand von Zusammensetzungsarbeiten ergab sich schon bald, daß im Magdalénien-Horizont nur ca. 3 Quarzit- und mindestens 3 verschiedene Feuersteinvarietäten vorlagen. Die Differenzierung des Gesteinsmaterials auf makroskopischer Basis ergab folgende Gruppeneinteilung:

Magdalénien-Horizont[33]

Q 1/M - sehr feinkörniger Quarzit unterschiedlichen Aussehens:

a) Quarzit mit schwarzer Färbung.

---

[32] Schon hier ergaben sich die ersten Probleme in der Zuordnung von einigen hellgraubraunen durchsichtigen Artefakten (Chalzedon oder Feuerstein ?).

[33] An dieser Stelle sind nur die Rohmaterialgruppen aufgeführt, die für die naturwissenschaftlichen Analysen zur Verfügung gestanden haben.

b) Quarzit mit schwarzen, schwarzbraunen, manchmal auch rötlichen Schlieren ("Schlierenquarzit").

c) Quarzit mit gelben Flecken ("Blümchenquarzit").

d) graubräunlicher, hellgrauer bis graugelblicher Quarzit.

e) aquarellfarbiger, z.T. stark patiniert (rauher), Quarzit.

f) weiß-patinierter (glatter) Quarzit, z.T. mit einzelnen makroskopisch sichtbaren Quarzkörnern auf der Patina.

Q 2/M - sandsteinartiger Quarzit ("Bröselquarzit").

Q 3/M - schwarzer bis brauner Quarzit, z.T. mit feiner Streifung.

CH/M - Chalzedon[34].

F 1/M - schwarzer bis dunkelbrauner Feuerstein, homogen, an den Rändern durchscheinend.

F 2/M - grauer bis brauner Feuerstein, z.T. gebändert, milchig oder durchscheinend.

F 3/M - schwarzer bis graubrauner Feuerstein mit hellen und dunklen Einschlüssen, z.T. fettglänzend oder matt und mit Resten der Verwitterungsrinde.

Endpaläolithischer Horizont[35]

Q 1/EP - hellgrauer bis weißer sehr feinkörniger Quarzit, z.T. mit hellbrauner Fleckung (RM 4).

Q 2/EP - grauer, etwas grobkörnigerer Quarzit mit einzelnen größeren (ca. 0,1 - 0,3 cm^2) Quarzkristallen und z.T. mit feinen schwarzen Schlieren (RM 3).

CH/EP - Chalzedon (RM 6).

F 1/EP - grünlicher matter Feuerstein mit rötlichen und bläulichen Partien, z.T. mit Verwitterungsrinde (RM 7).

---

[34] Aufgrund des begrenzt verfügbaren Rohmaterials konnte eine ähnliche feine Unterteilung für den Feuerstein und den Chalzedon nicht durchgeführt werden.

[35] In Klammern: Rohmaterialgruppen-Bezeichnungen nach M. Bolus (pers. Mitteilung).

F 2/EP - graugrünlicher fettglänzender Feuerstein mit hellen Flecken und Verwitterungsrinde (RM 8).

F 3/EP - grauschwarzer matter Feuerstein mit hellgrauen Partien und Resten von Verwitterungsrinde (RM 9).

F 4/EP - homogener schwarzer fettglänzender Feuerstein mit Resten von Verwitterungsrinde (RM 10).

F 5/EP - fettglänzender Maaseifeuerstein mit typischer Geröllloberfläche (RM 11).

F 6/EP - grauer bis bräunlicher fettglänzender Feuerstein mit durchsichtigen Kanten (RM 13).

L 1/EP - schwarzer Kieselschiefer mit feinen Quarzadern[36] (RM 1).

L 2/EP - braunoliver bis beiger Kieselschiefer mit schwarzen Schlieren (RM 2).

KO/EP - weißlich verwitterter Hornstein der Kieseloolithterrasse (RM 12).

VK/EP - bräunlich gefärbter verkieselter Kalk (RM 5).

5.2. Petrographische Charakterisierung (Tafel 1 - 26, Anhang 2)

Magdalénien-Horizont

Die makroskopische Unterteilung der Quarzit-Artefakte wird durch die mikroskopische Untersuchung der Dünnschliffe weiter erhärtet. Bei den Gruppen Q 1/M und Q 2/M handelt es sich um Tertiärquarzit, bei der Gruppe Q 3/M vermutlich um einen paläozoischen Quarzit.

Der Tertiärquarzit ist ein stark verkieselter Sandstein. Die Gruppe Q 1/M, aus dem der Hauptanteil der Quarzitartefakte der Magdalénien-Fundschicht geschla-

---

[36] Neben diesem Kieselschiefergeröll finden sich im Fundinventar noch 3 weitere Gerölle unterschiedlicher Färbung (vgl. S. 41), die jedoch für die naturwissenschaftlichen Analysen nicht zur Verfügung standen.

gen worden ist, ist charakterisiert durch unregelmäßige, zackige, bzw. kaum gerundete Quarzkörner, die dicht beieinanderliegen (Übergang zum Felsquarzit). Zum Teil sind die Kristalle auch miteinander verbacken und zeigen Korrosionserscheinungen. Anwachssäume sind kaum zu beobachten. Die Quarzkörner sind schlecht sortiert und finden sich meist in einer Größenverteilung von 0,01 - 0,25 mm (Mittel-Schluff- bis Fein-Sand-Bereich) mit einigen wenigen kleineren, bzw. größeren Kristallen. Die durchschnittliche Korngröße beträgt 0,04 - 0,06 mm. Zwischen den Quarzkörnern bildet die Kieselsäure einen sogenannten Zement, der aus kleinen Chalzedon-Sphärolithen besteht. Diese Quarzitart wird deshalb auch als Zementquarzit bezeichnet. Als akzessorische Bestandteile treten Schwerminerale (Zirkon, Rutil, Turmalin, Epidot) und z.T. zahlreiche Eisenoxide (z.B. Hämatit) auf (s. Tafel 1.2 - 6.2).

Die zweite Quarzitart (Q 2/M) ist ein limonitisch gebundener, sandsteinartiger Quarzit mit größeren, kaum gerundeten Quarzkörnern. Die Korngrößenverteilung ist schlechter als bei der ersten Varietät (Q 1/M) und reicht von 0,01 - 0,5 mm (Mittel-Schluff- bis Mittel-Sand-Bereich) mit einigen "sehr großen" Quarzkörnern (>1 mm). Die durchschnittliche Korngröße beträgt 0,08 mm. Die Quarzkristalle zeigen Korrosionserscheinungen und Flüssigkeitseinschlüsse. Der Matrixanteil ist größer als bei der Gruppe Q 1/M. Sie ist durch Eisenverbindungen bräunlich gefärbt (vgl. Abschnitt 5.5.). Das Bindemittel ist anscheinend verwittert (vgl. Kapitel 7 "Limonitsandstein"). Auch hier können die Quarzkörner einzeln im Zement eingebettet oder mit mehreren verbacken sein. Wie bei der Gruppe Q 1/M treten Schwerminerale auf (Zirkon, Epidot). Anwachssäume sind an den Kristallen kaum beobachtet worden (s. Tafel 7.2).

Die dritte Quarzitart (Q 3/M) ist sehr heterogen zusammengesetzt. Der Anteil der Quarzkörner beträgt nur ca. 10 - 15 %, während ca. 20 - 25 % Kalzit ($CaCO_3$) und ca. 40 % Matrix vorhanden ist (geschätzte Werte). Auffällig ist, daß das Verhältnis von Matrix : Kalzit : Quarz schwanken kann. Die Quarzkörner sind eckig, scharf umgrenzt und liegen einzeln in der Matrix. Anwachssäume konnten nur sehr selten beobachtet werden. Die Korngröße reicht von 0,01 - 0,16 mm (Mittel-Schluff- bis Fein-Sand-Bereich). Die durchschnittliche Kristallgröße beträgt 0,05 mm. Das Gestein zeigt also eine relativ gute Sortierung. Als akzessorische Bestandteile treten Glimmer, Zirkon und opake Minerale (Eisenoxide) in sehr geringen Mengen auf. Daneben finden sich Hohlräume, die möglicherweise von Fossilien stammen. Nach Herrn Prof. Dr. H. Füchtbauer (pers. Mitteilung) handelt es sich bei diesem Rohmaterial um einen kalkig zementierten Sandstein (wahrscheinlich Unterkarbon) (s. Tafel 8.2).

Vom Chalzedon[37] (CH/M) wurden Dünnschliffe von durchsichtigen und von milchig dichten Absplissen angefertigt. Die Proben zeigen eine sehr feine mikrokristalline Struktur mit einzelnen Chalzedon-Sphärolithen und organischen Resten (s. Tafel 9.1). Das Gefüge eines Artefaktes (s. Tafel 10.2) unterscheidet sich ganz deutlich von den anderen. Es besteht aus einer lagenartigen Anordnung von unterschiedlich großen kugeligen Aggregaten (Chalzedon-Sphärolithen)[38]. Offenbar ersetzt der Chalzedon einen Opal, der noch in Resten vorhanden ist (vgl. Abschnitt 5.3.). Bei einigen Proben konnten auch Pyrit, Eisenschlieren und unbestimmbare Bioklasten erkannt werden. Keines der untersuchten Artefakte besteht aus Opal.

Der schwarzbraune Feuerstein der Gruppe F 1/M zeigt eine sehr homogene feine Chalzedon-Matrix mit nur sehr wenigen kleinen Sphärolithen und Quarzkörnern. Außerdem konnten organische Reste (z.B. Wurzeln), sehr wenige Mikrofossi-

---

[37] Chalzedon (Gestein) ist definiert als ein fasriges mikrokristallines Quarzgefüge unterschiedlicher Herkunft. Die Terminologie, wie sie u.a. von H. von Dechen (1852) und H. Laspeyres (1900) benutzt worden ist, ist heute nicht mehr gebräuchlich (vgl. Tab. II.5).

[38] Die durchschnittliche Größe der einzelnen kugeligen Aggregate beträgt ca. 0,01 mm.

lien (Foraminiferen, Dinoflagellaten-Zysten) und weitere unbestimmbare Bioklasten beobachtet werden (s. Tafel 11.2).

Gruppe F 2/M ("grauer bis brauner Feuerstein, z.T. gebändert, milchig oder durchscheinend") ist durch eine homogene Chalzedon-Matrix mit nur wenigen Mikrofossilien (Foraminiferen) und einzelnen großen Chalzedon-Sphärolithen gekennzeichnet. Die Matrix ist etwas gröber als die der Gruppe F 3/M (s. Tafel 12.1).

Im Feuerstein der Gruppe F 3/M ("schwarzer bis graubrauner Feuerstein mit hellen und dunklen Einschlüssen") sind relativ viele Mikrofossilien (Foraminiferen, Dinoflagellaten-Zysten) und einige größere Quarzkörner in der Chalzedon-Matrix eingebettet. Größere Chalzedon-Sphärolithe fanden sich nicht (s. Tafel 13.1).

Die Dünnschliffe der Feuersteinvarietäten (F 1/M - F 3/M) wurden auch für die Mikrofossilanalyse verwendet (s. Abschnitt 5.7.).

Endpaläolithischer Horizont

Aus der oberen Fundschicht sind ebenfalls zwei Tertiärquarzitvarietäten für die lithische Industrie verwendet worden.

Beim hellgrauen bis weißen Quarzit (Q 1/EP) handelt es sich um ein stark korrodiertes Gestein. Die Quarzkörner sind unregelmäßig kantig bis leicht gerundet. Die Quarzkornverteilung reicht von 0,01 - 0,25 mm (Mittel-Schluff- bis Mittel-Sand-Bereich) mit einzelnen kleineren und größeren Kristallen und zeigt - wie die Tertiärquarzitvarietäten der Magdalénien-Fundschicht - eine schlechte Sortierung. Die durchschnittliche Korngröße beträgt 0,05 mm und fällt damit in das Korngrößenspektrum der Gruppe Q 1/M. Auch hier sind Korrosionserscheinungen an den Korngrenzen, aber selten eine Verbackung von einzelnen Kristallen zu erkennen und kaum Anwachsszonen. Die Matrix ist durch Eisenverbindungen bräunlich gefärbt. Als akzessorische Bestandteile konnten, wie bei den anderen Tertiärquarziten, Schwerminerale (Zirkon, Rutil, Epidot) bestimmt werden (s. Tafel 14.2).

Die graue, etwas gröbkörnigere Quarzitvarietät Q 2/EP besitzt noch weniger Matrix als die erste Gruppe (Q 1/M). Die Quarzkristalle sind dicht gepackt. Die ebenfalls schlechte Quarzkornverteilung reicht von ca. 0,01 - 0,35 mm (Mittel-Schluff- bis Mittel-Sand-Bereich) mit einzelnen größeren und kleineren Kristallen. Die durchschnittliche Korngröße beträgt 0,06 mm und reicht damit auch in das Spektrum des Magdalénien-Horizontes. Die Quarzkörner sind nur leicht ecken- und kantengerundet. Anwachszonen sind kaum zu beobachten. Als akzessorische Bestandteile treten Schwerminerale (Zirkon, Epidot, Turmalin) auf (s. Tafel 15.2).

Der Chalzedon der oberen Fundschicht (CH/EP) enthält einige unbestimmbare Bioklasten, einzelne größere Chalzedon-Sphärolithe und Quarzkörner. Die mikrokristalline Struktur ist feiner als bei der Gruppe CH/M. Auch hier sind Eisenschlieren und organische Reste in den Proben nachzuweisen. Opal ist in den wenigen untersuchten Stücken nicht vorhanden (s. Tafel 16.1).

Der grünliche matte Feuerstein (F 1/EP) ist charakterisiert durch eine dichte homogene Matrix mit zahlreichen Mikrofossilien (Foraminiferen), größere Chalzedon-Sphärolithe und einzelne größere Quarzkörner. Es fanden sich kleine Bioklasten im Gefüge. Es könnte sich um verkieselte Steinkerne von Foraminiferen handeln (s. Tafel 17.2).

Der graugrünliche fettglänzende Feuerstein mit hellen Flecken (F 2/EP) zeigt dagegen sehr viel weniger Mikrofossilien, größere Chalzedon-Sphärolithe gar nicht. Einzelne Quarzkörner sind selten. Vereinzelt befinden sich nicht näher bestimmbare organische Verunreinigungen in der dichten feinen mikrokristallinen Matrix (s. Tafel 18.1).

Der grauschwarze matte Feuerstein mit hellgrauen Partien (F 3/EP) besitzt nur sehr wenige Mikrofossilien, einige Bioklasten (möglicherweise verkieselte Steinkerne von Foraminiferen) und wenige Quarzkörner. Kennzeichnend für diese Varietät sind Kalzitkristalle, größere Chalzedon-Sphärolithe und nicht bestimmbare organische Verunreinigungen (s. Tafel 19.2).

Der schwarze fettglänzende Feuerstein (F 4/EP) hat ein homogenes feines mikrokristallines Gefüge mit einigen Mikrofossilien, Chalzedon-Sphärolithen, Quarzkörnern und Kalzitkristallen. Daneben sind auch organische Reste vorhanden (s. Tafel 20.2).

Der Maaseifeuerstein (F 5/EP) ist charakterisiert durch eine dichte homogene Chalzedon-Matrix mit einigen Sphärolithen, Quarzkörnern und zahlreichen kleinen Resten von Mikrofossilien. Auch organische Bestandteile konnten beobachtet werden (s. Tafel 21.2).

Der graue bis bräunliche fettglänzende Feuerstein mit durchsichtigen Kanten (F 6/EP) besteht aus einer sehr homogenen dichten Chalzedon-Matrix mit wenigen Resten von Mikrofossilien. Daneben finden sich einzelne Sphärolithe (s. Tafel 22.2).

Beim schwarzen Kieselschiefer (L 1/EP) konnten Radiolarien deutlich erkannt werden. Zahlreiche sehr feine und makroskopisch nicht sichtbare Quarzäderchen durchziehen das Gestein sehr gleichmäßig. Etwas Glimmer ist ebenfalls vorhanden (s. Tafel 23.2).

Der braunolive bis beige Kieselschiefer mit schwarzen Schlieren (L 2/EP) zeigt eine dichte undifferenzierte Matrix, andeutungsweise mit erkennbarer Schichtung (Eisenoxid, vgl. Abschnitt 5.5.) mit einzelnen Quarzkörnern. Besondere Gefügemerkmale oder Mikrofossilien sind nicht zu erkennen (s. Tafel 24.2).

Im endpaläolithischen Fundinventar konnte mit Hilfe von Dünnschliffen ein weißlich korrodierter Hornstein der Kieseloolithterrasse (KO/EP, RM 12 nach M. Bolus) eindeutig nachgewiesen werden, der die typischen konzentrischen Kugeln aufwies (Oolithe). Die oolithischen Strukturen haben eine durchschnittliche Größe von ca. 0,1 mm (s. Tafel 25.2).

Bei der Probe VK/EP (RM 5 nach M. Bolus) handelt es sich um einen verkieselten Kalk. In der braungelb-gefärbten Chalzedon-Matrix sind zahlreiche Mikrofossilien, vorwiegend Foraminiferen (vgl. Abschnitt 5.7.) eingebettet (s. Tafel 26.2).

5.3. Röntgendiffraktometrie (XRD)
(s. Anhang 3)

Aufgrund des nur begrenzt verfügbaren Rohmaterials konnten Röntgendiffraktometrie-Aufnahmen nur von den Quarzitvarietäten des Magdalénien-Horizontes des Fundplatzes Andernach (Q 1/M, Q 2/M und Q 3/M) angefertigt werden. Ergänzend wurden Aufnahmen von geologischen Vergleichsproben des Tertiärquarzites aus dem Siebengebirge und Westerwald (u.a. Eudenbach, Herschbach) und eines paläozoischen Quarzites aus den Ardennen[39] gemacht.

Beim Tertiärquarzit ist nur Quarz sicher nachweisbar. Andere Minerale sind dagegen in so geringen Mengen vorhanden, daß sie nicht eindeutig identifiziert werden konnten. Zum Teil scheinen Tonminerale sowie eventuell Albit und Mikroklin vorhanden zu sein (vgl. XRD-Aufnahme

---

[39] Die Bezeichnung "Ardennenquarzit" wurde im Katalog nur aus Platzgründen verwendet. Es muß jedoch erwähnt werden, daß dies kein feststehender Begriff ist, wie z.B. Taunus- oder Ems-Quarzit. In den Ardennen kommen eine Anzahl von verschiedenen Quarzitvarietäten vor.

1 und 4). Eine Differenzierung innerhalb der Tertiärquarzitvarietäten ist anders als bei der Dünnschliffmethode wegen der relativ hohen Nachweisgrenze von ca. 5 Vol.% nicht möglich (vgl. XRD-Aufnahme 1, 2, 4 und 5).

Der paläozoische Quarzit der Andernacher Gruppe Q 3/M ist durch einen relativ hohen Kalzit-Gehalt ($CaCO_3$) charakterisiert. Dies bestätigt der Befund der Edax-Analyse bei der Ca nachgewiesen wurde (vgl. Abschnitt 5.5.) (vgl. XRD-Aufnahme 3).

Einen ganz anderen Mineralbestand zeigt dagegen der Quarzit aus den Ardennen, der durch einen hohen Glimmeranteil (Muskowit) gekennzeichnet ist. Er unterscheidet sich damit deutlich von der Gruppe Q 3/M. Andere Minerale waren nicht zuverlässig zu erfassen (vgl. XRD-Aufnahme 6).

Weiterhin wurde die XRD gezielt für die Beantwortung drei weiterer Fragestellungen eingesetzt. Zum einen konnte eindeutig bestätigt werden, daß es sich bei den Rindenresten am Feuersteinmaterial in allen Fällen (Gruppe F 3/M, F 1/EP - F 4/EP) um eine Verwitterungsrinde aus SiO_2 handelt. Es ist also die gleiche Substanz aus dem der Feuerstein besteht. Die Rinde hat vermutlich einen anderen Wassergehalt als der Feuerstein. Kreide ($CaCO_3$) wurde in der Rinde nicht nachgewiesen.

Als zweites wurde mit der Röntgenbeugungsmethode sichergestellt, daß es sich bei der Chalzedonvarietät CH(b)/M (vgl. Tafel 10) auch hier um Quarz (Chalzedon) und nicht um mikrokristallinen Opal-CT (Cristobalit/Tridymit) handelt.

Als letztes wurde das Bindemittel des verkieselten Kalkes (VK/EP) untersucht. Als Hauptbestandteil der Matrix wurde eindeutig Quarz identifiziert.

5.4. Rasterelektronenmikroskopie (REM)
(Tafel 1.3 - 25.3)

Magdalénien-Horizont

Die REM-Aufnahmen des Tertiärquarzites zeigen deutlich die verschiedenen Verwitterungsstadien. Bei der Varietät Q 1(d)/M ("graubräunlicher, hellgrauer bis graugelblicher Quarzit") sind die Quarzkörner klar von der mikrokristallinen Matrix zu unterscheiden (s. Tafel 4.3). Bei den patinierten Artefakten der Gruppen Q 1(e)/M ("aquarellfarbiger Quarzit") und Q 1(f)/M ("weiß-patinierter Quarzit") sind die Quarzkörner dagegen nur noch andeutungsweise zu erkennen (s. Tafel 5.3 und 6.3). Das Sediment ist dicht verbacken, die Oberfläche diffuser. Die Gesteinsoberfläche zeigt einige Schlagmarken - muschelige Bruchstellen - des anthropogenen Einflusses (vgl. Kapitel 7) (s. Tafel 1.3 - 6.3).

Beim sandsteinartigen Quarzit Q 2/M läßt sich - sehr viel deutlicher als im Dünnschliff - die alte angelöste Oberfläche der Quarzkörner erkennen. Der Zement ist z.T. an den Quarzkornrändern weggelöst, wie sich am weißen Saum auf dem Foto zeigt. Relikte des Zementes finden sich noch an den Kristallen (s. Tafel 7.3).

Der Chalzedon-Zement der Gruppe Q 3/M ("schwarzer bis brauner Quarzit, z.T. mit feiner Streifung") ist dicht und hat eine sehr viel niedrigere Porosität als das Gestein der Gruppe Q 1/M. Die Quarzkörner sind vereinzelt in der Matrix eingebettet. Auch hier sind Schlagmarken der anthropogenen Bearbeitung zu sehen (s. Tafel 8.3).

Der Chalzedon der unteren Fundschicht (CH/M) zeigt im REM-Bild sowohl bei den transparenten, als auch milchig gefärbten Stücken eine relativ dichte homogene mikrokristalline Matrix. Zum Teil findet sich auch Chalzedon als Zementbildner in ehemaligen Porenräumen. Die Oberfläche ist mit einigen Schlagmarken bedeckt (s. Tafel 9.3).

Die Feuersteinvarietäten F 1/M ("schwarzer bis dunkelbrauner Feuerstein"), F 2/M ("grauer bis brauner Feuerstein, z.T. gebändert, milchig oder durchscheinend") und F 3/M ("schwarzer bis graubrauner Feuerstein mit hellen und dunklen Einschlüssen") haben ein sehr feines mikrokristallines Gefüge. Bei der Gruppe F 3/M scheint die Oberfläche etwas rauher zu sein. Im Raster sind bei allen Feuersteinproben Schlagmarken zu erkennen (s. Tafel 11.3 - 13.3).

Endpaläolithischer Horizont

Auch hier zeigen die REM-Aufnahmen sehr deutlich die verschiedenen Verwitterungsstadien des quarzitischen Rohmaterials.

Der hellgraue bis weiße, völlig patinierte Quarzit Q 1/EP weist ein feinkörniges Gefüge mit dichter Zementmasse auf, die ein feines Netz von Poren durchzieht. Der Zement hat sich fast aufgelöst und bildet nun eine leicht reliefierte Oberfläche (s. Tafel 14.3).

Die Artefakte der Gruppe Q 2/EP ("grauer, etwas grobkörnigerer Quarzit mit einzelnen größeren Quarzkristallen") sind grobkörniger als die der Gruppe Q 1/EP. Einzelne Quarzkörner sind im REM nicht zu erkennen. Die Oberfläche ist strukturiert durch Schlagmarken und sekundäre Überzüge (s. Tafel 15.3).

Der Chalzedon des endpaläolithischen Horizontes (CH/EP) ist gleichmäßig reliefiert (leichte Buchten und Erhebungen). Er zeigt damit z.T. eine ähnliche Oberfläche wie die Proben der Magdalénien-Fundschicht (s. Tafel 16.3).

Die Feuersteinvarietäten zeigen eine Vielfalt an leicht unterschiedlichen Oberflächen. Die Gruppe F 1/EP ("grünlicher matter Feuerstein mit rötlichen und bläulichen Partien") ist gekennzeichnet durch eine homogene, nicht reliefierte, mikrokristalline Grundmasse, die anthropogen überformt ist (s. Tafel 17.3).

In der dichten, homogenen Matrix der Gruppe F 2/EP ("graugrünlicher fettglänzender Feuerstein mit hellen Flecken") treten lokale Konzentrationen von Kieselsäure, wahrscheinlich Mikrofossilien, auf (s. Tafel 18.3).

Die Gruppe F 3/EP ("grauschwarzer matter Feuerstein mit hellgrauen Partien") hat ein schwaches Relief aus einer dichten homogenen Chalzedonmasse (s. Tafel 19.3).

Der Feuerstein der Gruppe F 4/EP ("homogener schwarzer fettglänzender Feuerstein") besteht aus einer dichten, reliefarmen, homogenen Chalzedonmasse (s. Tafel 20.3).

Beim Maaseifeuerstein (F 5/EP) sind vereinzelte Quarzkörner in der Matrix zu sehen (s. Tafel 21.3).

Der Feuerstein der Gruppe F 6/EP ("grauer bis bräunlicher fettglänzender Feuerstein mit durchsichtigen Kanten") hat eine dichte, homogene Grundmasse mit leichten Unebenheiten und feinen Füllungen vermutlich sekundärer Herkunft (eventuell Tonmineralien) (s. Tafel 22.3).

Der schwarze Lydit (L 1/EP) hat eine sehr feine mikroporöse, homogene, mikrokristalline Chalzedon-Matrix mit einzelnen Quarzkörnern (ca. 15 µm im Durchmesser) (s. Tafel 23.3). Der braunolive bis beige Kieselschiefer (L 2/EP) ist aus einer gröberen mikrokristallinen Chalzedonmasse aufgebaut. Er hat ein regelmäßiges Porenmuster mit einzelnen Quarzkörnern im Fein-Schluff-Bereich (ca. 6 µm). Die Chalzedonmasse ist sehr homogen. Verwitterungserscheinungen scheinen dagegen verantwortlich zu sein für Unregelmäßigkeiten in der Matrix, die bei den beige-patinierten Stücken dieser Rohmaterialgruppe zu beobachten sind (s. Tafel 24.3).

Der weißlich verwitterte Hornstein der Kieseloolithterrasse (KO/EP) besteht aus einer homogenen Chalzedonmasse mit zahlreichen Poren (s. Tafel 25.3).

Alle Rasteraufnahmen von den endpaläolithischen Rohmaterialgruppen weisen - wie die Magdalénien-zeitlichen - vereinzelte Schlagmarken durch anthropogene Bearbeitung auf der Oberfläche auf.

Von der letzten Rohmaterialeinheit des Endpaläolithikums, die im Dünnschliff als verkieselter Kalk (VK/EP) identifiziert werden konnte, war Probenmaterial für eine REM-Aufnahme nicht verfügbar.

5.5. Energiedispersive Röntgenmikroanalyse (EDAX) (s. Anhang 4)

In die Edax-Analysen wurden neben den Artefakten des Andernacher Fundinventars auch einige geologische Stücke als Vergleich einbezogen. Die untersuchten Rohmaterialien des archäologischen Konvolutes wurden mit den Proben-Nummern von 1 - 46 und 53 bezeichnet. Bei den Proben 47 - 52 handelt es sich um geologische Vergleichsstücke.

Die meisten Andernacher Rohmaterialien bestehen zu über 98 Gew.% aus SiO_2. Hierbei handelt es sich sowohl um Quarzkörner als auch um Chalzedon-Matrix.

Magdalénien-Horizont

Die drei Quarzitvarietäten der unteren Fundschicht - Q 1/M, Q 2/M und Q 3/M - lassen sich qualitativ anhand der Nebenbestandteile unterscheiden.

Der Tertiärquarzit Q 1/M ist durch Spuren von Titan (Ti) oder Eisen (Fe), der auch in den geologischen Proben gemessen worden ist (ca. 0,7 Gew.% Titan, ca. 0,5 Gew.% Eisen, pers. Mitteilung Dr. E. Overkott), charakterisiert. Bei einer der schwarzgefärbten Varietäten (Q 1(a)/M) konnte zusätzlich etwas Mangan (Mn) festgestellt werden. Die Varietäten Q 1(a)/M ("Quarzit mit schwarzer Färbung"), Q 1(c)/M ("Quarzit mit gelben Flecken") und Q 1(f)/M ("weiß-patinierter Quarzit") enthalten z.T. sowohl Titan als auch Eisen (Proben 4 - 8, 41). Andere Verunreinigungen liegen unterhalb der Nachweisgrenze des Edax-Gerätes. Mit Hilfe der empfindlicheren Mikrosonde konnten die vorliegenden Ergebnisse ergänzt werden. So wurde bestätigt, daß die Schlieren des Tertiärquarzites Q 1(b)/M zu ca. 70 Gew.% aus Eisenoxid und nur zu ca. 3,5 Gew.% aus Manganoxid bestehen. Die schwarze Färbung der Varietät Q 1(a)/M ist wahrscheinlich durch die gleichen Elemente bewirkt worden (s.o.).

Die Tertiärquarzitvarietät Q 2/M ("sandsteinartiger Quarzit") zeigt neben Titan- auch einen Eisenpeak (Probe 11). Das Auftreten von zwei Ti-peaks (bei 452 und 4508 keV) deutet auf einen höheren Titangehalt als bei allen anderen Proben hin. Interessant ist, daß auch bei den geologischen Proben der Titangehalt von ca. 0,7 Gew.% auf bis zu 2,0 Gew.% in der Verwitterungsschicht ansteigen kann (pers. Mitteilung Dr. E. Overkott). Bei dieser Quarzitvarietät wurde die Matrix noch einmal gezielt mit der Mikrosonde analysiert. Danach enthält die Matrix Eisen (Fe) und Aluminium (Al) sowie Spuren von Mangan (Mn), Titan (Ti) und Kalzium (Ca).

Der schwarze bis braune paläozoische Quarzit Q 3/M ist durch einen deutlichen Kalziumgehalt gekennzeichnet (Probe 2).

Das Chalzedonmaterial (CH/M) ergab außer Silizium nur noch Eisenbestandteile bei einigen Artefakten (Probe 34, 43, 44). Bei einem Stück (Probe 34) wurden neben Eisen auch Kalzium und Aluminium gemessen. Das Artefakt besaß eine dunkelgelbe milchige Färbung (vgl. Abschnitt 5.3.).

Die Feuersteinproben der unteren Fundschicht haben nur Siliziumpeaks ergeben. Auch bei den frischen (geologischen) Vergleichsproben konnten andere Elemente durch Analysen nicht erfaßt werden. Es handelt sich also um sehr reines SiO_2 (Probe 3, 26, 27, 29, 39, 46).

Endpaläolithischer Horizont

Die beiden tertiären Quarzitvarietäten der oberen Fundschicht sind mit der Edax-Methode nicht sehr deutlich voneinander zu differenzieren. Aufgrund der geringen Anzahl an Proben, die für die Untersuchungen zugänglich waren, sind die vorliegenden Ergebnisse jedoch nicht unbedingt repräsentativ.

Bei der hellgrauen bis weißen Varietät Q 1/EP sind - anders als bei den Artefakten der Gruppen Q 1/M und Q 2/M - Titan und Eisen nicht eindeutig nachweisbar (Probe 18).

Auch beim grauen, etwas grobkörnigeren Quarzit mit einzelnen größeren Quarzkristallen (Q 2/EP) lassen sich die Nebenbestandteile (Eisen, Kalium) nicht mit ausreichender Sicherheit erfassen (Probe 53).

Im Rahmen der Empfindlichkeit des Edax-Gerätes lassen sich bei der einzigen hellgrauen durchsichtigen Chalzedonprobe (CH/EP) keine Nebenbestandteile bestimmen (Probe 33).

Ein Teil der Feuersteinvarietäten zeigt, anders als die Proben der unteren Fundschicht, einen meßbaren Gehalt an Spurenelementen. Der grünliche matte Feuerstein der Gruppe F 1/EP (Probe 15, 16, 22, 23) enthält Eisen und Aluminium als Bestandteile, eventuell auch Titan (Probe 22). Bei der Gruppe F 3/EP ("grauschwarzer matter Feuerstein mit hellgrauen Partien") wurde nur Silizium nachgewiesen (Probe 24, 25, 28). Das gleiche Ergebnis ergaben die Untersuchungen der Gruppe F 4/EP ("homogener schwarzer fettglänzender Feuerstein") und F 5/EP ("fettglänzender Maaseifeuerstein") (Probe 19, 21).

Ein interessantes Ergebnis zeigte sich auch bei den Edax-Analysen der Kieselschiefervarietäten. Während beim Lydit L 1/EP nur Silizium gemessen wurde, es also aus reinem SiO_2 besteht, fanden sich in der braunoliven bis beigen Kieselschiefervarietät eine Vielzahl von Elementen. Dabei unterscheiden sich die Spektren der olivfarbenen und der beigen Artefakte. Beim olivfarbenen Stück (Probe 31) wurden neben Silizium auch Aluminium, Kalium, Kalzium und Eisen ermittelt. Die beigefarbene Probe (Probe 32), die als patiniert angesehen wird, zeigte dagegen noch andere Elemente wie Schwefel (S), Chlor (Cl), Titan (Ti) und Eisen (Fe).

Der verwitterte Hornstein der Kieseloolithterrasse (Probe 14) weist nur Silizium im Spektrum auf.

Eine Probe vom verkieselten Kalk stand für die Edax-Analysen nicht zur Verfügung.

5.6. Neutronenaktivierungsanalysen (NAA)

(s. Anhang 5)

Die Neutronenaktivierungsanalysen haben bei fast allen Gesteinen eine relativ große Variationsbreite ergeben, die eine Auswertung sehr erschwert. Da nur eine kleine Anzahl von Artefakten des Andernacher Fundmaterials untersucht werden konnte, wurde versucht, durch die Einbeziehung von einigen makroskopisch ähnlich aussehenden und zeitgleichen Artefakten der Fundstellen Gönnersdorf und Niederbieber (Neuwieder Becken), Sweikhuizen, Griendtsveen und Vessem (Niederlande) und einigen geologischen Proben vom Tertiärquarzit ("Typ Herschbach") und paläozoischen Quarzit aus den Ardennen eine bessere Basis für die Auswertung und Interpretation der Andernacher Untersuchungsergebnisse zu gewinnen. Als Vergleichsmaterial für den Chalzedon wurden geologische Proben vom Chalzedon-Vorkommen bei Muffendorf in die Analysen einbezogen.

Insgesamt beträgt die Anzahl der mit NAA untersuchten Andernacher Steinartefakte 81. Von den Quarzitvarietäten konnten sechszehn der Gruppe Q 1/M, drei der Gruppe Q 2/M, sechs der Gruppe Q 3/M, fünf der Gruppe Q 1/EP und nur zwei der Gruppe Q 2/EP gemessen werden. Von den Chalzedon-Artefakten sind sieben (CH/M) bzw. drei (CH/EP) analysiert worden. Mit Ausnahme der Gruppen F 2/M (vier), F 1/EP (fünf) und F 6/EP (zwei) wurden je drei Stücke der Feuersteinvarietäten untersucht. Von den Kieselschiefervarietäten wurden je vier, vom Kieseloolith drei und vom verkieselten Kalk zwei Proben bearbeitet. Die Anzahl der Vergleichsuntersuchungen ist gleichermaßen gering (s. Anhang 5, Tab. VII und VIII).

Zunächst wurde versucht, die obere und untere Fundschicht mittels des Eisengehaltes voneinander zu trennen. Diese Untersuchung gründet auf der Überlegung, daß der Fe-Gehalt im Magdalénien-Horizont höher sein könnte als im endpaläolithischen. Die Siedlungsoberfläche des Magdalénien war einst mit einer Hämatit-Schicht bedeckt, während das für das Endpaläolithikum nicht nachgewiesen ist. Mit der NAA konnte der Fe-Gehalt aller untersuchten Proben bestimmt werden (bei der weniger empfindlichen Edax-Analyse war Eisen nur bei hohen Konzentrationen nachweisbar). Bei der Gruppe Q 1/M reichen die Fe-Anteile von etwa 360 ppm bis über 20.000 ppm, wobei die Mehrzahl der Werte entweder unter 1000 oder zwischen 2000 und 4000 ppm liegen (Mittelwert 4738 ppm ± 6921,1 ppm). Der sandsteinartige Quarzit (Q 2/M) ergab Konzentrationen zwischen 5000 und 7000 ppm (Mittelwert 6225 ppm ± 682,0 ppm). Der paläozoische Quarzit (Q 3/M) zeigte Meßergebnisse - mit zwei Ausnahmen - um 3000 ppm (Mittelwert 3742 ppm ± 1736,1 ppm). Die Quarzitarten der oberen Fundschicht wiesen Eisengehalte um durchschnittlich 890 ppm ± 62,2 ppm mit zwei Ausreißern über 4000 bzw. sogar über 15.000 ppm auf (Q 1/EP), die zweite um 730 ppm ± 129,3 ppm (Q 2/EP) (s. Tab. II.11). Der hohe Eisengehalt einiger Artefakte der Gruppe Q 1/EP steht wahrscheinlich im Zusammenhang mit der hellbraunen Färbung auf der Oberfläche. Es handelt sich dabei um eine überzugartige Eisenanreicherung.

Die Gönnersdorfer und Niederbieber Tertiärquarzitvarietäten besitzen dagegen fast alle sehr viel niedrigere Fe-Gehalte. In Gönnersdorf war der Wohnplatz ebenfalls mit Hämatit gefärbt. Die Gruppe Q 1/M ("Quarzit mit gelben Flecken") beinhaltet durchschnittlich 506 ppm, Q 2/M ("grauer Quarzit") 946 ppm, Q 3/M ("sandsteinartiger Quarzit") 7367 ppm und Q 4/M ("hellgrauer bis weißer patinierter Quarzit") 1524 ppm bei Gönnersdorf. Die weiß-patinierten Abschläge aus Niederbieber (Q 1/EP) weisen ca. 1590 ppm Eisen auf. Damit liegt die sandsteinartige Quarzitvarietät wieder über den harten Quarzitarten, der patinierte über dem unpatinierten Quarzit.

Ebenso niedrig sind die Meßergebnisse der niederländischen Artefakte. Sweikhuizen Gruppe Q 1/M mißt durchschnittlich 1099 ppm, Q 2/M 644 ppm und Q 3/M 616 ppm. Griendtsveen Gruppe Q 1/M hat nur ca. 240 ppm und Q 2/M 631 ppm. Die Probe aus Vessem zeigt ebenfalls nur ca. 235 ppm (s. Tab. II.11).

Bei den Chalzedonvarietäten liegen die Stücke des unteren Fundhorizontes sogar unter der Konzentration der oberen (CH/M - 992 ppm ± 793,5 ppm, CH/EP - 1847 ppm ± 1669,5 ppm). Ähnliche Werte haben die Messungen der Feuersteinartefakte ergeben. Die Werte der Magdalénien-Fundschicht liegen niedriger als die der endpaläolithischen - mit Ausnahme der Gruppe F 6/EP (s. Anhang 5, Tab. II und Tab. II.11). Höhere Eisengehalte zeigen besonders die Kieselschiefervarietäten (L 1/EP - 5068 ppm ± 2350,1 ppm, L 2/EP - 49.400 ppm ± 5870,8 ppm) und der verkieselte Kalk (58.253 ppm ± 30.667,5 ppm) der oberen Fundschicht. Somit ist eine Differenzierung der beiden Fundhorizonte mit Hilfe des Fe-Gehaltes nicht möglich. Anscheinend hat die Fe_2O_3-Anreicherung an der Siedlungsoberfläche den Fe-Gehalt der Artefakte nicht beeinflußt.

Im folgenden werden die Ergebnisse der Spurenelementuntersuchungen nicht mehr nach Fundhorizont (Magdalénien und Endpaläolithikum) getrennt diskutiert, sondern gemeinsam behandelt.

Quarzit

Eine relativ gute Differenzierung zwischen den einzelnen Quarzitvarietäten konnte anhand der Spurenelemente K, Na, Sc, Cr, Sc und Lu erzielt werden (Abb. II.12 - 15). Die meisten Werte der Gruppe Q 1/EP ("hellgrauer bis weißer sehr feinkörniger Quarzit") unterscheiden sich von denen der anderen Quarzitvarietäten, während die wenigen Proben der Gruppe Q 2/EP ("grauer, etwas grobkörniger Quarzit mit einzelnen größeren Quarzkristallen") fast immer mit denen der Gruppe Q 1/M übereinstimmen.

Der Vergleich der Spurenelement-Konzentrationen an Kalium und Chrom (Abb. II.12) in den Quarzitartefakten zeigt, daß sehr hohe K-Gehalte besonders den paläozoischen Quarzit (Q 3/M) kennzeichnen. Dieses Merkmal bestätigt sich auch bei geologischen Proben. Außerdem enthalten die patinierten Artefakte einen höheren K-Anteil als unpatinierte. Diese Beobachtung trifft auch beim Fundmaterial von Gönnersdorf und Niederbieber zu. Der durchschnittliche K-Gehalt der Gruppe Q 1/M von Andernach beträgt mit drei Ausnahmen 273 ppm (± 47,2 ppm), Q 2/M 485 ppm (± 90,2 ppm) und Q 3/M mit zwei Ausnahmen 2211 ppm (± 141,1 ppm). Die Quarzitvarietäten der endpaläolithischen Fundschicht enthalten ca. 492 ppm (± 97,6 ppm) (Q 1/EP) und 272 ppm (± 0 ppm) (Q 2/EP) Kalium (s. Anhang 5, Tab. I).

Ein Vergleich mit den Quarzitartefakten der Fundstellen Gönnersdorf und Niederbieber zeigt etwas andere K-Konzentrationen. Die Mittelwerte bei den Gönnersdorfer Proben betragen 199 ppm (Q 1/M), 226 ppm (Q 2/M) und 1146 ppm (Q 4/M). Der sandsteinartige Quarzit Q 3/M besitzt mit durchschnittlich 523 ppm einen leicht höheren K-Gehalt als die Andernacher Varietät (Q 2/M) (s. Anhang 5, Tab. VII).

Die niederländischen Quarzitartefakte weisen sehr unterschiedliche Untersuchungsergebnisse auf. Die Gruppe Q 1/M von Sweikhuizen enthält 106 ppm, Gruppe Q 1/M und Q 2/M von Griendtsveen 150 ppm bzw. 833 ppm. Für die anderen

Quarzitvarietäten liegen Meßwerte nicht vor. Makroskopisch betrachtet, ist die Gruppe Q 1/M von Sweikhuizen ebenfalls ein sandsteinartiger Quarzit, d.h. ein der Gruppe Q 2/M von Andernach und Q 3/M von Gönnersdorf vergleichbares Gestein.

Die geologischen Vergleichsproben zeigen K-Anteile von ca. 100 ppm (Muffendorf) und ca. 163 ppm (Bergheim-Kenten). Der paläozoische Quarzit besitzt mit durchschnittlich 1150 ppm wiederum einen sehr viel höheren Meßwert (s. Anhang 5, Tab. VIII).

Der Chrom-Gehalt variiert in den Proben ähnlich. Bei der Quarzitgruppe Q 1/M von Andernach beträgt die durchschnittliche Konzentrationen 112 ppm (± 19,2 ppm), wobei zwei Werte um 30 ppm herausfallen. Niedrigere Anteile finden sich in den patinierten Quarzitartefakten der oberen Fundschicht (Q 1/EP) ca. 94 ppm (± 12,0 ppm). Der graue grobkörnigere Quarzit (Q 2/EP) weist dagegen große Differenzen in den Meßergebnissen auf (29 und 110 ppm). Die niedrigsten Cr-Gehalte finden sich im sandsteinartigen Quarzit (Q 2/M) mit nur ca. 22 ppm (± 1,2 ppm) Chrom. Der paläozoische Quarzit zeigt einen durchschnittlichen Cr-Gehalt von 27 ppm (± 8,3 ppm).

Der Cr-Gehalt bei den Artefakten von Gönnersdorf und Niederbieber ist ebenfalls gering beim sandsteinartigen Quarzit (ca. 44 ppm) und relativ hoch in den patinierten Varietäten der Gönnersdorfer Gruppe Q 4/M (ca. 121 ppm) und Niederbieber Gruppe Q 1/EP (ca. 134 ppm). Beim Fundinventar von Gönnersdorf sind aber die Meßwerte für den Quarzit mit gelben Flecken ("Blümchenquarzit") sehr viel niedriger als beim Andernacher Fundmaterial (ca. 54 ppm), während der graue Quarzit von Gönnersdorf (Q 2/M) ca. 129 ppm enthält. Somit lassen sich die Gönnersdorfer Varietäten Q 1/M und Q 3/M deutlich von den makroskopisch ähnlich aussehenden Andernacher Quarzitvarietäten unterscheiden.

Die Meßergebnisse der Quarzitartefakte aus Süd-Limburg und Nord-Brabant zeigen z.T. einen sehr unterschiedlichen

Cr-Gehalt. Die Proben von Sweikhuizen enthalten folgende Cr-Konzentrationen: ca. 22 ppm bei Q 1/M, 198 ppm bei Q 2/M und nur 3,0 ppm bei Q 3/M. Die untersuchten Stücke von Griendtsveen haben ca. 7,9 ppm für Q 1/M und 17 ppm für Q 2/M ergeben. Das Quarzitartefakt von Vessem besitzt kein Chrom im ppm-Bereich.

Die geologischen Quarzitvarietäten deuten in ihren Cr-Gehalten ähnliche Tendenzen an. Das Rohmaterial von Muffendorf weist durchschnittlich 89 ppm, Bergheim-Kenten 51 ppm, der paläozoische Quarzit aus den Ardennen nur 37 ppm Chrom auf.

Die Diagramme der Verteilung von Natrium und Chrom zeigen ein entsprechendes Muster. Die paläozoischen Quarzitartefakte (Q 3/M) besitzen mehr Natrium als die Tertiärquarzitvarietäten (ca. 788 ppm ± 118,8 ppm). Dieses Merkmal konnte auch durch die geologischen Vergleichsproben bestätigt werden. Bei den Andernacher Stücken sind die Konzentrationen im paläozoischen Rohmaterial z.T. zehnmal höher als beim tertiären. Der Na-Gehalt der Gruppe Q 1/M liegt bei durchschnittlich 128 ppm (± 31,7 ppm) und beim sandsteinartigen Quarzit (Q 2/M) bei 115 ppm (± 19,3 ppm). Unterschiede in der Na-Konzentration zwischen den Varietäten des oberen Fundhorizontes sind schwer zu erfassen, da für die Gruppe Q 2/EP nur ein Meßergebnis vorliegt (155 ppm). Der hellgraue bis weiße Quarzit (Q 1/EP) besitzt einen durchschnittlichen Na-Gehalt von 188 ppm (± 20,1 ppm).

Bei den untersuchten Proben von Gönnersdorf und Niederbieber lassen sich ebenfalls höhere Na-Anteile in den patinierten Quarzitvarietäten der Gönnersdorfer Gruppe Q 4/M (ca. 279 ppm) und der Niederbieber Gruppe Q 1/EP (ca. 271 ppm) feststellen (s. Abb. II.13). Der "Blümchenquarzit" (Q 1/M) und der graue Quarzit (Q 2/M) enthalten durchschnittlich 110 ppm bzw. 105 ppm. Im Unterschied zum Andernacher Fundinventar zeigen die Gönnersdorfer Proben des sandsteinartigen Quarzites (Q 3/M) einen höheren Na-Gehalt (ca. 156 ppm) als die Gruppe

Q 1/M des gleichen Fundmaterials.

Die niederländischen Quarzitartefakte weisen wie zuvor sehr unterschiedliche Meßergebnisse auf. Die Proben von der Fundstelle Sweikhuizen besitzen Na-Gehalte von ca. 109 ppm (Q 1/M), 91 ppm (Q 2/M) und 49 ppm (Q 3/M), die Stücke von Griendtsveen ca. 53 ppm (Q 1/M) und 36 ppm (Q 2/M) und für Vessem (Q 1/EP) 377 ppm.

Die geologischen Vergleichsproben beinhalten ähnliche Na-Konzentrationen wie die Artefakte der Gruppen Q 1/M von Andernach und Q 1/M und Q 2/M von Gönnersdorf. Der Quarzit von Muffendorf hat durchschnittlich 99 ppm, der von Bergheim-Kenten 125 ppm. Wie schon bei den Untersuchungen des Andernacher Fundkonvolutes zu beobachten gewesen ist, zeigt der paläozoische Quarzit einen sehr viel höheren Na-Anteil als die Tertiärquarzite (ca. 586 ppm).

Der Sc-Gehalt dokumentiert ebenfalls diese charakteristische Verteilung (s. Abb. II.14). Der sandsteinartige Quarzit (Q 2/M) von Andernach enthält weniger Scandium als die Stücke der Gruppe Q 1/M. Der paläozoische Quarzit hat die geringsten Konzentrationen. Die patinierten Artefakte enthalten mehr Scandium als die unpatinierten. Die Mittelwerte beim Andernacher Fundmaterial betragen 2,0 ppm (± 0,6 ppm) für die Gruppe Q 1/M, 1,2 ppm (± 0 ppm) für Q 2/M und 0,9 ppm (± 0,3 ppm) für Q 3/M. Die Quarzitvarietäten der oberen Fundschicht lassen gleichermaßen deutliche Unterschiede im Sc-Gehalt erkennen. Die Gruppe Q 1/EP enthält ca. 3,7 ppm (± 0,5 ppm), während Q 2/EP nur ca. 1,2 ppm (± 0,2 ppm) aufweist.

Ein konträres Bild zeigen die Gönnersdorfer Artefakte. Gruppe Q 1/M ist Sc-reicher als die Andernacher Stücke (2,6 ppm), bzw. -ärmer bei Gruppe Q 2/M (1,6 ppm). Im sandsteinartigen Quarzit (Q 3/M) ist auch mehr Scandium (1,5 ppm). Eine extrem hohe Konzentration weist die Gruppe Q 4/M mit durchschnittlich 8,1 ppm auf. Die Artefakte von Niederbieber (Q 1/EP) enthalten ebenfalls einen höheren Sc-Gehalt als die Andernacher Gruppe Q 1/EP (4,6 ppm).

Die Messungen der Sc-Gehalte in den niederländischen Quarzitproben haben meist sehr geringe Werte ergeben. Die Gruppe Q 1/M besitzt ca. 0,9 ppm, Q 2/M 1,4 ppm und Q 3/M 0,2 ppm von Sweikhuizen. Von den Artefakten aus Griendtsveen zeigt Q 1/M 0,2 ppm und Q 2/M 0,4 ppm Scandium. Das Stück aus Vessem hat 0,5 ppm.

Die geologischen Vergleichsproben haben einen durchschnittlichen Sc-Gehalt von 3,3 ppm (Muffendorf) bzw. 3,1 ppm (Bergheim-Kenten). Die Werte sind nur von den patinierten Stücken aus Andernach und Niederbieber erreicht worden, während die Hauptgruppen (unpatinierten) deutlich unter dieser Konzentration liegen. Der paläozoische Quarzit zeigt wenig Scandium (0,5 ppm) wie auch schon bei der Andernacher Gruppe Q 3/M zu erkennen war.

Lutetium trat in gleicher Weise auf wie die vorher genannten Spurenelemente (s. Abb. II.15). Die höchsten Konzentrationen enthalten die Rohmaterialien Q 1/M (0,4 ppm ± 0,1 ppm) und Q 1/EP (0,5 ppm ± 0,1 ppm). Etwas niedriger sind die Werte bei der Gruppe Q 2/EP (0,3 ppm ± 0,1 ppm). Lutetium ist mit 0,2 ppm (± 0 ppm) am geringsten in den Tertiärquarzitproben der Gruppe Q 2/M vertreten. Der paläozoische Quarzit hat sehr geringe Meßwerte (0,1 ppm ± 0,2 ppm), z.T. unter 0,04 ppm.

Die Gönnersdorfer Quarzitartefakte zeigen vergleichsweise weniger Unterschiede. Gruppe Q 1/M, Q 2/M und Q 3/M besitzen alle einen durchschnittlichen Lu-Anteil von 0,3 ppm. Nur die patinierten Artefakte der Gruppe Q 4/M haben Werte um 1,0 ppm ergeben. Die Stücke von Niederbieber weisen den gleichen Lu-Gehalt auf wie die Andernacher Rohmaterialgruppe Q 1/EP (0,5 ppm).

Die Artefakte von Sweikhuizen haben Meßergebnisse bei ca. 0,1 ppm für Gruppe Q 1/M, 0,3 ppm für Q 2/M und 0,03 ppm für Q 3/M. Bei Griendtsveen liegen die Konzentrationen bei 0,05 ppm (Q 1/M) und 0,1 ppm (Q 2/M). Für Vessem konnten keine Werte ermittelt werden.

Die geologischen Vergleichsproben bestätigen die Untersuchungsergebnisse des archäologischen Materials. Beide Tertiärquarzitarten zeigen Werte um 0,4 ppm. Der paläozoische Quarzit aus den Ardennen besitzt dagegen nur ca. ein Zehntel (0,04 ppm) dieses Lu-Gehaltes.

Zusammenfassend läßt sich über das Quarzitrohmaterial des Andernacher Fundplatzes aufgrund der Spurenelement-Konzentrationen folgendes aussagen:

Der harte (feste) Tertiärquarzit der Fundstelle Andernach ist charakterisiert durch einen höheren Na-, Cr-, Sc- und Lu-Gehalt als der sandsteinartige Quarzit, wobei deutliche Schwankungen der Spurenelement-Konzentrationen innerhalb der Varietäten zu erkennen sind. Die patinierten Stücke weisen im allgemeinen einen höheren Na-, K-, Sc- und Lu-Anteil auf als die unpatinierten Gesteinsarten. Der vergleichsweise hohe Sc-Gehalt der Gruppe Q 1/EP ist auch bei allen patinierten Quarzitvarietäten von Gönnersdorf und Niederbieber festzustellen.

Der sandsteinartige Quarzit ist gekennzeichnet durch einen sehr geringen Na-Gehalt und geringe Cr-, Sc- und Lu-Anteile, während er mehr Eisen enthält als die anderen Tertiärquarzitvarietäten.

Der paläozoische Quarzit zeigt in den Untersuchungen stets sehr hohe Na-, K- und Fe-Gehalte. Sehr niedrig liegen dagegen die Meßwerte für Sc und besonders für Lu. Auch Chrom ist relativ wenig vorhanden. Auffällig ist der geringe Hf-Gehalt (s. Anhang 5, Tab. I und VIII).

Die Auswertung der NAA-Analysen zeigt auch eindeutig, daß keine der als Vergleichsmaterial in die Untersuchungen einbezogenen Quarzitvarietäten mit dem Andernacher Fundmaterial übereinstimmt.

Chalzedon

Die Spurenelement-Konzentrationen (z.B. Na und Sc mit Cr, Ce - La - Sm und La - Sm - Sc, vgl. Abb. II.16) der Chalzedonartefakte zeigen eine Differenzierung zwischen dem Magdalénien- und endpaläolithischen Horizont. Wie schon oben erwähnt, wurde als Vergleichsmaterial Chalzedon der Fundstelle Gönnersdorf und vom geologischen Chalzedon-Vorkommen bei Muffendorf in die Analysen einbezogen. Beim Vergleich der Sc-Cr-Konzentrationen liegen die Messungen dieser Proben (Gönnersdorf/Muffendorf) zwischen denen der oberen und unteren Fundschicht. Eine Kongruenz dieser Meßwerte mit denen von Andernach ist jedoch nicht zu erkennen.

Bei den Artefakten des Magdalénien finden sich höhere Konzentrationen an Spurenelementen bei Na, K, Cr, La, Fe, Cs und Hf und des Endpaläolithikums bei Sc, Co, Rb, Ce, Eu, Th, Tb, Sb und Lu. Die deutlichsten Unterschiede zeigen sich bei Rb und Tb, geringer sind die Abweichungen bei Cs, Hf, K und Sb. Die übrigen Spurenelemente haben etwa den gleichen Gehalt.

Beim Vergleich der Spurenelement-Konzentrationen der Chalzedonartefakte der Fundstelle Andernach mit denen der Fundstelle Gönnersdorf und den geologischen Proben von Muffendorf konnten folgende Beobachtungen gemacht werden: Die durchschnittlichen Meßwerte der beiden Fundstellen weichen um den Faktor vier (Gönnersdorf - Andernach/Magdalénien-Horizont), bzw. zwei (Gönnersdorf - Andernach/endpaläolithischer Horizont) voneinander ab. Bei der älteren Fundschicht liegen die größten Differenzen bei den Spurenelementen Sb, Co und Lu. Die geringsten Unterschiede finden sich u.a. bei K, Hf, Cs und Na. In der jüngeren Fundschicht zeigen sich die größten Abweichungen beim Fe- und Co-Gehalt, die geringsten liegen dagegen u.a. bei Hf, Cs und Cr.

Unterschiede sind auch im Zusammenhang mit den Muffendorfer Gesteinsproben zu erkennen. Hier divergieren die

Meßwerte mit beiden Fundinventaren um den Faktor vier. Die größten Differenzen finden sich bei Sc, Lu und Ce, die geringsten bei Cr und Cs im unteren Fundhorizont. Im oberen Fundhorizont zeigen La und K die deutlichsten Abweichungen in den Spurenelement-Konzentrationen, Cs, Th und Cr die geringsten. Ta wurde in den Chalzedonproben nicht gefunden.

Feuerstein

Deutliche Charakterisierungsmerkmale der einzelnen Feuersteinvarietäten des Andernacher Fundmaterials ließen sich anhand der Spurenelement-Konzentrationen nicht nachweisen. Eine Differenzierung könnte vielleicht der Vergleich von Na und K mit Cr, Ce - La, Eu - Lu und Sc - Ce - Eu andeuten (s. Abb. II.17 und 18). Die Anzahl der Feuersteinproben ist jedoch bei der großen Schwankungsbreite der Meßergebnisse zu gering, um eindeutige Aussagen treffen zu können. Die Angaben müssen daher sehr limitiert bleiben, bis eine größere Datenbasis geschaffen worden ist (s. Anhang 5, Tab. II).

Gruppe F 3/M ("schwarzer bis graubrauner Feuerstein mit hellen und dunklen Einschlüssen") und F 1/EP ("grünlicher matter Feuerstein mit rötlichen und bläulichen Partien") scheinen besonders durch ihren geringen Cr-Gehalt (2 bzw. 3,5 - 4 ppm) gekennzeichnet zu sein. Höhere La-, Ce-, Lu- und Eu-Werte liegen hauptsächlich bei den Feuersteinvarietäten F 1/EP ("grünlicher matter Feuerstein mit rötlichen und bläulichen Partien") und F 2/EP ("graugrünlicher fettglänzender Feuerstein mit hellen Flecken") vor. Von den Artefakten der Gruppe F 1/M ("schwarzer bis dunkelbrauner Feuerstein") konnten keine Untersuchungen durchgeführt werden.

Kieselschiefer

Die beiden Kieselschiefervarietäten L 1/EP ("schwarzer

Kieselschiefer mit feinen Quarzadern") und L 2/EP ("braunoliver bis beiger Kieselschiefer mit feinen schwarzen Schlieren") lassen sich nicht nur makroskopisch, sondern auch aufgrund ihres Spurenelementgehaltes deutlich differenzieren (s. Abb. II.19). Alle untersuchten chemischen Bestandteile der Gruppe L 1/EP liegen dabei durchschnittlich um den Faktor neun niedriger als die von der zweiten Varietät (L 2/EP). Am wenigsten weichen die Meßergebnisse bei Na, Tb und Lu ab, am meisten bei Sb, Th und Cs.

Die Proben 66 und 66a bezeichnen dasselbe Artefakt. Zur Überprüfung der Untersuchungen ist es zweimal gemessen worden. Die Ergebnisse liegen - mit Ausnahme von der Ce-Konzentration - relativ dicht beieinander (s. Anhang 5, Tab. IV).

Kieseloolith/verkieselter Kalk

Der Vollständigkeit halber wurden außerdem Artefakte der letzten beiden Gesteinsarten der endpaläolithischen Fundschicht mit auf ihren Spurenelementgehalt untersucht. Die Ergebnisse lassen sich jedoch vorerst nicht interpretieren, da keine Vergleichsbasis vorhanden ist (s. Anhang 5, Tab. V und VI).

Vergleich des Gehaltes an Seltenen Erden

Als Seltene Erden oder Lanthaniden (engl. REE - rare earth elements) werden die 15 Elemente des Periodensystems von Ce bis Lu bezeichnet. Sie können zur Ermittlung des Herkunftsgebietes verwendet werden. Aufgrund ihrer Immobilität - anders als z.B. Na - ermöglichen sie insbesondere bei klastischen Sedimenten (z.B. Quarzit) einen Rückschluß auf die Zusammensetzung des Ausgangsgesteins und damit auf das Vorkommen. In chemischen und biogenen Sedimenten (z.B. Feuerstein) sind sie nur in sehr geringen Konzentrationen vorhanden. Der Gehalt an Seltenen Erden wird im allgemeinen dargestellt als Quotient aus Meß-

und Chondritwert (einem Vergleichswert). Hohe Quotienten lassen auf viel Fremdminerale (z.B. Epidot) schließen. Der Vergleich von verschiedenen Varietäten einer Rohmaterialgruppe wurde nur für die Gesteinsarten durchgeführt, die vermutlich von einem bestimmten geographisch lokalisierbaren Vorkommen stammen (Quarzit, Chalzedon, Feuerstein) (Abb. II.20 - 25).

Bei den Quarziten fällt wiederum das patinierte Gestein der Gruppe Q 1/EP von Andernach, Gruppe Q 4/M von Gönnersdorf und Gruppe Q 1/EP von Niederbieber auf. Die Quotienten liegen deutlich über den Werten der anderen Varietäten (Abb. II.21 und 22).

Der Vergleich der Andernacher Quarzitgruppen zeigt ähnlich verlaufende Kurven für die Varietäten Q 1/M und Q 2/EP mit einer leichten positiven Anomalie von Eu, während die anderen drei Quarzitgruppen eine negative Anomalie aufweisen (Abb. II.21), die für die klastischen Sedimente typisch ist (pers. Mitteilung Dr. K.H. Stosch).

Die Quotienten aus Meß- und Chondritwert der Quarzitvarietäten von Gönnersdorf und Niederbieber zeigen z.T. sehr ähnliche Seltene-Erden-Graphen (Abb. II.22). Besonders auffällig ist der kongruente Kurvenverlauf der Gönnersdorfer Gruppen Q 2/M ("grauer Quarzit") und Q 3/M ("sandsteinartiger Quarzit"). In diesem Fall ist anzunehmen, daß die Rohmaterialvarietäten wahrscheinlich zu einem Aufschluß gehören. Relativ ähnlich verlaufen die Graphen auch für die patinierten Artefakte von Gönnersdorf (Q 4/M) und Niederbieber (Q 1/EP). Bei der Quarzitgruppe Q 1/M von Gönnersdorf ist wieder das Fehlen der negativen Anomalie von Eu kennzeichnend.

Die Quarzitartefakte aus dem Raum Süd-Limburg und Nord-Brabant zeigen für fast alle Rohmaterialgruppen eine positive Anomalie von Tb, die bei den Quarziten aus dem Neuwieder Becken nicht vorhanden ist (Abb. II.23). Die Gruppen Q 1/M und besonders deutlich bei Q 2/M von Sweikhuizen zeigen außerdem eine negative Anomalie von Sm. Die Kurven der Gruppe Q 3/M von Sweikhuizen und Gruppe Q 1/M von Griendtsveen verlaufen sehr ähnlich. Die einzige mit den Andernacher Gruppen Q 1/M und Q 2/EP vergleichbare Varietät ist - aufgrund der positiven Anomalie von Eu - der Quarzit Q 1/M von Sweikhuizen (Abb. II.23).

Chalzedon

Der Chalzedon der unteren und oberen Fundschicht zeigt sehr unterschiedliche Graphen (Abb. II.24). Die Chalzedon-Chondritwert-Quotienten von Gönnersdorf und Muffendorf sind untereinander sehr viel ähnlicher als im Vergleich mit den Andernacher Kurven. Der Chalzedon der Magdalénien-zeitlichen Fundschicht weist eine negative Anomalie von Sm auf, der endpaläolithischen eine positive. Außerdem ist das Gestein des oberen Horizontes durch eine negative Anomalie von Ce gekennzeichnet, die die Varietät der unteren nicht besitzt.

Feuerstein

Die Graphen der Seltenen Erden bei der Gruppe F 2/EP und F 3/M sowie von F 2/M und F 1/EP verlaufen sehr ähnlich. Auffällig ist auch die positive Anomalie von Tb bei den Varietäten F 3/M, F 3/EP, F 4/EP und F 5/EP. Der Feuerstein F 4/EP zeigt außerdem noch eine deutliche negative Anomalie von Lu. Die Gruppe F 1/EP ist besonders durch den relativ hohen La-Quotienten gekennzeichnet wie auch die Gruppe F 5/EP (Abb. II.25).

5.7. Mikrofossilbestimmung (Tafel 32 - 34, Anhang 6)

Bei den Untersuchungen konnten eine Reihe von tierischen (Foraminiferen, Radiolarien) und pflanzlichen (Dinoflagellaten, Pollen/Sporen) Mikroorganismen (Abb. II.10) erfaßt werden, die z.T. wegen ihres schlechten Erhaltungszustandes schwierig zu bestimmen waren. Die Arten konnten deshalb nur qualitativ ausgewertet werden.

Mit Ausnahme der Feuersteinvarietäten F 5/EP ("fettglänzender Maaseifeuerstein") und F 6/EP ("grauer bis bräunlicher fettglänzender Feuerstein mit durchsichtigen Kanten") wurden in allen Dünnschliffen biseriale, trochospirale und planspirale Foraminiferen identifiziert. Vermutlich handelt es sich um planktonische Formen. Die trochospiralen Formen überwiegen. Selten treten auch planspirale auf. Die Feuersteinvarietät F 1/EP ("grünlicher matter Feuerstein mit rötlichen und bläulichen Partien") ist besonders reich an Foraminiferen. Eine nähere Artenansprache war nicht möglich (s. Tafel 32).

Bei der chemischen Aufbereitung in Flußsäure (HF) blieben nur bei zwei Rohmaterialgruppen die in HF unlöslichen Dinoflagellaten-Zysten, Pollen und Sporen übrig (s. Anhang 6). Sehr zahlreich und in größerer Artenvielfalt treten sie im Feuerstein der Gruppe F 4/EP ("homogener schwarzer fettglänzender Feuerstein") und in etwas geringerer Anzahl in der Gruppe F 3/EP ("grauschwarzer matter Feuerstein mit hellgrauen Partien") auf. Bei Anwendung der Dünnschlifftechnik konnten einige wenige Dinoflagellaten-Zysten der Gattung Spiniferites ramosus beim Feuerstein der Gruppe F 3/M ("schwarzer bis graubrauner Feuerstein mit hellen und dunklen Einschlüssen") erfaßt werden.

Das Spektrum der Gattungen unterscheidet sich nur wenig in den Rohmaterialgruppen F 3/EP und F 4/EP (s. Anhang 6). Aufgrund der Gattungen Chlamydophorella discreta, Hystrichosphaeridium tubiferum, Exochosphaeridium bifidum und Palaeoperidinium pyrophorum (s. Tafel 33 und 34) sind beide Rohmaterialien der oberen Kreide zuzuweisen. Eine detailliertere Einordnung in eine bestimmte geologische Schicht, z.B. Maastricht, ist noch nicht möglich.

Bei den Rohmaterialgruppen F 1/M ("schwarzer bis dunkelbrauner Feuerstein"), F 3/M ("schwarzer bis graubrauner Feuerstein mit hellen und dunklen Einschlüssen"), F 1/EP ("grünlicher matter Feuerstein mit rötlichen und bläulichen Partien") und F 3/EP ("grauschwarzer matter Feuerstein mit hellgrauen Partien") sind außerdem einige nicht bestimmbare Bio- und Lithoklasten im Dünnschliff zu erkennen, z.T. handelt es sich wohl um verkieselte Steinkerne von Foraminiferen.

Der verkieselte Kalk (VK/EP) des oberen Fundhorizontes enthielt ebenfalls zahlreiche planktonische Foraminiferen. Für eine nähere Bestimmung der Arten bot der Dünnschliff keine Anhaltspunkte (s. Tafel 26.2).

Die Analysen haben gezeigt, daß für eine exakte Bestimmung der Dinoflagellaten-Zysten die Dünnschliffmethode weniger gut geeignet ist als eine chemische Präparation in Flußsäure (HF). Für die Foraminiferen, die in HF aufgelöst werden, bleibt nur die Dünnschliffmethode oder eine Untersuchung an Absplissen. Die wenigen für die Analysen verfügbaren Proben erlauben keine eindeutige Charakterisierung der Feuersteinvarietäten. Auch bei der Aufbereitung der Stücke ist infolge der geringen Konzentrationen in den Präparaten eventuell ein Teil der Mikrofossilien verlorengegangen. Für gesicherte qualitative und quantitative Angaben sind ca. 1000 Exemplare pro Feuersteinvarietät nötig (pers. Mitteilung Dr. R. Below) (vgl. Abschnitt 4.4.1.).

5.8. Zusammenfassung

Um die Steinartefakte der Fundstelle Andernach zu charakterisieren, sind verschiedene physikalisch-chemische Untersuchungsverfahren angewendet worden. Sie sollten möglichst vielseitige und umfassende Informationen zum Rohmaterial der späteiszeitlichen Bewohner dieses Siedlungsplatzes bieten und weitere Vergleiche mit anstehendem Gestein und anderem archäologischen Fundmaterial ermöglichen.

Die Herstellung von Dünnschliffen war notwendig, um eine genaue Gesteinscharakterisierung - Gefüge- und Texturmerkmale, Korngröße und -form, mineralische Bestandteile usw. - zu erhalten. Die daraus gewonnenen Erkenntnisse sind Grundlage für den Vergleich der Andernacher Rohmaterialvarietäten mit denen anderer paläolithischer Fundplätze. Aus ihnen lassen sich Hinweise auf werkstoffbedingte Vorgaben, bzw. Beschränkungen bei der Bearbeitung des Gesteins, ableiten.

Die REM-Aufnahmen lassen den Grad der Patinierung - besonders bei den Quarzitvarietäten - deutlich erkennen, bzw. ermöglichen auch, feine Unterschiede zwischen den mikrokristallinen Gesteinsarten (Feuerstein, Chalzedon) festzustellen.

Da der tertiäre Quarzit des Siebengebirges und des Westerwaldes einen morphologisch-einheitlichen Typ ("Typ Herschbach") umfaßt, ist die geologische Herkunft des archäologischen Fundmaterials allein mit Hilfe von Dünnschliffen nicht zu bestimmen. Sowohl Korngröße als auch makroskopische Strukturen (Schlieren, Fleckung, usw.) können innerhalb eines Aufschlusses in geringer Entfernung wechseln und sind daher nicht typisch.

Zunächst wurde versucht, durch die energiedispersive Röntgenmikroanalysen (EDAX) und Röntgendiffraktometrie (XRD) eine chemische Zusammensetzung und den Mineralbestand der Proben zu erfahren, die in beiden Fällen jedoch wegen der relativ hohen Nachweisgrenze dieser Methoden nur eine grobe Differenzierung der Rohmaterialgruppen zuließ. Durch Röntgenbeugungsanalysen konnte eindeutig geklärt werden, daß es sich in keinem Fall um Opalsandsteine handelt.
Bei Feuerstein, Chalzedon und Kieseloolith erwiesen sich EDAX und XRD als nicht geeignet für eine differenziertere Charakterisierung von Gesteinen der gleichen Art. Es war jedoch durch Röntgenbeugungsaufnahmen möglich, Chalzedon-

artefakte eindeutig zu bestimmen und Opal auszuschließen. Chalzedon fand sich auch als Einbettungsmedium in der Matrix des verkieselten Kalkes. Weiterhin konnte mittels XRD die Verwitterungsrinde an verschiedenen Feuersteingruppen als solche sicher angesprochen werden. Die beiden Andernacher Kieselschieferarten ließen sich im Gegensatz zu den anderen SiO_2-Varietäten mit der EDAX sehr gut differenzieren. Die Bestandteile der schwarzen Färbung und der schwarzen Schlieren der Quarzitgruppe Q 1/M konnte mit Hilfe der Mikrosonde als Eisen-Mangan-Verbindung analysiert werden. Die bräunlich-gefärbte Matrix der Quarzitvarietät Q 2/M wurde mit dem gleichen Untersuchungsverfahren als eisenhaltig bestimmt.

Mit der Neutronenaktivierungsanalyse (NAA) konnte schließlich der genaue qualitative und quantitative Spurenelementgehalt für alle Gesteinsarten gemessen werden. Mit Hilfe dieser Daten läßt sich - ähnlich wie es beim Obsidian und Feuerstein mit Erfolg durchgeführt worden ist - das archäologische Fundmaterial geologischen Aufschlüssen zuweisen, sobald eine ausreichende Anzahl an geologischen Vergleichsproben untersucht ist. Außerdem kann man mittels dieses Spektrums das Rohmaterial anderer Fundplätze im Neuwieder Becken und Umgebung mit entsprechenden Gesteinsarten (z.B. Gönnersdorf, Niederbieber, Sweikhuizen, Griendtsveen, Vessem) vergleichen und möglicherweise klären, ob unterschiedliche Fundstellen oder nur ein großes Vorkommen exploitiert worden sind.

Durch die Mikrofossilbestimmung wurde zusätzlich versucht, das Feuersteinmaterial zu differenzieren und bekannten geologischen Aufschlüssen zuzuordnen. Gleichzeitig geben diese Mikrofossilstudien ergänzende Informationen über das Rohmaterial. Sie bieten sich vielleicht an als eine ausbaufähige Alternative zu anderen analytischen Verfahren.

Sämtliche Ergebnisse der naturwissenschaftlichen Untersuchungen am Rohmaterial der Steinartefakte der Fundstelle Andernach sind in der Tab. II.26 zusammengefaßt.

Abschließend hinzuweisen ist auch auf die unterschiedlichen Ergebnisse, bedingt durch die unterschiedliche Nachweisgrenze der verwendeten Untersuchungsverfahren, z.B. von XRD, EDAX und NAA (s. Tab. II.26).

6. Über die mögliche Herkunft des Rohmaterials von Andernach-Martinsberg und ihre archäologische Relevanz

Die vorliegenden Ergebnisse der naturwissenschaftlichen Verfahren zeigen, wie problematisch eine genaue Zuordnung des Rohmaterials der Steinartefakte des Fundplatzes Andernach infolge der bisherigen wenigen Daten noch ist.

Magdalénien-Horizont

Das Magdalénien-Inventar zeigt so gut wie keine Hinweise auf den Gebrauch von Geröllen. Es ist deshalb zu vermuten, daß auch das einzige Chalzedon-Geröll zur endpaläolithischen Schicht gehört (vgl. S. 48).

Quarzitvarietäten wie Q 1/M ("sehr feinkörniger Quarzit unterschiedlichen Aussehens") und Q 2/M ("sandsteinartiger Quarzit") lassen sich überall im näheren und weiteren Umkreis finden. Da sich das Gefüge dieser Gesteine nur graduell unterscheidet und schon innerhalb eines Aufschlusses variieren kann, bleibt nur die Spurenelementanalyse als einzige Möglichkeit zur Differenzierung. Erste Ergebnisse von Neutronenaktivierungsanalysen konnten für das Andernacher Fundmaterial vorgelegt werden. Als Vergleichsstücke wurden einige gleichaltrige Quarzitartefakte der Fundstellen Gönnersdorf und Niederbieber einbezogen. Sowohl ein Vergleich des Gehaltes an Seltenen Erden als auch anderer Elemente zeigte Unterschiede. Es ist demnach anzunehmen, daß verschiedene Aufschlüsse von den damaligen Jäger- und Sammlergruppen exploitiert worden sind. Ein Überschreiten des Rheins ist nach den bisherigen Daten nicht zu beweisen. Da die Anzahl der verfügbaren Proben gering war, müßte jedoch noch überprüft werden, ob es sich dabei um repräsentative Gesamtspektren handelt. Leider werden Spurenelementanalysen von der Silika-Industrie nicht durchgeführt, so daß die vorliegenden Analysen der Artefakte nicht verglichen werden konnten. Die Untersuchungen können deshalb nur als erste

Ansätze gelten, als ein erster Mosaikstein, aus dem erst im Laufe der Zeit durch weitere analytische Arbeiten ein Bild entstehen kann.

Den späteiszeitlichen Jäger- und Sammlergruppen standen sehr feinkörnige, "feuersteinähnliche" Quarzite mit Übergängen bis hin zu konglomeratartigen Quarziten zur Verfügung. Das feinkörnige Material, aber auch der grobkörnigere, sandsteinartige Quarzit, ist nicht selten, sondern ist in fast jedem Aufschluß zu finden und konnte bei den Geländearbeiten aufgesammelt werden. Beim augenblicklichen Stand der Daten läßt sich nicht eindeutig bestimmen, ob die Varietäten Q 1/M und Q 2/M zwei unterschiedliche Lagen repräsentieren, dessen Ausgangsgestein von verschiedenen Einzugsgebieten angeliefert worden ist. Die Ergebnisse der Untersuchungen an den Gönnersdorfer Quarzitgruppen Q 2/M ("grauer Quarzit") und Q 3/M ("sandsteinartiger Quarzit") könnten jedoch darauf hinweisen, daß in Andernach Q 1/M und Q 2/M wahrscheinlich aus zwei unterschiedlichen Herkunftsgebieten stammen (vgl. Abschnitt 5.6., Vergleich der Seltenen Erden).

Es konnte im Gelände beobachtet werden, daß das anstehende Gestein von einer dünnen rötlich braunen (Eisenoxid) oder einer schwärzlichen (Eisen-/Manganoxid) Schicht überzogen ist. Im Andernacher Magdalénien-Fundmaterial fanden sich davon nur einige wenige Stücke, so daß man vermuten kann, daß das Gestein vor der Mitnahme schon vorpräpariert, d.h. gesäubert, worden ist, oder verunreinigungsfreies Material ausgewählt wurde.

Herr Dr. E. Overkott (pers. Mitteilung) meinte aufgrund des hohen Eisengehaltes, daß es vielleicht aus Aufschlüssen im östlichen Westerwald (z.B. Herschbach) stammen könnte. Da jedoch die meisten dieser Vorkommen schon bis Anfang dieses Jahrhunderts abgebaut worden sind, ist diese Vermutung kaum noch zu überprüfen. F. Wernicke (1910:236) schreibt über die Quarzitvorkommen von Eudenbach, daß sie einen "außergewöhnlich hohen Eisengehalt von 3,05 Gew.%" besitzen.

Die dritte Quarzitart Q 3/M ("schwarzer bis brauner Quarzit, z.T. mit feiner Streifung") ist ein Gestein, dessen genaue Herkunft noch weniger geklärt ist. Karbonathaltiges Quarzitgestein kommt im Rheinischen Schiefergebirge vor (z.B. bei Mehren). Material, dessen Gefüge mit dem der Artefakte übereinstimmt, konnte jedoch nicht gefunden werden. Die verwitterte hellbraune Oberfläche einiger Artefakte der Gruppe Q 3/M läßt vermuten, daß es sich um rindennahe Stücke handelt (pers. Mitteilung Herr Dipl.-Ing. W.M. Felder).

Auch für den Chalzedon (CH/M) läßt sich die Herkunft aus Mangel an geologischen Vergleichsproben nicht eindeutig bestimmen. Das Gestein kann sowohl im Zusammenhang mit Tertiärquarzit als auch mit tertiären Eruptiva (z.B. Basalt, Trachyt) entstanden sein. Im letzteren Fall würde er aus einer Entfernung von mehr als 30 km stammen. Das kugelige Gefüge eines der Artefakte (s. Tafel 10.2) scheint darauf hinzudeuten. Der Spurenelementgehalt ist vom Muffendorfer Chalzedon klar zu differenzieren. Die geringe Anzahl der Proben kann jedoch noch keine Basis für eindeutige Aussagen geben.

Der Feuerstein läßt sich deutlich in mindestens drei verschiedene Varietäten differenzieren, die auf eine unterschiedliche Herkunft hinweisen. In der Rohmaterialgruppe F 3/M ("schwarzer bis graubrauner Feuerstein mit hellen und dunklen Einschlüssen") sind sowohl Foraminiferen als auch einige Dinoflagellaten-Zysten enthalten, während in den anderen beiden Varietäten F 1/M ("schwarzer bis dunkelbrauner Feuerstein") und F 2/M ("grauer bis brauner Feuerstein, z.T. gebändert, milchig oder durchscheinend") fast nur Foraminiferen vorhanden sind. Ob die Gruppe F 2/M ein eigenes Vorkommen repräsentiert, kann wegen der geringen Anzahl an Proben nicht eindeutig bestimmt werden. Nach pers. Mitteilung von Herrn Dipl.-Ing. W.M. Felder gehören die gebänderten, milchig grauen und durchscheinenden Stücke zu unterschiedlichen Feuersteinvorkommen, wahrscheinlich aus dem Becken von Mons, bzw. Pariser Becken. Das Rohmaterial der Gruppe F 1/M, das - wie die

Gruppe F 2/M - nur selten im niederländischen Fundinventar auftritt, könnte den Varietäten aus den Kalksteinschichten von Zeven Wegen entsprechen. Die Gruppe F 3/M läßt sich seiner Meinung nach sowohl dem Limburger als auch dem Raum Mons zuordnen.

Das Mikrofossilspektrum läßt aufgrund der fehlenden Bryozoen vermuten, daß keine der Varietäten aus den nordischen Moränen stammt (pers. Mitteilung Dr. H.J. Albers, Dipl.-Ing. W.M. Felder). Feuerstein aus den Cenoman-Plänern des südlichen Münsterlandes oder Feuersteingerölle aus der südlichen und östlichen Eifel sind nach einem makroskopischen Vergleich nicht im Fundmaterial des Magdalénien vertreten, obwohl diese ebenfalls den "Siedlern" auf dem Martinsberg zur Verfügung gestanden haben (vgl. Abschnitt 3.2.3.). Sowohl die Entfernung zum Wohnplatz als auch die Quantität der Vorkommen scheinen keine Selektionskriterien gewesen zu sein. Die Feuersteingerölle in der südlichen und östlichen Eifel sind jedoch meist relativ klein (vgl. S. 67), so daß sie vielleicht deswegen nicht verwendet wurden. Ob anhand der vorliegenden Analysen die Schlußfolgerung zulässig ist, daß die späteiszeitlichen Jäger- und Sammlergruppen zumindest den Feuerstein nicht gezielt aufgesammelt und an ihren neuen Wohnplatz mitgebracht haben, muß jedoch noch durch weitere Untersuchungen überprüft werden. In Anbetracht des relativ geringen Gewichtes von ca. 4000 g von mindestens drei verschiedenen Vorkommen mit unterschiedlicher Rohmaterialgröße erscheint es unwahrscheinlich, daß direkte Rohmaterialexpeditionen durchgeführt worden sind, sondern der Feuerstein auf den Wanderungen und Jagdzügen zufällig gefunden worden ist. In jedem Fall handelt es sich nicht um lokales Gestein. Umfangreichere Untersuchungen könnten auch hier fundiertere Informationen liefern, z.B. ob das Feuersteinmaterial der Gruppe F 3/M, das eine ähnliche Mikrofossilien- und Florenzusammensetzung wie das Maastricht besitzt, eindeutig dieser Formation zuzuordnen ist.

Auch die Neutronenaktivierungsanalysen erlauben aufgrund der geringen Anzahl von untersuchten Proben, der großen Variationsbreite in den Meßergebnissen und der geringen Anzahl von Untersuchungen an geologischen Vergleichsmaterial vorerst keine sichere Differenzierung der einzelnen Feuersteinvarietäten. Eine Einordnung in andere publizierte Spektren ist noch nicht möglich.

Endpaläolithischer Horizont

Wie beim Magdalénien-Horizont läßt sich auch der Tertiärquarzit dieser Fundschicht vorerst nicht einem lokalen Vorkommen zuordnen. Gefügekundlich handelt es sich wieder um den "Typ Herschbach". Die Spurenelementspektren unterscheiden sich sowohl untereinander als auch von denen des älteren Fundhorizontes. Auch hier läßt sich eine "Aktionsrichtung" der damaligen Bevölkerung nicht bestimmen.

Der hellgraue bis weiße Quarzit (Q 1/EP) ist dabei als angewittertes Gestein anzusprechen. Mit hoher Wahrscheinlichkeit ist die Korrosion nicht erst im Laufe der Zeit nach der Benutzung eingetreten, sondern wurde schon so aufgesammelt oder abgeschlagen. Weißlich verwitterter Quarzit konnte häufig in Aufschlüssen beobachtet werden, wo das Gestein freiliegt. In den meisten Fällen handelt es sich dabei nur um eine dünne Schicht auf der Oberfläche sehr viel härteren Materials.

Der grobkörnigere graue Quarzit mit einzelnen größeren Quarzkristallen (Q 2/EP) ist seiner makroskopischen Ausprägung nach ebenfalls nicht nur einem speziellen Aufschluß zuzuordnen. So finden sich u.a. in Wintermühlenhof Varietäten, die dieser Rohmaterialgruppe sehr ähnlich sind, im Dünnschliff jedoch ein sehr unterschiedliches Gefüge aufweisen (s. Tafel 28.1). Auffällig ist, daß sich aufgrund des Spurenelementspektrums die Gruppe Q 2/EP deutlich differenzieren läßt. Ob sich hieraus eine Änderung im Aufsuchen des Primärvorkommens interpretieren läßt, muß jedoch noch durch weitere Analysen gestützt werden.

Das gleiche gilt für den Chalzedon (CH/EP). Der Gehalt an Seltenen Erden ist vom Magdalénien-Horizont und den Muffendorfer und Gönnersdorfer Proben deutlich zu differenzieren.

Der Feuerstein, Lydit, verkieselte Kalk und verwitterte Hornstein der Kieseloolithterrasse geben dagegen den Hinweis, daß die Jäger- und Sammlergruppen jetzt primär Gerölle verwendet haben. Die Größe der Rohmaterialstücke reicht insgesamt von ca. 5 cm (Lydit) bis zu ca. 14 cm (F 1/EP) Länge.

Die Herkunft des Feuersteins und die Anzahl der aufgesuchten Vorkommen ist weiterhin noch nicht in allen Details geklärt. Makroskopisch meint W.M. Felder (pers. Mitteilung) - anders als bei dem Magdalénien-zeitlichen Feuersteinkonvolut - im endpaläolithischen Fundmaterial eine Herkunft aus dem Aachener-Limburger-Kreidegebiet zu erkennen. Vorkommen der Feuersteingruppen F 1/EP ("grünlich matter Feuerstein mit rötlichen und bläulichen Partien"), F 2/EP ("graugrünlicher fettglänzender Feuerstein mit hellen Flecken") und F 4/EP ("homogener schwarzer Feuerstein") lassen sich vom Hohen Venn bis in das Eifelgebiet und z.T. auch noch im Trierer Raum finden. Im Hohen Venn kommen nach seinen Angaben Blöcke bis zu 30 cm Größe vor. Im Limburger Kreidegebiet erreichen die Schichten eine Mächtigkeit bis zu 15 m. Die Gruppe F 3/EP ("grauschwarzer matter Feuerstein mit hellgrauen Partien") und F 6/EP ("grauer bis bräunlicher fettglänzender Feuerstein") können sowohl aus dem Limburger als auch Mons-Kreidegebiet stammen. Der Feuerstein der Gruppe F 3/EP ähnelt dabei den Varietäten der Orsbacher Schichten (nach Breddin), die den Kalksteinschichten von Lanzye bzw. Lixhe des niederländisch-belgischen Raumes entsprechen.

Die Maaseier (F 5/EP) sind ursprünglich aus dem Rijckholt-Feuerstein entstanden. Sie lassen sich bis zum Nordrand der Eifel und ins Hohe Venn nachweisen (pers. Mitteilung Dipl.-Ing. W.M. Felder).

Der graue bis bräunliche fettglänzende Feuerstein (F 6/EP) weist - wie die Varietäten F 1/M und F 2/M - wahrscheinlich auf eine Herkunft aus dem Becken von Mons hin. Da auch in dieser Varietät Bryozoen nicht eindeutig identifiziert werden konnten, läßt sich eine geologische Einordnung in die nordischen Moränen wohl ausschließen (pers. Mitteilung Dr. H.J. Albers, Dipl.-Ing. W.M. Felder).

Aufgrund der Mikrofossilien könnten die Feuersteinvarietäten F 3/EP ("grauschwarzer matter Feuerstein mit hellgrauen Partien") und F 4/EP ("homogener schwarzer fettglänzender Feuerstein") aus der gleichen Region stammen. Beide weisen ähnliche und relativ zahlreiche Dinoflagellaten-Zysten auf und differenzieren sich damit deutlich von den anderen. Die geringe Menge des für die Untersuchungen verfügbaren Materials läßt jedoch eine genauere Zuweisung innerhalb der Oberen Kreide nicht zu. Auch die wenigen Neutronenaktivierungsanalysen, die gemacht werden konnten, erlauben es nicht, sie mit publizierten Spektren verschiedener untersuchter Feuersteinaufschlüsse zu vergleichen.

Beim Lydit L 1/EP hätte man, z.B. beim Vorkommen von Graptolithen, vielleicht auf die Hauptterrasse schließen können. Leider konnten sie in dem einzigen Dünnschliff nicht festgestellt werden. Auch die zweite braunolive bis beige Kieselschiefervarietät L 2/EP läßt sich aufgrund fehlender morphologischer Strukturen mit einem einzigen Dünnschliff nicht näher erfassen. Schwermineraluntersuchungen könnten mehr Aussagen bringen. Beide Gerölle lassen sich aufgrund des Spurenelementgehaltes deutlich voneinander differenzieren. Dies läßt vermuten, daß sie aus einem unterschiedlichen Einzugsgebiet stammen. Ob sie jedoch auch unterschiedlichen Terrassen zuzuordnen sind, läßt sich infolge fehlender Vergleichsuntersuchungen nicht bestimmen.

Der weißlich verwitterte Hornstein der Kieseloolithterrasse (KO/EP) kann entweder aus dem Neuwieder Becken, wahrscheinlich aus dem Südteil, stammen (vgl. S. 49) oder aber aus der Niederrheinischen Bucht. Jedenfalls läßt sich das Gestein nicht in der Mittelterrasse finden, auf dem der Lagerplatz angelegt war.

Der verkieselte Kalk (VK/EP) ist in den Rheinschottern im Neuwieder Becken sehr selten. Es wäre deshalb zu überlegen, ob nicht die Gesteine dieser Fundschicht, die zwar auch in geringen Mengen lokal vorkommen, nicht ebenfalls aus der weiteren Umgebung stammen. In der Niederrheinischen Bucht z.B. wären diese Rohmaterialarten (Lydit, verwitterter Hornstein der Kieseloolithterrasse, verkieselter Kalk) in sehr viel größeren Quantitäten zu finden (vgl. S. 66). Auch das Maaseigeröll könnte hier aufgelesen worden sein. Chalzedon und Tertiärquarzit stehen u.a. auch im Siebengebirge an. Bei einem Gesamtgewicht von ca. 2000 g ist zu überlegen, ob nicht der größte Teil des Werkstoffes mitgebracht und am neuen Lagerplatz z.B. durch Tertiärquarzit ergänzt worden ist, vielleicht sogar das gesamte Gestein mitgebracht worden ist. Diese Vermutung wird gestützt durch die Beobachtung, daß der Feuerstein in der älteren Besiedlungsphase nur zu ca. 17 % im Inventar vertreten ist, während er im Endpaläolithikum ca. 38 % ausmacht (vgl. S. 46). Während im Magdalénien-Horizont mindestend drei Vorkommen aufgesucht wurden, scheint sich jetzt die Anzahl zu erhöhen. Dies kann auf eine Verlagerung des Aktionsradius nach Nordwesten deuten. Nicht vergessen werden darf jedoch, daß es sich insgesamt aber nur um sehr wenige Fundstücke handelt: 1 Maasei-, 1 Kieseloolith- und 1 verkieseltes Kalkgeröll.

Untersuchungen des Tertiärquarzites aus dem Maasgebiet (Groenlo, Heel) haben jedoch auch gezeigt, daß hier das Gestein als Chalzedon-Quarzit auftritt. Vorkommen dieser Quarzitvarietät sind weder im Siebengebirge noch im Westerwald bekannt. Eine Herkunft des Andernacher Quarzitmaterials aus einem westlicheren Vorkommen, also dem

Maasgebiet, ist daher auszuschließen.

Die Spurenelementanalysen haben ergeben, daß mit Hilfe des Eisengehaltes der Steinartefakte der Magdalénien-zeitliche und der endpaläolithische Horizont nicht differenzierbar sind. Obwohl die Quarzitartefakte der älteren Fundschicht durchschnittlich einen sehr viel höheren Eisengehalt als die der jüngeren aufweisen, besitzen - mit Ausnahme der Gruppe F 3/M - alle anderen Rohmaterialvarietäten niedrigere Meßwerte. Der Eisenanteil scheint damit nicht durch die Hämatitfärbung der Siedlungsoberfläche beeinflußt worden zu sein.

Insgesamt ist das endpaläolithische Rohmaterial sehr "bunt" zusammengesetzt. Sind im Magdalénien drei verschiedene Gesteinsarten (Quarzit, Chalzedon, Feuerstein) verwendet worden, sind es im Endpaläolithikum doppelt so viele (Quarzit, Chalzedon, Feuerstein, Kieselschiefer, verwitterter Hornstein der Kieseloolithterrasse, verkieselter Kalk). Während im Magdalénien die Jäger- und Sammlergruppen sich hauptsächlich mit lokalem Quarzit versorgt oder Feuerstein mitgebracht haben, nimmt die endpaläolithische Bevölkerung alles an brauchbaren Gesteinen mit, was sie auf ihren Wanderungen und Jagdzügen fanden, ohne daß eine Spezialisierung auf ein bestimmtes Vorkommen zu erkennen ist.

Weder die Spektren der mit der Neutronenaktivierungsanalyse untersuchten Quarzitvarietäten der mittelrheinischen Fundplätze Gönnersdorf und Niederbieber, noch der niederländischen Sweikhuizen, Griendtsveen und Vessem ließen sich mit den Andernacher Daten in Übereinstimmung bringen. Eine deutliche Ähnlichkeit der Elementverteilung ergab sich jedoch bei den Seltenen Erden der Tertiärquarzitvarietäten Q 2/M ("grauer Quarzit") und Q 3/M ("sandsteinartiger Quarzit") von Gönnersdorf. Beide Quarzitgruppen können deshalb mit großer Wahrscheinlichkeit dem gleichen Vorkommen zugeordnet werden.

Es läßt sich also abschließend fragen, ob sich im Spätpaläolithikum nicht nur das Rohmaterialverhalten - in Hinblick auf die Exploitation von "primären" und "sekundären" Vorkommen -, sondern auch der Aktionsradius geändert hat. Wichtig für die sichere Beantwortung der Frage wäre die Fortsetzung der gefügekundlichen und chemischen Erfassung des lokalen Gesteins, d.h. Serienuntersuchungen der umliegenden "primären" Ressourcen, sowie auch eine systematische Untersuchung der Schotter in den einzelnen Flußterrassen. Das anzustrebende Ziel wäre, das archäologische Fundmaterial präzise bestimmten Aufschlüssen und Flußterrassen zuzuordnen. Ein weiterer wichtiger Aspekt ist der Vergleich von Artefakten entfernt liegender Fundstellen (Sweikhuizen, Griendtsveen, Vessem, etc.), die makroskopisch auf östliche, d.h. westdeutsche, Vorkommen hinweisen. Die mit Hilfe der NAA untersuchten Quarzitartefakte der niederländischen Fundplätze konnten mit keiner der aus dem Neuwieder Becken analysierten Varietäten (Andernach, Gönnersdorf, Niederbieber) in Übereinstimmung gebracht werden. Durch solche Vergleiche könnten sich Hinweise auf die Herkunft von nicht-lokalem Rohmaterial ergeben.

7. Art des Rohmaterials und technologische Möglichkeiten

Im folgenden Kapitel soll versucht werden, einige der Aspekte aufzuzeigen, die ausschlaggebend für die Bearbeitbarkeit, z.B. Spaltbarkeit des Gesteins sind.

Verhalten von Gestein bei der Bearbeitung

Viele sedimentäre und metamorphe Gesteine sind mehr oder weniger anisotrop, d.h. ihre Eigenschaften sind richtungsabhängig. Bevorzugte Richtungen für die Spaltbarkeit liegen bei den Quarziten (ehemalige Sandsteine) in Schichtungsflächen und bei Lyditen in Schieferungsflächen. Bei einiger Aufmerksamkeit ist die Anisotropie auch makroskopisch erkennbar. Man kann also davon ausgehen, daß der paläolithische Mensch sie ebenfalls kannte und bei der Herstellung seiner Geräte zu berücksichtigen wußte.

Wichtig für die praktische Verwendbarkeit des Werkmaterials ist neben dem Mineralbestand vor allem das Gefüge, das die Härte und Festigkeitseigenschaften bestimmt. Hinzu kommen Besonderheiten, wie diverse bio- oder lithoklastische Einschlüsse im Gestein (z.B. Fossilien, Quarzadern u.a.).

Festigkeitseigenschaften, wie z.B. die Schlagfestigkeit eines Gesteins, können vom Gehalt an homogen verteilter Feuchtigkeit abhängen. Aus dem Gesteinsverband, z.B. einem Jura- oder Kreidekalkstein, frisch entnommene Feuersteine lassen sich wesentlich besser schlagen und zu Formen verarbeiten, als herumliegende, längst ausgetrocknete (pers. Mitteilung Prof. Dr. P. Ney).

Sicherlich sind Format und Ausprägung eines Steingerätes auch abhängig von der vorgegebenen Form und Größe des Rohmaterials (z.B. Geröll, Platte, Block, etc.).

Makroskopische Anzeichen, die Hinweise auf die physikalischen Eigenschaften des Rohmaterials geben, sind Größe der Abschläge und Klingen, die leichtere oder schwerere Zerbrechlichkeit der Artefakte, ob glatte, groß- oder kleinmuschelige Bruchflächen dabei erzeugt werden. Weitere Merkmale sind Schärfe der Bruchkanten, Abnutzung der Arbeitskanten und - wie schon oben erwähnt - die Homogenität des Werkstoffes sowie der Wechsel der Eigenschaften des gleichen Materials bei unterschiedlichem Wassergehalt. Ein Hilfsmittel, die Festigkeit des Rohstoffes zu ermitteln, ist sicherlich der Klang beim Anschlagen gewesen. Härtere Gesteine klingen sehr viel heller als weichere, lockere. Auch die Klüftigkeit oder das Vorhandensein von größeren Einschlüssen lassen sich so erahnen, ohne daß viel Arbeit investiert werden muß. Anzumerken wäre in diesem Zusammenhang, daß u.a. H. Fischer sich schon 1880 mit einigen dieser Kriterien in seinem Aufsatz "Über die Fähigkeit der Quarzvarietäten, zu Werkzeugen u.s.w. verarbeitet zu werden" beschäftigt hatte.

Unterschiedliche Gesteinsarten - z.B. Feuerstein und Quarzit - weisen eine andere Bearbeitbarkeit auf und können damit Differenzierungen in den Geräteformen und Größen bedingen, die also nicht kulturell, sondern rohmaterialbedingt sind. Diese Tatsache, sowie die Verwendung von bestimmten Rohmaterialtypen für spezielle Geräte, haben u.a. schon F. Würzbach (1914), L.G. Straus (1980) und J.E. Ericson (1984) beschrieben.

Vergleich einiger Quarzitvarietäten

Um einige Unterschiede bei einem Werkmaterial gleichen Typs aufzuzeigen, die Konsequenzen für die technologische Verwendbarkeit haben, ist hier der Quarzit als Beispiel ausgewählt worden. Die Proben stammen zum Teil von prähistorisch genutzten Fundplätzen (Abb. II.9) und auch von geologischen Vorkommen, die anscheinend für die jüngeren Abschlag- und Klingenindustrien nicht oder nur sehr extrem selten verwendet worden sind. Bei der Probennahme wurde darauf geachtet, die gleichen Varietäten vom Aufschluß zu nehmen, die nachweislich auch von den damaligen Jäger- und Sammlergruppen benutzt worden sind.

In die Betrachtungen sind folgende Quarzitvarietäten einbezogen worden:

1. <u>Tertiärquarzit des Siebengebirges und des Westerwaldes</u>

a) Eudenbach
b) Herschbach
c) Muffendorf
d) Wintermühlenhof

2. <u>Tertiärquarzit aus Hessen</u>

a) Hausen
b) Lenderscheid
c) Rörshain
d) Ziegenhain ("Reutersruh")

3. <u>Tertiärquarzit aus Süd-Niedersachsen</u>

a) Scheden

4. <u>Tertiärquarzit aus der Niederrheinischen Bucht</u>

a) Liedberg

5. <u>Tertiärquarzit aus Belgien</u>

a) Wommersom

6. <u>Kreidequarzit aus Mitteldeutschland</u>

a) Teufelsmauer

7. Paläozoische Quarzitvarietäten in der Umgebung des Fundplatzes

a) Ems-Quarzit

b) Taunus-Quarzit

c) Quarzit aus den Ardennen

Der Tertiärquarzit des Siebengebirges und des Westerwaldes tritt hauptsächlich in zwei Varietäten auf, als Zementquarzit (s. Tafel 27.2 und 3), bzw. als Übergang zum Felsquarzit (s. Tafel 27.1). Als Beispiel sind Proben aus Eudenbach, Herschbach, Muffendorf und Wintermühlenhof ausgewählt worden (Abb. II.4). Von der Silika-Industrie wird dieser Quarzit im allgemeinen als Findlingsquarzit ("Typ Herschbach") bezeichnet. Das Gefüge des Gesteins ist besonders durch seine Feinkörnigkeit gekennzeichnet. Die durchschnittliche Korngröße beträgt 0,04 - 0,06 mm. Die Quarzkörner löschen im Dünnschliff teils homogen, teils undulös aus, sind schlecht sortiert und liegen entweder zerstreut oder sehr dicht beieinander in der mikrokristallinen Chalzedon-Matrix eingebettet vor. Sie sind irregulär geformt. In einigen Fällen sind Anwachszonen zu beobachten, die jedoch nach A. Plank (1910:38-39) relativ selten vorkommen. Obwohl die meisten Quarzkörner zackige Ränder aufweisen, treten im Gefüge auch einzelne größere, leicht gerundete Kristalle auf.

Unter den Tertiärquarziten des Siebengebirges und des Westerwaldes gibt es neben dem "Typ Herschbach" noch andere Varianten. Als Beispiel sei auf die Probe von Wintermühlenhof (s. Tafel 28.1) verwiesen. Fast alle Quarzkörner haben Anwachssäume aus Opal-CT (Lussatit)[40]. Die Korngrenzen sind im Normallicht deutlich zu erkennen. Auch ist der Anteil an Gesteins- und Glimmerresten höher als bei anderen untersuchten Stücken. Die durchschnittliche Korngröße beträgt 0,12 mm. Die Größenverteilung reicht vom Grob-Schluff- bis Mittel-Sand-Bereich mit ein-

---

[40] Dieser Befund wurde mittels Röntgenbeugung überprüft.

zelnen Elementen über 1 mm Größe, bei ebenfalls schlechter Sortierung (s. Anhang 2.4).

Weiterhin finden sich einige verbackene Quarzkörner und Korrosionserscheinungen an den Kornrändern. Als akzessorische Bestandteile treten Schwerminerale (u.a. Zirkon, Rutil, Turmalin und Anatas) und opake Minerale (Eisenoxid) auf (Tab. II.8). Die Bruchfläche ist schuppig (beim Übergang zu Felsquarziten) bis vollständig glatt, muschelig und glänzend (bei Zementquarziten). Im Gelände findet man die Quarzitblöcke meist mit durch Verwitterung abgerundeten Kanten.

Die grobklastischen Tertiärquarzite des hessischen Raumes unterscheiden sich besonders durch die relative Grobkörnigkeit (Mittel-Schluff- bis Mittel-Sand-Bereich) und bessere Quarzkornsortierung vom Findlingsquarzit des Siebengebirges und des Westerwaldes (s. Anhang 2.5). Als Beispiel sind Proben von den Quarzitkuppen aus Hausen (Gemeinde Oberaula), Lenderscheid (Gemeinde Frielendorf), Rörshain (Gemeinde Schwalmstadt) und Ziegenhain (Gemeinde Schwalmstadt) im Schwalm-Eder-Kreis untersucht worden.

Das Gestein ist gekennzeichnet durch ein relativ dicht gepacktes Gefüge aus gut sortierten, z.T. verbackenen und meist ecken- und kantengerundeten Quarzkörnern (s. Tafel 28 und 29). Die Quarzkörner löschen z.T. undulös aus und zeigen häufig Quarz- und Chalzedon-Anwachssäume. Die Quarz-Anwachssäume befinden sich in gleicher kristallographischer Orientierung wie der Kristall und sind bis zu ca. 0,03 mm breit. Die fasrigen Chalzedon-Säume sind dagegen nur maximal 0,01 mm breit. Nach W. Adrian und M. Büchner (1979:45) handelt es sich dabei um kristallin gewordene Opal-Säume. Die durchschnittliche Korngröße der untersuchten Quarzitproben beträgt 0,10 - 0,19 mm (Tab. II.8), bei anderen Vorkommen, z.B. im Dransfelder Raum (Hohen Hagen), kann sie auch zwischen 0,15 und 0,35 mm liegen. Es finden sich aber auch einige Quarzkörner bis ca. 1 mm. Der Matrixanteil ist relativ gering, mikrokristallin und manchmal feinfasrig in radialstrahliger Anordnung. Die Matrix kann durch Eisenhydroxid (FeOOH) bräunlich gefärbt sein. Als akzessorische Minerale treten Apatit, Biotit, Rutil, Staurolith, Turmalin, Zirkon und andere auf. Gelegentlich finden sich auch Muskowitschüppchen und Gesteinsreste der ehemaligen aufgearbeiteten paläozoischen Oberfläche im Gestein (s. Tafel 29.1). Feldspäte gibt es dagegen nicht, jedoch Tonmineral-Eisen-Karbonat-Gemenge sind zuweilen vorhanden.

Als Beispiel für einen Tertiärquarzit aus dem Raum Süd-Niedersachsen wurde Scheden (bei Jühnde, Kreis Göttingen) ausgewählt (M.D. Schön und I. Schweitzer, 1982). Die Quarzkörner sind pflasterartig dicht gepackt. Die mikrokristalline Matrix ist fast nicht vorhanden (s. Tafel 29.3). Die Korngrößenverteilung ist gut (s. Anhang 2.6). Die Kristalle sind leicht bis mittelmäßig gut gerundet und durchschnittlich ca. 0,17 mm im Durchmesser. Daneben finden sich wieder einige größere von ca. 1 mm. Die Quarzkornränder sind gut erkennbar und weisen sehr selten Anwachszonen auf. Neben einigen Gesteinsresten finden sich vereinzelt auch Schwerminerale (u.a. Zirkon, Turmalin).

Der Liedberg-Quarzit, der im südlichen Teil der Niederrheinischen Bucht beim namensgebenden Ort (Kreis Neuss) ansteht, zeigt dagegen ein sehr inhomogenes Gefüge. Die Quarzkörner sind kantig bis leicht gerundet und haben eine durchschnittliche Größe von nur ca. 0,03 mm. Die Größenverteilung reicht vom Fein-Schluff- bis Mittel-Sand-Bereich mit einigen größeren Kristallen von ca. 1 mm und ist auch ähnlich schlecht sortiert wie der "Typ Herschbach" (s. Anhang 2.6). Die Quarzkörner zeigen Korrosionserscheinungen. Der mikrokristalline Matrixanteil ist im Vergleich zum Findlingsquarzit sehr viel höher und durch organische Reste dunkel gefärbt (s. Tafel 30.1). Neben opaken Mineralen und Eisenschlieren treten auch einige Schwerminerale auf (u.a. Zirkon, Monazit ?).

Der Wommersom-Quarzit, der ca. 7 km östlich von Tienen/ Tirlemont in Belgien ansteht, besitzt - wie der Liedberg-

Quarzit - einen sehr viel höheren Matrixanteil als der Findlingsquarzit. Die Quarzkörner sind schlecht sortiert. Sie sind nicht oder nur leicht gerundet und durchschnittlich ca. 0,04 mm im Durchmesser (s. Anhang 2.6). Die Kristalle sind isoliert in der fleckig dunkel gefärbten, mikrokristallinen Matrix eingebettet und zeigen nahezu keine Anwachssäume (s. Tafel 30.2). Die Kornränder sind teilweise schlecht erkennbar, und die kleineren Kristalle sind von der relativ groben Matrix manchmal nicht differenzierbar. Als akzessorische Minerale treten u.a. Zirkon, Epidot und Sillimanit auf.

Der "Kreidequarzit" der sogenannten Teufelsmauer westlich Neinstedt und Weddersleben (Kr. Quedlingburg, DDR) zeigt wiederum eine relativ gute Quarzkornverteilung vom Grob-Schluff- bis Mittel-Sand-Bereich mit einigen wenigen kleineren Kristallen (s. Anhang 2.6). Ihre durchschnittliche Größe beträgt ca. 0,15 mm. Die Quarzkörner sind nur leicht ecken- und kantengerundet und sind z.T. miteinander verbacken. Chalzedon-Anwachssäume sind ebenfalls deutlich zu beobachten (s. Tafel 30.3). Der mikrokristalline Matrixanteil ist gering, jedoch mehr als im Quarzit aus Scheden. Im Gefüge befinden sich auch einzelne Gesteinsbruchstücke und Schwerminerale (u.a. Zirkon).

Ganz andere Gefügemerkmale sind bei den paläozoischen para- und kontaktmetamorph überprägten Quarziten zu erkennen (Tab. II.8).

Der Ems-Quarzit zeigt nichtgerundete Quarzkörner, die sehr dicht gepackt sind. Matrix ist fast nicht mehr zwischen den Kristallen zu erkennen. Die Quarzkörner sind durchschnittlich ca. 0,18 mm im Durchmesser und reichen in mittelguter Verteilung vom Grob-Schluff- bis Mittel-Sand-Bereich (s. Anhang 2.7). Einige Quarzkörner sind ca. 1 mm groß. Anders als bei den Tertiärquarziten greifen die Kristalle alle zackig ineinander. Zum Teil zeigen sich Drucklösungserscheinungen. Neben Gesteinsbruchstücken sind Feldspäte und sehr wenige Schwerminerale (u.a. Zirkon, Turmalin) vorhanden (s. Tafel 31.1).

Der Taunus-Quarzit hat ebenfalls nichtgerundete Quarzkörner, die relativ schlecht sortiert sind (s. Anhang 2.7). Die durchschnittliche Kristallgröße beträgt 0,15 mm. Die Quarzkörner sind wiederum dicht gepackt und greifen zakkig ineinander (s. Tafel 31.2). Der mikrokristalline Matrixanteil ist sehr gering. Als akzessorische Minerale treten u.a. Glimmer und Zirkon auf. Glimmer befindet sich auch in der feinkristallinen Matrix und unterscheidet sich dadurch deutlich von den Tertiärquarziten.

Als letztes Beispiel wurde Quarzit aus den Ardennen untersucht. Die Quarzkornverteilung ist extrem schlecht und reicht vom Ton- bis Mittel-Sand-Bereich mit einigen größeren Kristallen bis ca. 1 mm (s. Anhang 2.7). Die durchschnittliche Kristallgröße beträgt ca. 0,03 mm. Die Quarzkörner sind irregulär bis leicht gerundet und besitzen z.T. fransige Ränder. Sie liegen relativ einzeln in der glimmerhaltigen Matrix eingebettet (s. Tafel 31.3). Neben Eisenhydroxid-Schlieren finden sich u.a. Glimmerplättchen und Zirkon.

Im Unterschied zu den rein sedimentären (diagenetischen) Quarziten zeigen die paläozoischen alle eine starke Schichtung. Muschelige und glatte Bruchflächen sind besonders typisch für die Zementquarzite, während die Metaquarzite nach den Schichtflächen spalten. So findet man den Taunus- oder Ems-Quarzit im Gelände nur mit geraden Kanten, während der Findlingsquarzit durch Verwitterung abgerundete Oberflächen erhält.

Durch Rekristallisation, infolge der Metamorphisierung des Sandsteins, entsteht ein granoblastisches Gefüge und eine starke Verdichtung des Gesteins. Hochmetamorphe Quarzite zeigen häufig eine Paralleltextur mit einer Einregelung bestimmter Nebengemengteile (z.B. Glimmer). Typisch ist der "schuppige" Bruch. Primär handelt es sich bei allen Quarzitarten nicht um einen "Korngrenzenbruch", sondern um einen "Körnerbruch". Die Bruchfläche läuft wegen der großen Härte des kieseligen Bindemittels und wegen der Verzahnung der Quarzkörner nicht entlang der Korngrenzen, wie bei den normalen Sandsteinen, vielmehr schneidet sie die Kristalle und das eventuell vorhandene Bindemittel gleichermaßen (K. Rode, 1961:7). Bei den Metaquarziten sind die Quarzkörner so stark miteinander verzahnt und durch das Bindemittel eingefaßt, daß man einen großen Kraftaufwand benötigt, um sie zu zerschlagen (A. Plank, 1910:8). Es ist daher offensichtlich, wie ungeeignet dieses Gestein für die Werkzeugherstellung war, sobald spezifische und kleingerätige Formen erwünscht waren. Die Kanten sind weit weniger scharf als beim Feuerstein und Chalzedon, aber auch als beim Findlingsquarzit.

Bei den Tertiärquarziten und beim "Kreidequarzit" handelt es sich - wie schon oben erwähnt - eigentlich nur um verkieselte Sandsteine. Mehr oder weniger gerundete Quarzkörner sind in einer amorphen, mikrokristallinen oder granularen kieseligen Grundmasse (Basalzement) eingebettet oder durch eine ebensolche Kittmasse miteinander verbunden (Porenzement). Die Matrix des Bindemittels ist optisch anders orientiert als die Quarzkörner. Manchmal haben sich optisch gleichorientierte Anwachssäume aus Quarz um die Kristalle gebildet. Die ehemalige Kornform ist dann meistens nur noch durch überwachsene feine Verunreinigungszonen zu erkennen. Im späteren Wachstumsstadium ist ein nahezu lückenloses Gefüge entstanden, das bei der Ausbildung gerader Begrenzungsflächen als Pflasterstruktur bezeichnet wird (s. Tafel 29.3) (K. Rode, 1961:8).

Besonders bei den Zementquarziten des Siebengebirges und des Westerwaldes läßt sich die sehr gute Bearbeitbarkeit leicht begründen. Das kieselige Bindemittel ist nur wenig zwischen den unregelmäßig geformten, zackigen Quarzkristallen ausgebildet (s. Tafel 27). Die Quarzkörner sind teilweise scharf begrenzt oder gehen unscharf in den Zement über. Im letzteren Fall ist der Zusammenhang von den Körnern mit der Matrix besonders stark, so daß die ganze Bruchfläche sich wie ein einziges Quarzkorn verhält und damit maximale Festigkeit erreicht. Makroskopisch ist der Bruch glänzend (A. Plank, 1910:24).

Manchmal gehen die Zementquarzite auch in "Felsquarzite" über, d.h. die Quarzkörner liegen dicht gepackt, und der Matrixanteil ist sehr viel geringer (s. Tafel 27.1). Makroskopisch besitzen diese Varietäten dann eher einen schuppigen Bruch, ähnlich wie die Metaquarzite. Andererseits gibt es auch Übergänge zum sandsteinartigen Quarzit, bei dem sich das Bindemittel (z.B. limonitisch oder kalkig) als Basalzement (Chalzedon oder Opal) entwickelt hat. Der Bruch ist körnig, halbkörnig oder schneidend. In der Festigungsreihe steht der sandsteinartige Quarzit an letzter Stelle, d.h. die Verbandsfestigkeit ist am geringsten.

Es bleibt die Frage, warum der sandsteinartige Quarzit (Andernacher Rohmaterialgruppe Q 2/M) als Werkstoff verwendet worden ist. Nach der Mikrosonden-Analyse (s. Abschnitt 5.5.) besteht die Matrix vorwiegend aus Eisenhydroxid (Limonit). Der Bruch ist körnig. Die Festigung ist extrem niedrig. Es ist deshalb anzunehmen, daß früher noch viel Kieselsäure angereichert war, die später durch Verwitterung abgeschieden wurde. Nur so konnte trotz der beträchtlichen Limonithülle das klastische Quarzkorn eine richtende Kraft auf den sich sekundär abscheidenen Quarz ausüben, der die gleiche optische Orientierung aufweist wie das Quarzkorn. Die Verbandsfestigkeit dieses Gesteins war also bei weitem größer. Der Bruch ist dann entweder halbkörnig, d.h. die Bruchfläche durchschneidet einen Teil der Kristalle und umgibt den Rest, ohne sie zu zerteilen, oder er ist sogar schneidend, d.h. die Bruchfläche zerteilt die Körner, wie A. Plank (1910: 17-18) es für den Limonitsandstein von Rockenberg und Griedel beschreibt.

Abschließend wäre noch zu diskutieren, ob sich zwischen den einzelnen oben behandelten Tertiär- und Kreidequarzitvarietäten Unterschiede in ihrer Bearbeitbarkeit ergeben, und ob sich diese möglicherweise technologisch ausgewirkt haben. Die hessischen und süd-niedersächsischen Vorkommen und das der Teufelsmauer sind besonders im Mittelpaläolithikum in großen Mengen abgebaut worden. Aber schon während des späten Mittelpaläolithikums wird zunehmend für die Herstellung von Steingeräten Feuerstein, Chalzedon und Kieselschiefer verwendet. Von den Quarzitvorkommen, so vermutet man, hat man in den meisten Fällen verwitterte, vom Frost abgesprengte Quarzitschollen benutzt, weniger dagegen die anstehenden Blöcke selber abgebaut (K. Golzio, 1976:14; L. Fiedler, 1983:42). Gleichzeitig mit der Suche nach anderem, spröderem Werkstoff ist feinkörniger Quarzit bevorzugt worden. Interessant ist in diesem Zusammenhang auch, daß besonders häufig aus dem Quarzit von Rörshain eine größere Anzahl beidflächig retuschierter Artefakte (Blattspitzen und kleine breitdreieckige Faustkeilblätter) (L. Fiedler, 1983:54) hergestellt worden sind, im Gegensatz zu den anderen, etwa zeitgleichen Quarzitkuppen dieser Gegend. Auch der Quarzit von Hausen wird als besser bearbeitbar beschrieben als die Vorkommen von Lenderscheid und Ziegenhain (L. Fiedler, 1983:46).

Im Spätpaläolithikum wurde der lokale Quarzit im hessischen und süd-niedersächsischen Raum anscheinend fast überhaupt nicht mehr verwendet. Erst im Neolithikum wurde der Abbau wieder aufgenommen (z.B. von Lenderscheid), ohne daß er jedoch zu großer Bedeutung gelangte. Hinzuweisen ist auf die leichte Kantenverrundung der Artefakte.

Der Kreidequarzit der Teufelsmauer ist vor allem im Mittelpaläolithikum abgebaut worden. In jüngeren Zeiten wurde er durch Feuerstein ersetzt. Nach Mitteilung von Herrn Prof. Dr. R. Feustel ist im Neolithikum auch hier der Abbau wieder aufgenommen worden. Das Gestein wird als fest und zäh beschrieben. Kantenverrundungen gibt es ebenfalls (R. Feustel und K. Stoye, 1964:27).

Auch vom Liedberg-Quarzit ist eine Nutzung seit dem frühen Paläolithikum belegt. Das Vorkommen ist nachweisbar nur bis ins späte Mittelpaläolithikum für die Steinindutrie verwendet worden. Artefakte des Jungpaläolithikums oder Mesolithikums sind aus diesem Gestein nicht bekannt (J. Brandt, 1982:9). Wiederum war es der Feuerstein, der das grobkörnige Rohmaterial ersetzte.

Der feinkörnige Tertiärquarzit des Siebengebirges und des Westerwaldes ("Typ Herschbach") findet sich dagegen nur selten auf den alt- und mittelpaläolithischen Fundstellen am Mittelrhein (z.B. auf dem Plaidter Hummerich, Schweinskopf). Er ist hauptsächlich erst seit dem Jungpaläolithikum (z.B. in Andernach, Gönnersdorf, Niederbieber, Urbar) in größeren Mengen für die Herstellung von Steingeräten gebraucht worden, während der grobkörnige paläozoische nur noch als Baumaterial oder Schlagstein (Haustein, vgl. Niederbieber, Thür, Gönnersdorf) aufgesammelt worden ist. Im Endpaläolithikum schließlich ersetzten Chalzedon und Feuerstein verstärkt auch hier den lokalen Tertiärquarzit (vgl. Andernach, Niederbieber).

Der Wommersom-Quarzit ist anscheinend sogar erst im Mesolithikum für die lithische Industrie verwendet worden (pers. Mitteilung Dr. S.K. Arora). Das Gestein ist in Fundinventaren bis zu 100 km östlich seines Vorkommens vorhanden (S.K. Arora, 1978; P. Gendel, 1982).

Betrachtet man diese vom paläozoischen Menschen zu unterschiedlichen Zeiten benutzten Quarzitvarietäten mineralogisch (s. Tab. II.8), so wird offensichtlich, woraus sich dieses selektive Verhalten in Bezug auf das Rohmaterial ergibt.

Das untersuchte Gestein aus Hessen, Süd-Niedersachsen und Mitteldeutschland zeigt ein vergleichbares Gefüge. Es ist ähnlich grobkörnig, relativ gut sortiert, mit mittelmäßig gut gerundeten Quarzkörnern und wenig mikrokristalliner Matrix. Die Kristalle besitzen relativ häufig Anwachssäume und können sehr dicht gepackt sein. Akzessorische Bestandteile (Schwerminerale, opake Minerale, Gesteinsreste, etc.) treten nur in sehr geringen Mengen auf.

Ein ganz anderes Gefüge haben dagegen die Quarzitvarietäten vom Liedberg, des Siebengebirges, des Westerwaldes und von Wommersom. Sie alle zeigen einen relativ hohen Matrixanteil, unregelmäßig und nur leicht gerundete Quarzkörner, eine schlechte Sortierung und eine hohe Feinkörnigkeit. Die Kristalle haben meist keine scharfen Korngrenzen, so daß im Normallicht fast nur eine undifferenzierte "Masse" zu erkennen ist.

Es scheint demnach, daß besonders der Findlingsquarzit und der Wommersom-Quarzit ein ähnliches hartes und sprödes Verhalten aufweisen, die dem homogenen, reineren SiO_2-Varietäten (Feuerstein, Chalzedon) und Obsidian, d.h. den besten Werkstoffen, näher kamen als z.B. die grobkörnigeren Gesteine. Sie waren deshalb auch für die mikrolithischen Industrien gut geeignet. Der Liedberg-Quarzit nimmt eher eine Art Mittelstellung ein. Er zeigt zwar mikroskopisch ähnliche Gefügemerkmale wie die der anderen beiden Provenienzen, ist jedoch sehr viel inhomogener und besitzt makroskopisch schon erkennbare Schlieren und nicht die "feuersteinähnliche" glatte, homogene, glänzende Oberfläche. So ist sicherlich dies der Grund für seine Verwendung in alt- und mittelpaläolithischen und sein Fehlen in jüngeren Industrien. Er ähnelt auch makroskopisch eher den grobklastischen Tertiärquarzitvarietäten aus Hessen.

Weiterhin wäre zu fragen, warum in der Andernacher Magdalénien-zeitlichen Industrie auch paläozoischer Quarzit (Rohmaterialgruppe Q 3/M) für die Geräteherstellung benutzt worden ist. Wie schon oben erwähnt, handelt es sich auch bei diesem Gestein eigentlich um einen verkieselten, kalkig zementierten Sandstein (vgl. S. 104).
Der Matrixanteil ist relativ hoch. Die Quarzkörner sind unregelmäßig geformt und wenig zahlreich. Die Oberfläche ist glatt und homogen, so daß auch dieses Gestein den anderen beiden, sehr gut bearbeitbaren Quarzitvarietäten ähnlich ist.

Gründe für den Wechsel des Rohmaterials

Warum jedoch die späteiszeitlichen Bewohner von Andernach trotz dieses guten Werkstoffes Feuerstein und Chalzedon verarbeitet haben, kann zum einen darin begründet liegen, daß sie auf ihren Wanderungen dieses Gesteinsmaterial einfach mitgebracht haben, zum anderen können sie sich dieses Material auch gezielt besorgt haben. Im zweiten Fall wäre zu fragen, worin der Vorteil dieser Gesteinsarten liegt, die sie so begehrenswert machten. Ein Grund könnte sicherlich sein, daß die Tertiärquarzitvarietäten sich zwar viel gezielter und besser schlagen ließen, weil sie härter und spröder sind als die anderen, jedoch auch relativ schnell stumpf werden. Ein Hinweis darauf sind die abgerundeten Kanten der Artefakte oder anderer Stücke, die man im Gelände findet. Chalzedon und Feuerstein sind dagegen spröder, neigen kaum zur Verrundung und splittern beim Arbeiten auch nach, d.h. sie blieben länger scharf und deshalb intensiver nutzbar.

Sicherlich sind noch mehr Artefakte zu untersuchen, bevor sich die Qualität eines Werkstoffes für die prähistorischen Menschen bestimmter Zeiten erfassen läßt. Gesichtspunkte wie Angebot an geeignetem Rohmaterial, Bedarf an bestimmten Geräten je nach Funktion und Umwelt (z.B. Fauna) und technologische Fähigkeiten in der Bearbeitung von Gesteinen haben im Laufe der Jäger- und Sammlergeschichte des prähistorischen Menschen eine Rolle gespielt. Experimentelle Versuche und naturwissenschaftliche Serienuntersuchungen werden nötig sein, mehr über die "Bruchmechanik" von Gesteinen zu erfahren. Die damaligen Steinbearbeiter haben die Erfahrungen von Jahrtausenden nutzen können; heute sind sie fast durchweg in Vergessenheit geraten.

Generell läßt sich also feststellen, daß ein Gestein um so spröder ist, je feinkristalliner, homogener und reiner es ist. Außerdem ist der Grad der Einkieselung wichtig. Sie kann einen Sandstein homogenisieren und zu einem "Quarzit" verfestigen (vgl. Andernacher Gruppe Q 2/M). Makroskopisch geben glatte, glänzende Oberflächen, muscheliger Bruch und heller Klang beim Anschlagen Hinweise auf eine gute Bearbeitbarkeit des Gesteins. Nachteilig wirken dagegen Klüfte, Einschlüsse und eine (leichte) Zerteilbarkeit nach Schichtflächen. Sie erschweren die Herstellung eines Gerätes durch unerwünschte Brüche.

Abschließend sollte noch darauf hingewiesen werden, daß die späteiszeitlichen Jäger- und Sammlergruppen vom Martinsberg in Andernach den gleichen Werkstoff - sehr feinkörnigen Tertiärquarzit - selektiert haben wie die Silika-Industrie unserer Zeit (vgl. S. 58 - 59). Für die Feuerfest-Industrie steht die chemische Homogenität im Vordergrund des Interesses und genau dieses Rohmaterial besitzt die gewünschten mechanischen Eigenschaften für die Werkzeugindustrie der damaligen Menschen.

8. Archäologische Fragestellungen und ihre Beantwortung durch naturwissenschaftliche Untersuchungsmethoden

Die vorstehenden Ergebnisse der Arbeit lassen den Schluß zu, daß die hier angewendeten naturwissenschaftlichen Untersuchungsmethoden geeignet sind, viele archäologische Fragen präziser und umfassender als bisher zu beantworten. Die Erkenntnisse lassen sich wie folgt zusammenfassen:

a) Bestimmung eines prähistorischen Werkstoffes und Definierung des Gesteins

Die Analysen des Rohmaterials der Andernacher Steinartefakte ergaben einige Abweichungen zu der bisher - ausschließlich makroskopisch bestimmten - Ansprache (z.B. Quarzitgeröll ---> verkieselter Kalk, beigefarbener Feuerstein ---> verwitterter Hornstein der Kieseloolithterrasse usw.).[41] Die Untersuchungen zeigten auch, daß eine differenziertere Bestimmung des Gesteins (z.B. schwarzer bis brauner Quarzit mit feiner Streifung ---> kalkig zementierter Sandstein usw.) möglich ist. Daraus ergeben sich wertvolle Hinweise für die Folgearbeiten.

b) Bestimmung des Ursprungortes des Gesteins

Für die Ursprungsort-Bestimmung können mehrere Untersuchungsverfahren benutzt werden (Dünnschliffanalyse, Spurenelementanalyse, Mikrofossilanalyse usw.). Allein das breite Spektrum der bei den Analysen anfallenden Ergebnisse macht offensichtlich, weshalb die Zuordnung des lithischen Fundmaterials auf dem bisher üblichen makroskopischen Wege ungenau bleiben mußte: Aufschlüsse primärer Vorkommen zeigen eine derartige Vielfalt an Varietäten (Farbgebung, Strukturen, Korngröße, Mineralzusammensetzung, Übergänge zu anderen Gesteinen usw.), daß

---

[41] Rohmaterialgruppen 5 und 12 nach M. Bolus.

mit bloßem Augenschein keine verläßlichen Aussagen zu machen sind. Makroskopisch verschieden aussehende Artefakte können sich bei mikroskopischer Betrachtung durchaus als einen einheitlichen Gesteinstyp, z.B. Typ Herschbach, zugehörig erweisen.

Im Rahmen dieser Magisterarbeit konnten aus verschiedenen Gründen nur Tendenzen ermittelt werden. Die analysierten Rohmaterialien (Quarzit, Feuerstein, Chalzedon, Kieselschiefer, Kieseloolith, verkieselter Kalk) der Fundstelle Andernach sind noch nicht eindeutig bestimmten geographisch eingegrenzten Ressourcen zuzuordnen, weil die Menge des zur Verfügung stehenden Materials sich dafür als unzureichend erwies. Erst weitere Serienuntersuchungen können zu präzisen Resultaten führen.

Vorausgesetzt, daß die Spurenelementanalysen ein charakteristisches Spektrum des Primäraufschlusses geben, lassen sich diese Daten dann mit denen aus anderen Artefaktinventaren und geologischen Vorkommen vergleichen, wie das bereits für Feuerstein und Obsidian erfolgreich geschehen ist. Werden bei den Untersuchungen gleiche Spektren gemessen, ist es wahrscheinlich, daß die Bewohner der beiden Siedlungsplätze dieselbe Rohmaterialquelle exploitiert haben, selbst wenn diese noch nicht lokalisiert worden ist. Je weiter die beiden Fundstellen auseinanderliegen, desto eher darf man vermuten, daß es sich um einen größeren, vielleicht sehr prägnanten Aufschluß handelte. Entsprechende Aussagen ergäben sich, wenn die Steinartefakte verschiedenen Zeitstufen angehören (z.B. Magdalénien und Endpaläolithikum). Die Zusammengehörigkeit von Inventaren eines Siedlungsraumes (z.B. Andernach, Gönnersdorf, Niederbieber) läßt sich durch die Spurenelementanalyse ohne langwierige Zusammensetzungsarbeiten ermitteln. Ein wesentlicher Vorteil dieses Verfahrens ist auch, daß Artefakte aus größerer Entferngung mit bereits untersuchten Fundkonvoluten verglichen werden können, ohne daß sie zerstört werden müssen (z.B. Sweikhuizen, Griendtveen, Vessem).

Ebenso können die Gerölle aus den Schotterterrassen behandelt werden. Vielleicht lassen sich, z.B. mit Hilfe von Schwermineralanalysen, die Bestandteil fast aller geologischer Kartierarbeiten sind, diese Gerölle bestimmten Gebieten - möglicherweise auch einer speziellen Terrasse - eingliedern. Zwar sind auch dafür umfangreiche statistische Auswertungen der Schotterzusammensetzungen erforderlich, um sichere Aussagen über die Herkunft der prähistorischen Artefakte zu erhalten. Aber makroskopische Zuweisungen müssen in jedem Fall reine Spekulation bleiben.

c) Beziehungen zwischen dem Rohmaterial und seiner technologischen Bearbeitbarkeit

Auch hier zeigte sich, daß die naturwissenschaftlichen Daten exaktere Basiserkenntnisse für die typologischen Analysen liefern, als sie durch makroskopische Ansprache und dem zwangsläufig subjektiven Eindruck möglich ist. In jedem Fall sind sie wertvoll in Hinblick auf konkrete Abstützung individuell gewonnener Informationen.

Abschließend kann festgestellt werden, daß die angewandten naturwissenschaftlichen Methoden geeignet sind, wesentliche Wissenslücken der Archäologie zu schließen. Voraussetzung für ihren Einsatz ist jedoch, daß der Archäologe diese Verfahren kennt und weiß, wie er sie gezielt zur Beantwortung seiner Fragen einsetzen kann. Sie liefern ihm eine exakte Basis für die Grundlagenforschung und Erkenntnisse von prähistorischen Zusammenhängen. Schon V.G. Childe machte in seiner Rede vor der Prehistoric Society, 1935, darauf aufmerksam: "The concepts of natural sciences cannot be applied without modification to human sciences; natural history is far more abstract than human history, and prehistorians must advance from the abstractions of the former to the concreteness of the later" (1935:2).

Die vorliegende Magisterarbeit bietet einen Einstieg an in eine wissenschaftliche Verfahrensweise, mit der das

Rohmaterialspektrum eines geschlossenen Fundkomplexes genauer als bisher erfaßt werden kann. Sie soll exaktere Grundlagen für die weitere aufbauende archäologische Forschungsarbeit liefern.

Für die Rohmaterialforschung besteht damit die Möglichkeit, eine Kartei mit exakten Angaben über alle Gesteinsarten, die für die lithische Industrie verwendet wurden, auf naturwissenschaftlicher Grundlage zu erstellen. Sie wird neue Kenntnisse über die rohmaterialbedingte Verhaltensweise und den dadurch begründeten Aktions- und Kommunikationsradius der prähistorischen Menschengenerationen vermitteln.

Es wäre wünschenswert, in Geologie und Archäologie nach gleichen Methoden zu arbeiten. Wenn z.B. derartige Analysen als Themen von Diplomarbeiten an Geologie-Studenten für die paläolithisch genutzten Aufschlüsse vergeben würden, könnten die Ergebnisse in das archäologische Fundinventar übertragen werden und der Beantwortung spezieller Fragen dieser Forschungsdisziplin dienen. Vielleicht entwickelt sich daraus eine neue Form interdisziplinärer Zusammenarbeit, die für beide Fachgebiete nützlich und interessant ist. Letzten Endes kennt jedoch nur der Archäologe allein die Fragestellungen und Daten, die er braucht, um neue Informationen über den prähistorischen Menschen zu gewinnen.

9. Summary

Characterization of raw material of lithic artifacts through scientific methods exemplified by the late glacial site at Andernach

Andernach is situated on the left side of the river Rhine at the northern end of the Neuwied Basin, which extends ca. 20 x 30 km from the "Andernacher Pforte" to Niederlahnstein. The upper palaeolithic site is located on the NE-slope of the "Martinsberg", in the town itself. Settlement structures were found in two archaeological horizons dating to the Magdalenian V (Bølling) and endpalaeolithic (Allerød).

The study characterizes the raw materials of the lithic industries of Andernach in respect to petrography, provenance and characteristics in its technological use in comparison to other varieties.

The lithic industries of Andernach consist of quartzite, chalcedony, flint, lydite, siliceous oolithe and silicified limestone which are represented in different frequencies in the two horizons. The assemblages were first sorted macroscopically into raw material groups and analysed by thin section microscopy, x-ray diffraction, scanning electron microscopy, energy dispersive spectroscopy, neutron activation analysis and microfossil analysis.

In the Magdalenian the hunter-gatherer groups were using three different kinds of rock, probably in each case taken from primary sources. Over 80 % of this horizon consists of three different varieties of quartzite. Two very fine grained tertiary quartzite varieties are locally available. The nearest outcrops are located at a distance less than 10 km away. The third one is of palaeozoic age and likewise characterized by small grain size and no metamorphic structure. It contains a large amount of calcium which implies a locally limited silicified origin.

Secondly, flint (about 17 % of the total Magdalenian assemblage) was obtained from at least three different sources. Macroscopic comparison implies a similarity to the varieties found in the Limburg-Mons-region. The limited number of analyses could not support any provenance.

About 2 % of the Magdalenian artifacts are made of chalcedony, which can be obtained from sources in eruptiva (Siebengebirge und Westerwald) or in tertiary quartzite. A thin section analysis seems to support the first suggestion, but further investigations are needed for confirmation.

The endpalaeolithic material consists of six different kinds of rock: quartzite, chalcedony, flint, lydite, siliceous oolithe, silicified limestone, now mainly in the form of gravel. Flint and quartzite occur in almost equal quantities (34 % and 38 % of the total endpalaeolithic assemblage), as lydite and chalcedony (15 % and 11 %). The results of the neutron activation analyses imply that both tertiary quartzite varieties originate from two different sources. One variety is very fine grained and totally white patinated, the other slightly coarser variety, contains quartz inclusions. The flint material probably comes from the Aachen-Limburg-Eifel-Hohes Venn-region. The sources could not be located due to the limited number of analyses and the lack of geological reference material. The rare earth element distribution suggests a different origin for the chalcedony of the Magdalenian horizon than that of the endpalaeolithic.

The two lydite varieties, siliceous oolithe and silicified limestone can be found in small quantities in the Neuwied Basin, the siliceous oolithe especially in the southern part in the tertiary terrasses. However, they can be more frequently found in the southern part of the Lower Rhine region.

No specialization for a particular kind of rock can be observed in the endpalaeolithic assemblage. The varieties seem to be more indifferently picked up by the hunter-gatherer groups.

The raw materials of Andernach are compared with a number of similar quartzite and chalcedony varieties found at some archaeological sites in the Neuwied Basin and the Netherlands of late upper palaeolithic age. Furthermore geological samples are enclosed from some specific sources which were exploited in palaeolithic and mesolithic times. Thirdly, samples were taken from a few geological quartzite outcrops for which evidence of their use for palaeolithic industries is not given.

The results obtained clearly underline the relationship between lithic technology and the morphology of the raw material. In general, it can be stated the smaller the grain size, the more homogeneous, purer and harder the quartzite was, the more it was used for finer instruments and the later it was replaced by the microcrystalline SiO_2-varieties (chalcedony and flint).

10. Literaturverzeichnis

ADRIAN, W. und BÜCHNER, M. (1979): Eiszeitliche Geschiebe und andere Gesteine als Rohstoffe für paläolithische Artefakte im östlichen Westfalen. Teil 1: Quarzite und Sandsteine. In: 24.Ber.naturwiss. Ver. Bielefeld, 5-79.

AHLBURG, J. (1916): Über das Tertiär und das Diluvium im Flußgebiet der Lahn. In: Jb. kgl.preuß.geol.L.-A.f.1915, 36(1), 269-373.

AHRENS, W. (1936): Erläuterungen zu Blatt Burgbrohl. Berlin.

ders. (1960): Die Lagerstätten nutzbarer Steine und Erden im Westerwald. In: Z.dt.geol.Ges. 112(1), 238-52.

AHRENS, W., STADLER, G. und WERNER, H. (1960): Beitrag zur Genese der Westerwälder Tertiärquarzite. Ibid, 253-58.

ALFSEN, B.E. und CHRISTIE, O.H.J. (1979): Massenspektrometrische Analysen von Specksteinfunden aus Haithabu und wikingerzeitlichen Specksteinbrüchen in Skandinavien. In: Berichte über die Ausgrabungen in Haithabu 14, 170-84.

ALLIBONE, T.E., WHEELER, Sir M., EDWARDS, I.E.S., HALL, E.T. und WERNER, A.E.A. (1970): A symposium on the impact of the natural sciences on archaeology. In: Phil.Trans.Roy.Soc.London A 269, i-iii.

ALTMEYER, H. (1982a): Rheingerölle und ihre Herkunft. In: Rheinische Landschaften 22, 3-21.

ders. (1982b): Feuersteingerölle in der südlichen und östlichen Eifel. In: Der Aufschluß 33, 241-44.

ANDREE, J. (1922): Das natürliche Vorkommen von Nephrit und Jadeit in Europa. Manusbücherei 22. Leipzig.

ARORA, S.K. (1978): Flint und Quarzit. Lagerstätten und Verbreitung mittelsteinzeitlichen Steinmaterials. In: Das Rheinische Landesmuseum 4, 52-54.

ARORA, S.K. (1979): Mesolithische Rohstoffversorgung im westlichen Deutschland. In: Rheinische Ausgrabungen 19, 1-51.

ders. (1980): Die unterschiedlichen Steinmaterialien im Mesolithikum des Niederrheingebietes. In: 5000 Jahre Feuersteinbergbau. Veröffentlichungen aus dem Deutschen Bergbau-Museum Bochum Nr. 22. Bochum (2. Auflage: 1981), 249-56.

ARORA, S.K. und BOSINSKI, G. (1978): Naturräume und Rohstoffe für die Steinwerkzeugherstellung. In: St. Veil (Hrsg.). Alt- und Mittelsteinzeitliche Fundplätze des Rheinlandes. Kunst und Altertum am Rhein. Führer des Rheinischen Landesmuseums Bonn Nr. 81. Köln, 22-23.

ARPS, C.E.S. (1978): Petrography and possible origin of adzes and other artefacts from prehistoric sites near Hienheim (Bavaria, West-Germany), Elsloo and Stein (Southern Limburg, The Netherlands). In: C.C. Bakels (Hrsg.). Four Linearbandkeramik settlements and their environment: a paleoecological study of Sittard, Stein, Elsloo and Hienheim. Ana.Praehist. Leidensia 11, 202-28 (Appendix IV).

ARTS, N. und DEEBEN, J. (1981): Prehistorische Jagers en Verzamelaars te Vessem: Een Model. Bijdragen tot de Studie van het Brabantse heem deel 20. Eindhoven.

ARZRUNI, A. (1881): Jadeitbeil von Rabber, Hannover. In: Verhandl.Berlin.Ges.Anthr. Ethn.Urgesch. 13, 281-83.

ders. (1883): Neue Beobachtungen am Nephrit und Jadeit. In: Zeitschr.Ethn. 15, 163-90.

ASPINALL, A. und FEATHER, S.W. (1972): Neutron activation analysis of prehistoric flint mine products. In: Archaeometry 14(1), 41-53.

AUFRÈRE, L. (1937): Introduction à l'étude industrielle de la silice en archéologie primitive. In: Bull.Soc.Préhist.France 3, 3-11.

AUTSCHBACH, H. (1922): Petrographische Untersuchungen von Quarziten (mit besonderer Berücksichtigung hinsichtlich ihrer Verwertung für feuerfeste Erzeugnisse). Ungedr. Diss. Köln.

BAILEY, G. (1983): Spatial organization of the subsistence economy. In: G. Bailey (Hrsg.). Hunter-gatherer economy in prehistory. Cambridge, 59-63.

BAILEY, G., CARTER, P., GAMBLE, C. und HIGGS, H. (1983): Epirus revisited: seasonality and inter-site variation in the Upper Palaeolithic of north-west Greece. Ibid, 64-78.

BÁRTA, J. (1979): Zur Problematik der Provenienz der Rohstoffe zur Spaltindustrie-Produktion im Paläolithikum der Slovakei. In: Slovenská Arch. 27(1), 5-15.

BARTELS, H. (1956): Petrographische Untersuchung von Steinbeilen aus "Wider Schiefer". Ungedr. Dipl.-Arbeit Halle.

BATEL, W. (1971): Einführung in die Korngrößentechnik. Berlin-Heidelberg (3. Auflage).

BECK, C.W. (1980): Periodicals and serials on archaeometry. In: Journal Field Arch. 7(4), 461-65.

BERRY, L.G. (Hrsg.) (1974): Selected Powder Diffraction Data for Minerals. Swarthmore (PA, USA).

BERWERTH, F. (1890): Die Nephrit-Jadeit-Frage. In: Mitt.Anthr.Ges.Wien 20,[54-58].

BIBUS, E. (1983): Distribution and dimension of young tectonics in the Neuwied Basin and the Lower Middle Rhine. In: K. Fuchs, K. von Gehlen, H. Mälzer, H. Murawski und A. Semmel (Hrsg.). Plateau Uplift. The Rhenish Shield - a case history. Berlin-Heidelberg-New York-Tokyo, 55-61.

BIGNOT, G. (1985) Elements of Micropalaeontology. London.

BINFORD, L.R. (1962): Archaeology as Anthropology. In: American Antiquity 28(2), 17-25.

ders. (1978): Nunamiut Ethnoarchaeology. New York.

ders. (1980): Willow smoke and dogs' tails: hunter-gatherer settlement systems and archaeological site formation. In: American Antiquity 45(1), 4-20.

ders. (1983): Working at Archaeology. New York.

BLEICHER, M.G. und FAUDEL, C.F. (1878): Matériaux pour une étude préhistorique de l'Alsace. In: Bull.Soc. Hist.Nat.Colmar 18/19, 184-87.

BODMER-BEDER, A. (1903): Petrographische Untersuchungen von Steinwerkzeugen und ihrer Rohmaterialien aus den schweizerischen Pfahlbaustätten. In: N.Jb.Miner. etc., Beilage-Band 16, 166-98.

BOSINSKI, G. und HAHN, J. (1972): Der Magdalénien-Fundplatz Andernach (Martinsberg). In: Beiträge zum Paläolithikum im Rheinland. In: Rheinische Ausgrabungen 11, 81-257.

BRANDT, J. (1982): Kreis Neuss. Archäologische Funde und Denkmäler des Rheinlandes 4. Köln.

BRASIER, M.D. (1981): Microfossils. London (2. Auflage).

BRAUN, W. (1921): Zur Entstehung der westdeutschen Tertiärquarzite. In: Steinbruch und Sandgrube 20(19), 499-505.

BREDDIN, H. (1932): Die Feuersteingerölle im Niederrheinischen Tertiär, ein Beweis für die paralische Natur der Braunkohlenflöze. In: Zbl.Mineral.Geol. Paläontol. B 132, 395-404.

BRINDLEY, G.W. und BROWN, G. (1980): Crystal structures of clay minerals and their x-ray identification. Mineralogical Society Monograph 5. London.

BROTHWELL, D. und HIGGS, E. (1969): Science in Archaeology. London (2. Auflage).

BRUNNACKER, K. (1978): Geologischer Überblick. In: K. Brunnacker (Hrsg.). Geowissenschaftliche Untersuchungen in Gönnersdorf. Der Magdalénien-Fundplatz Gönnersdorf 4. Wiesbaden, 5-34.

BURRE, O. (1930): Das Oberoligozän und die Quarzitlagerstätten unmittelbar östlich des Siebengebirges. In: Arch.Lagerstättenforsch. 47, 1-66.

ders. (1978): Erläuterungen zu Blatt 5309 Königswinter. Krefeld.

CANN, J.R. (1983): Petrology of obsidian artefacts. In: D.R.C. Kempe und A.P. Harvey (Hrsg.). The Petrology of Archaeological Artefacts. Oxford, 227-55.

CANN, J.R. und RENFREW, C. (1964): The characterization of obsidian and its application to the Mediterranean region. In: Proc.Prehist.Soc. 30, 111-33.

CAYEUX, L. (1906): Études des gîtes minéraux de France: structure et origine des grès du Tertiaire parisien. Paris.

ders. (1907): Structure et classification des grès et quartzites. Compte rendu de la XIème session du congrès géologique international. Mexiko.

ders. (1929): Les roches sedimentaires de France - roches siliceuses -. Mémoires pour servir à l'explication de la carte géologique détaillée de la France. Paris.

ders. (1930): Patine des silex de la craie. In: Bull.Soc.Minér.France 53, 60-72.

ČERVINKA, I.L. (1875): Obsidián na Moravě. In: Časopis Vlasteneckého muzejního spolku v Olomouci 12, 77-78.

CHAMPION, S. (1982): DuMont's Lexikon archäologischer Fachbegriffe und Techniken. Köln (Originalausgabe: Oxford 1980).

CHILDE, V.G. (1935): Changing methods and aims in prehistory. Presidential address for 1935. In: Proc.Prehist.Soc. 1(1), 1-15.

CLARKE, D.L. (1968): Analytical Archaeology. London. (2. Auflage: 1978).

ders. (1973): Archaeology: the loss of innocence. In: Antiquity 48, 6-18.

COGNÊ, J. und GIOT, P.R. (1952): Etude pétrographique des haches polies de Bretagne I. In: Bull.Soc. Préhist.France 49(8), 388-95.

ders. (1953): Etude pétrographique des haches polies de Bretagne II. Ibid 50(2), 37-39.

ders. (1954): Etude pétrographique des haches polies de Bretagne III. Ibid 51(2), 28.

ders. (1955): Etude pétrographique des haches polies de Bretagne IV. Les haches de combat en métahornblendite. Ibid 52(7), 401-09.

ders. (1957): Etude pétrographique des haches polies de Bretagne V. Ibid 54(6), 240-41.

CRADDOCK, P.T., (1983): COWELL, M.R., LEESE, M.N. und HUGHES, M.J. The trace element composition of polished flint axes as an indicator of source. In: Archaeometry 25(2), 135-63.

CUMMINS, W.A. (1983): Petrology of stone axes and tools. In: D.R.C. Kempe und A.P. Harvey (Hrsg.). The Petrology of Archaeological Artefacts. Oxford, 171-226.

DAMOUR, A. (1863): Notice et analyse sur le jade vert. Réunion de cette matière minérale à la famille des Wernerites. Comptes Rendus de l'Academie 56. Paris.

ders. (1865): Sur la composition des haches en pierre trouvées dans les monuments celtiques et chez les tribus sauvages. In: Comptes Rendus des Sciences Paris 63, 1038-50.

ders. (1881): Nouvelles analyses sur la jadéite et sur quelques roches sodifères. In: Bull.Soc.Minér.France 4, 157-64.

DANIEL, G. (1975): A hundred and fifty years of archaeology. London (1. Auflage: 1950, A 100 years of archaeology).

DECHEN, H. von (1852): Geognostische Beschreibung des Siebengebirges am Rhein. In: Verhandl.naturhist.Ver. 9. Bonn.

DEECKE, W. (1900): Über das Gesteinsmaterial der Rügenschen und Neuvorpommer'schen prähistorischen Steinwerkzeuge. In: 7.Jahresber.Geograph.Ges.Greifswald, 1898-1900, 83-98.

ders. (1905): Farbendifferenzen prähistorischer Steinwerkzeuge. In: Korrbl.Dt. Ges.Anthr.Ethn.u.Urgesch. 35, 86-87.

ders. (1933): Die mitteleuropäischen Silices nach Vorkommen, Eigenschaften und Verwendung in der Prähistorie. Jena.

DEFLANDRE, G. (1934): Sur les microfossiles d'origine planctonique conservés à l'état de matière organique dans les silex de la craie. In: C.R.Acad. Sc.Paris 199, 966-68.

ders. (1935): Technique micropaléontologique appliquée à l'étude des silex. In: Bull.Soc.Microscop.France 4(3), 104-11.

DEFLANDRE, G. (1966): Étude de micropaléontologique des silex du site de Pincevent. In: A. Leroi-Gourhan und M. Brézillon (Hrsg.). L'habitation magdalénienne No. 1 de Pincevent près Montereau (Seine-et-Marne). In: Gallia Préhist. 9(2), 380-81.

DEMARS, P.-Y. (1980): Les matières premières siliceuses utilisées au Paléolithique supérieur dans le Bassin de Brive. Thèse de 3ème cycle. Bordeaux I, No. 1566.

ders. (1982): L'utilisation du silex au Paléolithique supérieur: choix, approvisionnement, circulation. L'exemple du Bassin de Brive. Cahiers du quaternaire 5. Paris.

DÉSOR, E. (1866): Die Pfahlbauten des Neuenburger Sees. Frankfurt/M. (Übersetzung F. Mayer).

DIXON, J.E., CANN, J.R. und RENFREW, C. (1968): Obsidian and the origins of trade. In: Scientific American 218(3), 38-46.

ENDELL, K. (1913a): Über die Entstehung tertiärer Quarzite bei Herschbach im Westerwald. In: Zbl.Mineral.Geol.Paläontol. 1913, 676-80.

ders. (1913b): Über Silikaquarzite. In: Stahl und Eisen 33(43 und 45), 1770-75, 1855-60.

ERICSON, J.E. (1984): Toward the analysis of lithic production systems. In: J.E. Ericson und B.A. Purdy (Hrsg.). Prehistoric quarries and lithic production. Cambridge, 1-9.

FELLENBERG, L.R. (1866): Analysen einiger Nephrite aus den schweizerischen Pfahlbauten. In: Mitt.naturforsch.Ges.Bern a.d.J. 1865, 112-25.

ders. (1869): Analysen einiger Nephrite und Jadeite. In: Verhandl.schweiz. naturforsch.Ges.Solothurn, 88-104.

FEUSTEL, R. und STOYE, K. (1964): Eine Quarzit-Abschlagindustrie im nördlichen Harzvorland. In: Jahresschr.Halle 48, 25-35.

FIEDLER, L. (1983): Jäger und Sammler der Frühzeit. Führer des Landesmuseums Kassel.

FISCHER, H. (1866): Über die in den Pfahlbauten gefundenen Nephrite und nephritähnlichen Mineralien. In: Archiv für Anthropologie 1(3), 337-44.

ders. (1875): Nephrit und Jadeit nach ihren mineralogischen Eigenschaften sowie nach ihrer urgeschichtlichen und ethnographischen Bedeutung. Stuttgart.

ders. (1880): Über die Fähigkeit der Quarzvarietäten, zu Werkzeugen u.s.w. verarbeitet zu werden. In: Korrbl.Dt.Ges. Anthr.Ethn.u.Urgesch. 11, 58-60.

FOLEY, R. (1976): Space and energy: a method for analysing habitat value and utilization in relation to archaeological sites. In: D.L. Clarke (Hrsg.). Spatial Archaeology. London, 163-87.

FRANKEN, E. und VEIL, St. (1978): Rohmaterial der Steinartefakte. In: K. Brunnacker (Hrsg.). Geowissenschaftliche Untersuchungen in Gönnersdorf. Der Magdalénien-Fundplatz Gönnersdorf 4. Wiesbaden, 229-31.

ders. (1983): Die Steinartefakte von Gönnersdorf. Der Magdalénien-Fundplatz Gönnersdorf 7. Wiesbaden.

FRECHEN, J. (1965): Müddersheim: Petrographische Untersuchung von Steingerät, bzw. dessen Rohmaterial. In: K. Schietzel (Hrsg.). Müddersheim. Fundamenta A 1. Köln-Graz, 39-42.

ders. (1973): Untersuchungen von Gesteinsproben des Fundplatzes Feldkirchen-Gönnersdorf (Maschinenschriftliches Manuskript).

FREYBERG, B. von (1926): Die Tertiärquarzite Mitteldeutschlands und ihre Bedeutung für die feuerfeste Industrie. Stuttgart.

GABRIEL, I. (1974): Zum Rohmaterial der Silex-Artefakte im Neolithikum Westfalens und Nordhessens. In: Festgabe K. Tackenberg (zum 75. Geburtstag). Antiquas Reihe 2, 10, 25-45.

GÄBERT, C. (1922): Braunkohlenquarzite (Knollensteine) und ihre technische Verwendung. In: Jb.hall.Verb.Erforsch.mitteldt. Bodensch. 3(2), 49-60.

GEHRCKE, E. (1930): Die Patina auf Quarzen als Zeitmesser In: Forschungen und Fortschritte 6(31) 406-07.

GENDEL, P. (1982): The distribution and utilization of Wommersom quartzite during the Mesolithic. In: A. Gob und F. Spier (Hrsg.). Le Mésolithique entre Rhin et Meuse. Luxemburg, 21-50.

GESCHWENDT, F. (1941): Der schlesische Nephrit und seine Verwendung in vorgeschichtlicher Zeit. In: Altschlesien 10, 26-44.

GIOT, P.R. (1951): A petrological investigation of Breton stone axes. In: Proc. Prehist.Soc. 17(2), 228.

ders. (1959): Étude pétrographique des haches polies de Bretagne VI. Haches de combat en hornblendite. In: Bull. Soc.Préhist.France 56(2), 43-45.

ders. (1964): Résultats de l'identification pétrographique des matériaux des haches polies en France septentrionale. In: Studien aus Alteuropa 1 (Festschrift K. Tackenberg), Beiheft der Bonner Jahrb. 10, 123-33.

GOFFER, Z. (1980): Archaeological Chemistry (A sourcebook on the applications of chemistry to archaeology). Chemical Analysis 55. New York.

GOLDSTEIN, J.I., NEWBURY, D.E., ECHELIN, P., JOY, D.C., FIORI, Ch. und LIFSHIN, E. (1981): Scanning electron microscopy and x-ray microanalysis. New York-London.

GOLZIO, K. (1976): Paläolithische Quarzitartefakte von Freilandfundplätzen im Raum Dransfeld. In: N.Ausgr.u.Forsch.Niedersachsen 15, 1-76.

GOODMANN, M.E. (1944): The physical properties of stone tool materials. In: American Antiquity 9(4), 415-33.

GOODWIN, A.J.H. (1960): Chemical alteration (patination) of stone. In: R.F. Heizer und S.F. Cook (Hrsg.). The application of quantitative methods in archaeology. Chicago, 300-23.

GORDUS, A.A. (1970): Neutron activation analysis of archaeological artefacts. In: T.E. Allibone et al. (Hrsg.). A symposium on the impact of the natural sciences on archaeology. Phil. Trans.Roy.Soc.London A 269, 165-74.

GORDUS, A.A., WRIGHT, G.A. und GRIFFIN, J.B. (1968): Obsidian sources characterized by neutron activation analysis. In: Science 161, 382.

GÜNTHER, A. (1910): Zur Entstehungs- und Besiedlungsgeschichte des Neuwieder Beckens. In: Manus 2, 33-57.

HALLAM, B.R., WARREN, S.E. und RENFREW, C. (1976): Obsidian in the western Mediterranean: characterization by neutron activation analysis and optical emission spectroscopy. In: Proc.Prehist.Soc. 42, 85-110.

HASEBRINK, A. (1924): Die tertiären Quarzitlagerstätten, unter besonderer Berücksichtigung der Vorkommen des Rheinischen Schiefergebirges. In: Stahl und Eisen 44(34), 1018-23.

HERRMANN, R. und SCHÜLLER, A. (1951/52): Die Gesteine mittel- und jungsteinzeitlicher Geräte des Döbelner Raumes und ihre Verarbeitung. In: Arbeits-u.Forschber.Sachsen 2, 107-27.

HEWITT, H.D. (1915): Some experiments on patination. In: Proc.Prehist.Soc.East Anglia, 45-51.

HEZNER, L. (1905): Über einige in schweizerischen Pfahlbauten gefundene Steinwerkzeuge. In: N.Jb.Miner.etc., Beilage-Band 20(1), 133-48.

HIGGS, E.S. (Hrsg.) (1972): Papers in Economic Prehistory. Cambridge.

ders. (Hrsg.) (1975): Palaeoeconomy. Cambridge.

HIGGS, E.S. und VITA-FINZI, C. (1972): Prehistoric economies: a territorial approach. In: E.S. Higgs (Hrsg.). Papers in Economic Prehistory. Cambridge, 27-36.

HILDEBRAND, O. (1904): Petrographische Untersuchung einiger Steinwerkzeuge aus Westpreußen. In: Schr.naturforsch.Ges.Danzig 11, 40-50.

HISS, M. (1982): Lithostratigraphie der Kreide-Basisschichten (Cenoman bis Unterturon) am Haarstrang zwischen Unna und Möhnesee (südöstliches Münsterland). In: Münster.Forsch.Geol.Paläont. 57, 59-135.

HÖRMANN, P. und RICHTER, A. (1983): Vergleichende mineralogisch-petrographische Untersuchungen an Mühlsteinresten aus Haithabu und Bruchsteinproben aus der Eifel. In: Berichte über die Ausgrabungen in Haithabu, Bericht 18: Archäometrische Untersuchungen, 93-108.

HOFFMANN, G. (1933): Ist die Patina auf Feuersteinwerkzeugen ein Maßstab für das Alter der Artefakte ? In: Nachrbl.Dt. Vorzeit 9(2), 20-21.

HOFFMANN, K. (1959): Die Feuersteine auf der Hochfläche des Aachener Waldes - eine Typisierung. In: N.Jb.Geol.Paläont. 7, 310-27.

HOHL, R. (Hrsg.) (1981): Die Entwicklungsgeschichte der Erde. Hanau/M. (5. Auflage).

HROUDA, B. (Hrsg.) (1978): Methoden der Archäologie. München.

HUE, E. (1929): Recherches sur la patine des silex. In: Bull.Soc.Préhist.France 26(9), 461-68.

HÜGI, Th. (1948): Chemische Untersuchungen an Steinwerkzeugen. In: Schweiz.miner. petrograph.Mitt. 28, 157-64.

HUFNAGEL, H. (1977): Das Fluoreszenzvermögen der Dinoflagellaten-Cysten - Ein Inkohlungsparameter ? In: Geol.Jb. D 23, 59-65.

ILLIES, J.H. und FUCHS, K. (1983): Plateau-Uplift of the Rhenish Massif-introductory remarks. In: K. Fuchs et al. (Hrsg.). Plateau-Uplift. The Rhenish Shield - a case history. Berlin-Heidelberg-N.Y.-Tokyo, 1-8.

KACZANOWSKA, M. KOZŁOWSKI, J.K. und PAWLIKOWSKI, M. (1979): Additional research on flint raw material from the southern part of the Cracow-Częstochowa upland. In: Acta Arch.Carpathica 19, 179-87 (mit engl. Zusammenfassung).

KAISER, E. (1910): Pliozäne Quarzschotter im Rheingebiet zwischen Mosel und Niederrheinischer Bucht. In: Jb.kgl.preuß. geol.L.-A.f.1907, 28, 57-91.

KAISER, Kh. (1955): Geologisch-morphologische Untersusuchungen über die Hauptterrasse in der Niederrheinischen Bucht. Diss. Köln.

ders. (1957): Die Höhenterrassen der Bergischen Randhöhen und die Eisrandbildungen an der Ruhr. Sonderveröff.Geol. Inst.Univ.Köln 2. Köln.

KAŇČEV, K. (1976): L'application de l'analyse spectrale dans l'étude des artefacts en silex (quelques résultats préliminaires). In: Archeologija 18(1), 16-23 (mit frz. Zusammenfassung).

KARS, H. (1980): Early-medieval Dorestad, an archaeo-petrological study. Part I: General introduction. The tephrite querns. In: Ber.Amersfoort 30, 393-422.

ders. (1982): Early-medieval Dorestad, an archaeo-petrological study. Part II: The weights and the well. Petrology and provenance of the tuff artefacts. Ibid 32, 147-68.

ders. (1983a): Early-medieval Dorestad, an archaeo-petrological study. Part V: The whetstones and the touchstones. Ibid 33, 1-37.

ders. (1983b): Early-medieval Dorestad, an archaeo-petrological study. Part VIII: Summary of the petrological results. Ibid 33, 83-94.

KARS, H. und BROEKMAN, J.A. (1981): Early-medieval Dorestad, an archaeo-petrological study. Part IV: The mortars, the sarcophagi, and other limestone objects. Petrography and provenance of the limestones. Ibid 31, 415-51.

KARS, H. und WEVERS, J.M.A.R. (1982): Early-medieval Dorestad, an archaeo-petrological study. Part III: A trachyte mortar, the soapstone finds, and the tuyères. Ibid 32, 169-82.

KEILLER, A., PIGGOTT, S. und WALLIS, F.S. (1941): First report of the sub-committee of the south-western group of museums and art galleries on the petrological identification of stone axes. In: Proc.Prehist.Soc. 7(2), 50-72.

KELLER, F. (1920): Petrographische Untersuchung unterfränkischer Steinartefakte. Ungedr. Diss. Würzburg.

KEMPE, D.R.C. und HARVEY, A.P. (Hrsg.) (1983): The Petrology of Archaeological Artefacts. Oxford.

KEMPE, D.R.C. und TEMPLEMAN, J.A. (1983): Techniques. In: D.R.C. Kempe und A.P. Harvey (Hrsg.). The Petrology of Archaeological Artefacts. Oxford, 26-52.

KLEMM, D.D. (1978): Materialbestimmung in der Archäologie mit modernen analytischen Großgeräten. In: B. Hrouda (Hrsg.). Methoden der Archäologie. München, 361-71.

KNIES, J. (1891): Pravěké nálezy obsidiánu na Moravě. In: Časopis Vlasteneckého spolku muzejního v Olomouci 8, 161.

KOCH, L. (1935): Die Zusammensetzung der Rheinschotter nach Gesteins- und Mineralarten. In: Wiss.Mitt.Ver.f.Natur- und Heimatkunde in Köln a.Rh. 1(4), 142-46.

ders. (1936): Petrographische Bestimmung der Steingeräte. In: W. Buttler und W. Haberey (Hrsg.). Die bandkeramische Ansiedlung von Köln-Lindenthal. Römisch-Germanische Forschungen 11. Köln-Berlin-Leipzig, 134-46.

KOLČIN, B.A. (1963): Novye metody v archeologii. In: Sovetskaja Arch. 4, 256-70.

KOLDERUP, N.H. (1925): Petrologische Untersuchungen über das Material für Werkzeuge im westlichen Norwegen. In: Tschermaks miner.petrograph.Mitt. 38, 165-74.

KOZŁOWSKI, J.K., MANECKI, A., RYDLEWSKI, J., VALDE-NOWAK, P. und WRZAK, J. (1981): Mineralogico-geochemical characteristic of radiolarites used in the stone age in Poland and Slovakia. In: Acta Arch.Carpathica 21, 171-210.

KRISCHNER, H. (1974): Einführung in die Röntgenfeinstrukturanalyse. Braunschweig.

KÜHN, W. und FEUSTEL, R. (1980): Petrographische Analyse von Artefakten. In: R. Feustel (Hrsg.). Magdalénienstation Teufelsbrücke. Weimarer Monographien zur Ur- und Frühgeschichte 3(1). Weimar, 14-27.

LANGER, C. (1978): Schotterpetrographische Untersuchungen im Tertiär und Quartär vom Neuwieder Becken bis zur Niederrheinischen Bucht. Ungedr. Dipl.-Arbeit Köln.

LASPEYRES, H. (1900): Das Siebengebirge am Rhein. In: Verhandl.Naturhist.Ver.Preuß.Rheinld. u.Westf. 57, 119-596.

LECH, J. (1980): The geology of the jurassic flint in the region of Cracow on the background of other siliceous rocks. An introduction into investigations from archaeological point of view. In: Acta Arch.Carpathica 20, 163-228 (mit engl. Zusammenfassung).

LEE, R.B. und DEVORE, I. (Hrsg.) (1968): Man the Hunter. Chicago.

LEITMEIER, H. (1932): Mineralogische Untersuchungen an den Werkzeugen von Willendorf. In: Mitt.Anthr.Ges.Wien 62, 361-66.

ders. (1932): Die Hornsteinartefakte von Willendorf in der Wachau. In: Tschermaks miner. petrograph.Mitt. 45, 86-90.

LEJEUNE, M. (1936): L'étude microscopique des silex. Son enseignement dans les domaines paléontologique (Premier note). In: Ann.Soc.Géol.Belge 59, 190-97.

LINDNER, H. (1964/65): Über die Patina altsteinzeitlicher Artefakte. In: Quartär 15-16, 1-26.

LÖHR, H. (1971): Bad Godesberg, Kr. Bonn (Fundmeldung). In: Bonner Jahrb. 171, 470-77.

LÖHR, H., ZIMMERMANN, A. und HAHN, J. (1977): Die Herkunft der Gesteinsrohmaterialien. In: R. Kuper, H. Löhr, J. Lüning, P. Stehli und A. Zimmermann (Hrsg.). Der bandkeramische Siedlungsplatz Langweiler 9, Gemeinde Aldenhoven, Kreis Düren. Rheinische Ausgrabungen 18, 148-86.

LOEWER, Dr. (1892): Waffen und Geräthe der Steinzeit in Hessen in geologischer Beziehung. In: 38.Ber.Ver.Naturkd.Kassel 1891/92, 16-28.

LOHMANN, P. (1884): Neue Beiträge zur Kenntnis des Eklogits, vom mikroskopisch-mineralogischen und archäologischen Standpunkte. In: N.Jb.Miner. 1, 83-115.

LUEDECKE, O. (1902): Über die Steinbeile der Umgegend von Halle a.S.. In: Jahresschr.Halle 1, 1-15.

ders. (1904): Über die Steinbeile der Umgegend von Halle a.S.. Ibid 3, 1-9.

MADER, D. und KARS, H. (1985): Provenance determination of Buntsandstein artefacts from early-medieval Dorestad trading site (The Netherlands): an example of the significance of geological-mineralogical analysis in archaeology. In: D. Mader (Hrsg.). Aspects of fluvial sedimentation in the Lower Triassic Buntsandstein in Europe. Lecture Notes in Earth Sciences 4. Berlin, 591-624.

MALINA, J. (1970): Die jungpaläolithische Steinindustrie aus Mähren, ihre Rohstoffe und ihre Patina. Ein Beitrag zur Verwendung der petrographischen Methoden in der Vorgeschichte. In: Acta Praehist.et Arch. 1, 157-73.

MAŠKA, K.J. (1886): Odkud bral člověk diluviální látku ke svým zbraním kamenným ? In: Časopis Vlasteneckého spolku muzejního v Olomouci 3, 91-92.

MASSON, A. (1981): Pétroarchéologie des roches siliceuses. Intérêt en Préhistoire. Thèse 3ème cycle. Lyon I, No. 1035.

ders. (1982): Échanges et approvisionnement en silex à l'époque magdalénienne. In: A. Glob und F. Spier (Hrsg.). Le Mésolithique entre Rhin et Meuse. Luxemburg, 51-72.

MAUGER, M. (1984): L'apport des microfossiles dans l'identification des silex. Exemple du Magdalénien de l'Ile-de-France. In: Bull.Soc.Préhist.France 81(7), 216-20.

MEYER, W. und STETS, J. (1975): Das Rheinprofil zwischen Bonn und Bingen. In: Z.dt.geol.Ges. 126, 15-29.

MIŠÍK, M. (1975): Petrograficko-mikropaleontologické kritériá pre zisťovanie proveniencie silicitových nástrojov na Slovensku. In: Folia Fac.Sci.Nat.Univ.Purk. Brun. 16(10), Geol. 27, 89-107.

MITTMEYER, H.-G. (1974): Zur Neufassung der Rheinischen Unterdevon-Stufen. In: Mainzer geowiss.Mitt. 3, 69-79.

MORDZIOL, C. (1909): Über das jüngere Tertiär und das Diluvium des rechtsrheinischen Teiles des Neuwieder Beckens. In: Jb.kgl.preuß.geol.L.-A.f.1908, 29 (1), 348-428.

NEY, P. (1969): Mineralogische Untersuchungen an Silices. In: R. Wetzel und G. Bosinski (Hrsg.). Die Bocksteinschmiede im Lonetal. Veröffentlichungen des Staatl. Amtes für Denkmalpflege Stuttgart, Reihe A, Vor- und Frühgeschichte, Heft 15. Stuttgart, 71-74.

OBENAUER, K. (1933): Die Verwendung petrographischer Methoden in der Vorgeschichte. In: Nachrbl.Dt.Vorzeit 9, 188-90.

OBERMAIER, H. (1926): Gesteinsmaterial der paläolithischen Industrien. In: M. Ebert (Hrsg.). Reallexikon der Vorgeschichte 4(1). Berlin, 304-05.

OLAUSSON, D.S. und LARSSON, L. (1982): Testing for the presence of thermal pretreatment of flint in the Mesolithic and Neolithic of Sweden. In: Journal Arch.Science 9, 275-85.

OPHOVEN, C. (1938): Quelques cas de patines intéressantes. In: Bull.Soc.Préhist. France 35(10), 393-400.

ORTVAY, Th. (1887): Vergleichende Untersuchungen über den Ursprung der ungarländischen und nordeuropäischen (dänischen, schwedischen, norwegischen) prähistorischen Steinwerkzeuge. In: Mitt. Anthr.Ges.Wien 17, 29-65.

OTTO, H. (1961): Mineralogische und petrographische Untersuchungen an vor- und frühgeschichtlichen Gegenständen. In: Ausgr.u.Funde 6, 314-16.

PADTBERG, A. (1925): Das altsteinzeitliche Lößlager bei Munzingen (nach eigenen Ausgrabungen). Monographien zur Urgeschichte des Menschen. Augsburg.

PALLIARDI, J. (1889): Zwei neue Jadeitobjekte aus Mähren. In: Mitt.Anthr.Ges.Wien 19, 178-80.

PETRASCHECK, W.(1917a): Knollensteine auf dem Niederen Gesenke und ihre Bedeutung für die alttertiäre Oberfläche. In: Verhandl.k.k.geol.R.-A. 15/16, 256-64.

ders. (1917b): Bemerkungen über die Entstehung der tertiären Knollensteine. Ibid, 260-64.

PETRUŇ, V.F. (1967): O dostovernosti petrografo-mineralogičeskich opredelenij v archeologičeskoj praktike. In: Zapisky Odesskogo archeologičeskogo obščestva 2(35), 3-11.

PLANK, A. (1910): Petrographische Studien über tertiäre Sandsteine und Quarzite speziell über die Sandsteine von Münzenberg in der Wetterau. In: Ber.oberhess.Ges.f.Natur- und Heilkunde 4, 5-43 (Diss.Gießen, 1910).

PRICE, T.D., CHAPPELL, S. und IVES, D.J. (1982): Thermal alteration in Mesolithic assemblages. In: Proc.Prehist.Soc. 48, 467-85.

PRUSKOWSKI, P. (1952): Findlingsblöcke im Deckgebirge der Rheinischen Braunkohle. In: Revier und Werk 11, 17-22.

REEVES, R.D. und BROOKS, R.R. (1978): Trace element analysis of geological materials. Chemical Analysis 51. New York.

REIMER, L. und PFEFFERKORN, G. (1973): Rasterelektronenmikroskopie. Berlin.

RENFREW, C., CANN, J.R. und DIXON, J.E. (1965): Obsidian in the Aegean. In: Annu. Brit.School Athens 60, 225.

RENFREW, C., DIXON, J.E. und CANN, J.R. (1966): Obsidian and early cultural contact in the Near East. In: Proc.Prehist. Soc. 32, 30-72.

ders. (1968): Further analysis of Near Eastern obsidian. In: Proc.Prehist.Soc. 34(8), 319-331.

RENFREW, C. und DIXON, J.E. (1976): Obsidian in western Asia; a review. In: G. de G. Sieveking, I.H. Longworth und K.E. Wilson (Hrsg.). Problems in economic and social archaeology. London, 137-50.

RIEDERER, J. (1976): Archäometrie. Berichte aus den Staatlichen Museen Preußischer Kulturbesitz 3, Beiheft Archäometrie. Berlin.

RODE, K. (1961): Bestandsaufnahme des quarzitischen Sandsteins im Oberkarbon östlich von Aachen und des linksrheinischen Koblenzquarzits. In: Forsch.Ber.d. Landes NRW Nr. 1017. Köln-Opladen.

ROTTLÄNDER, R.C.A. (1975a): The formation of patina on flint. In: Archaeometry 17(1), 106-10.

ders. (1975b): Some aspects of the patination of flint. In: Staringia 3, 54-56 (2. Internationales Feuerstein-Symposium, Maastricht).

ders. (1983): Einführung in die naturwissenschaftlichen Methoden in der Archäologie. Archaeologica Venatoria 6. Tübingen.

ROTTLÄNDER, R.C.A. und THOMMA, M. (1975): Über die Patinabildung an Silices und verwandte Erscheinungen. In: INW 6, Chemie 2,1-2,6.

SAHLINS, M.D. (1974): Stone Age Economics. London.

SCHAAFFHAUSEN, H. (1883): Sitzungsberichte der niederrheinischen Gesellschaft in Bonn vom 12. Februar und 5. März. In: Verhandl.Naturhist.Ver.Preuß.Rheinld. u.Westf. 10, 39-40 und 63-67.

ders. (1888): Die vorgeschichtliche Ansiedlung von Andernach. In: Bonner Jahrb. 86, 1-41.

SCHILD, R. (1976): Flint mining and trade in Polish prehistory as seen from the perspective of the chocolate flint of central Poland (A second approach). In: Acta Arch.Carpathica 16, 147-77.

SCHMALZ, R.F. (1960): Flint and the patination of flint artifacts. In: Proc.Prehist.Soc. 26(3), 44-49.

SCHMITT, F.R. (1938): Petrographische Untersuchungen in der Vorgeschichtsforschung. In: Rheinische Vorzeit in Wort und Bild 1, 130-33.

ders. (1939): Möglichkeiten und Grenzen des Einsatzes der Petrographie bei der Untersuchung von Vorzeitfunden. In: Nachrbl.Dt.Vorzeit 15, 47-51.

SCHNÜTGEN, A. (1974): Die Hauptterrassenfolge am linken Niederrhein aufgrund der Schotterpetrographie. In: Forsch.Ber.d. Landes NRW Nr. 2399. Köln-Opladen.

SCHNÜTGEN, A. und BRUNNACKER, K. (1977): Zur Kieselschiefer-Führung in Schottern am Niederrhein. In: Decheniana 130, 293-98.

SCHÖN, M.D. und SCHWEITZER, I. (1982): Eine mittelpaläolithische Freilandstation bei Scheden, Kreis Göttingen. In: N.Ausgr.u.Forsch.Niedersachsen 15, 1-12.

SCHOLZ, G.F. (1968): Mineralogisch-petrophysikalische Untersuchungen an Steinwerkzeugen des Neolithikums von Thüringen. In: Ausgr.u.Funde 13(6), 286-94.

SCHUBEL, W. (1911): Über Knollensteine und verwandte tertiäre Verkieselungen. In: Zeitschr.f.Naturwiss. 83, 161-96 (Diss. Halle 1911).

SCHÜNEMANN, H.W. (1958): Zur Stratigraphie und Tektonik des Tertiärs und Altpleistozäns am Südrand der Niederrheinischen Bucht. In: Fortschr.Geol.Rheinld.u.Westf. 2, 457-72.

SCHWABEDISSEN, H. (1970): Quarzit-Fundplätze mit Faustkeilen aus dem Rheinland. In: H. Schwabedissen (Hrsg.). Frühe Menschheit und Umwelt. Fundamenta A 2. Köln-Wien, 99-109.

SCHWARZ-MACKENSEN, G. und SCHNEIDER, W. (1983a): Fernbeziehungen im Frühneolithikum - Rohstoffversorgung am Beispiel des Aktinolith-Hornblendeschiefers. In: Frühe Bauernkulturen in Niedersachsen. Veröffentlichungen der urgeschichtlichen Sammlungen des Landesmuseums zu Hannover 30. Oldenburg, 165-76.

ders. (1983b): Wo liegen die Hauptliefergebiete für das Rohmaterial donauländischer Steinbeile und -äxte in Mitteleuropa ? In: Arch.Korrbl. 13, 305-14.

SHERIDAN, J.A. und BAILEY, G.N. (1981): Economic Archaeology. BAR International Series 96. Oxford.

SHOTTON, F.W. und HENDRY, G.L. (1979): The developing field of petrology in archaeology. In: Journal Arch. Science 6, 75-84.

SIDIROPOULOS, D. (1977): Die Terrassen der Bergischen Randhöhen zwischen Sieg und Ruhr. Ungedr. Dipl.-Arbeit Köln.

SIEVEKING, G. de G., BUSH, P., FERGUSON, J., CRADDOCK, P.T., HUGHES, M.J. und COWELL, M.R. (1972): Prehistoric flint mines and their identification as sources of raw material. In: Archaeometry 14(2), 151-76.

SIMON, C. (1889): Entstehung von Quarziten der Braunkohlenformation. In: 34./35.Ber. Ver.Naturkd.Kassel, 86-88.

SOLLAS, W.J. (1913): Patination. In: W.J. Sollas. Paviland cave: an Aurignacian station in Wales. In: Journal Roy.Anthr. Inst.Great Britain and Ireland 43, 353-59.

STAUTZ, P. (1910): Petrographische Untersuchung von Steinartefakten aus dem Vogelsberg. Gießen (Diss. Gießen 1910).

ŠTELCL, J., und MALINA, J. (1970): Anwendung der Petrographie in der Archäologie. In: Folia Fac.Sci. Nat.Univ.Purk.Brun. 11(5), Geol. 20, 5-11.

ders. (1975): Základy Petroarcheologie. Brünn.

ders. (1976): Les matières premières lithiques de la Moravie au Paléolithique et au Néolithique. In: Acta Arch.Carpathica 16, 221-28.

ŠTELCL, J. MAŠKA, M. und MALINA, J. (1970): Zur Entwicklung der petroarchäologischen Forschung. In: Sborník J. Poulíkovi k šedesátinám, 149-52.

STERN, W.B. (1977): Zur Geochemie einiger Silices aus der Regio Basiliensis. In: Regio Basiliensis 18(1), 204-13.

STEVENSON, D.P. STROSS, F.H. und HEIZER, R.F. (1971): An evaluation of x-ray fluroescence analysis as a method for correlating obsidian artifacts with source location. In: Archaeometry 13, 17-25.

STRAUS, L.G. (1980): The role of raw materials in lithic assemblage variability. In: Lithic Technology 9, 68-72.

STUKELEY, V. (1740): Stonehenge, a temple restored to the British druids. London.

TITE, M.S. (1972): Methods of physical examination in archaeology. London.

TOUSSAINT, M. und TOUSSAINT, G. (1980-82): Pétrographie et paléogéographie des herminettes omaliennes de Hesbaye. In: Les Chercheurs de la Wallonie 25, 503-69.

TRAUBE, H. (1884): Über das Vorkommen von anstehendem Nephrit bei Jordansmühl in Schlesien. Ungedr. Diss. Greifswald.

ders. (1885): Über den Nephrit von Jordansmühl in Schlesien. In: N.Jb.Miner.etc., Beilage-Band 3, 412-27.

UERPMANN, M. (1981): Die Feuersteinartefakte der Cortaillod-Schichten. In: Die neolithischen Ufersiedlungen von Twann 18. Bern.

ULRICH, F. (1935): Mineralogische Untersuchungen des Obsidian. In: Š. Janšák (Hrsg.). Prähistorische Siedlungen mit Obsidiankultur in der Ostslovakei. Bratislava, 11-16 und 147-50.

VALENSI, L. (1955): Étude micropaléontologique des silex du Magdalénien de Saint-Armand (Cher). In: Bull.Soc.Préhist. France 52(9-10), 584-96.

ders. (1957): Micropaléontologie des silex du Grand-Pressigny. In: Bull.Soc. Géol.France 7(6), 1083-90.

ders. (1960): De l'origine des silex protomagdaléniens de l'abri Pataud, Les Eyzies. In: Bull.Soc.Préhist.France 57(1-2), 80-84.

VÉGH, A. und VICZIÁN, I. (1964): Petrographische Untersuchungen an den Silexwerkzeugen. In: L. Vértes (Hrsg.). Tata - eine mittelpaläolithische Travertin-Siedlung in Ungarn. Budapest, 129-31.

VEIL, St. (1977/78): Neue Untersuchungen auf dem Magdalénien-Fundplatz Martinsberg in Andernach. In: Trierer Zeitschr. 40/41, 9-39.

ders. (1979): Neue Ausgrabungen auf dem Magdalénien-Fundplatz Andernach, Martinsberg (Rheinland-Pfalz). In: Arch.Korrbl. 9(3), 251-60.

ders. (1982): Der späteiszeitliche Fundplatz Andernach, Martinsberg. In: Germania 60(2), 391-424.

VÉRTES, L. und TÓTH, L. (1963): Der Gebrauch des glasigen Quarzporphyrs im Paläolithikum des Bükk-Gebirges. In: Acta Arch.Hung. 15, 3-10.

VIRCHOW, R. und ARZRUNI, A. (1884): Nephritbeilchen (Hohlmeißel) von Hissarlik. In: Verhandl.Berlin. Ges.Anthr.Ethn.Urgesch. 16, 297-300.

VITA-FINZI, C. und HIGGS, E.S. (1970): Prehistoric economy in the Mount Carmel area of Palestine: site catchment analysis. In: Proc. Prehist.Soc. 36, 1-37.

VOLK, K. (1985): Geochemie (unveröffentl. Computerprogramm, Universität Köln).

VOSS, P. (1893): Petrographische Untersuchung einiger Steingeräthe aus Thüringen. In: Verhandl.Berlin.Ges.Anthr.Ethn.Urgesch. 25, 162-64.

WEBER, C.O. (1850): Über die Süßwasserquarze von Muffendorf bei Bonn. In: Naturwiss. Abhandl. 4, Abt. 2, 19-29.

WEINER, J. (1979): Die Maasschotter der Niederrheinischen Bucht als Feuersteinlieferant für die bandkeramischen Siedlungen Langweiler 8 und 9. Ungedr. Magister-Arbeit Köln.

WERNICKE, F. (1910): Untersuchung der Quarzite. In: Tonindustrie-Zeitung 34(24), 262-65.

ders. (1913): Über Quarzite und Silikasteine. In: Stahl und Eisen 33(6), 235-38.

WERNICKE, F. und WILDSCHREY, W. (1910): Die Quarzite und ihre Verwendbarkeit in der feuerfesten Industrie. In: Tonindustrie-Zeitung 34(64), 688-90, 723-27 und 768-73.

WETZEL, O. (1932): Die Typen der baltischen Geschiebefeuersteine, beurteilt nach dem Gehalt an Mikrofossilien. In: Zeitschr.f.Geschiebeforsch. 8, 129-46.

ders. (1933): Die in organischer Substanz erhaltenen Mikrofossilien des baltischen Kreidefeuersteins. In: Palaeontographica A 77, 141-86.

ders. (1968): Feuerstein - der Stein der Steine. Wanderndes Museum Schleswig-Holstein 2. Neumünster.

WIEGERS, F. (1949/50): Rohmaterialversorgung im Paläolithikum. In: Prähist.Zeitschr. 34/35(1), 225-30.

WILLMS, Ch. (1980): Die Felsgesteinartefakte der Cortaillod-Schichten. In: Die neolithischen Ufersiedlungen von Twann 9. Bern.

WOLDŘICH, J.N. (1886): Die ältesten Spuren der Cultur in Mitteleuropa, mit besonderer Berücksichtigung Österreichs. Wien.

WÜRZBACH, F. (1914): Das Rohmaterial prähistorischer Silexwerkzeuge nach Vorkommen und Eigenschaften. Ungedr. Diss. Freiburg/Br. (Maschinenschriftliches Manuskript).

ZAPLETAL, K. (1945): Mineralogische Beschaffenheit der Unter-Wisternitzer Steinartefakte. In: K. Absolon (Hrsg.), Výzkum diluviální stanice lovců mamutů u Dolních Věstonice na Pavloských kopcích na Moravě. Pracovní zpráva za třeti rok 1926. Palaeoethnologische Serie 7. Brünn, 219-21.

ZAPLETAL, K. und ROSICKÝ, V. (1935): Über die petrographische Beschaffenheit der Otaslavicer Steinartefakte. In: K. Absolon (Hrsg.). Otaslavice, eine neue, große paläolithische Station in Mähren mit Quarzit-Aurignacien. Studien aus dem Gebiete der allgemeinen Karstforschung, der wissenschaftlichen Höhlenkunde und den Nachbargebieten. Palaeoethnologische Serie 2. Brünn, 13-14.

ZIMMERMANN, A. (1981): Das Steinmaterial des bandkeramischen Siedlungsplatzes Langweiler 8. Ungedr. Diss. Köln.

ZIRKL, E. (1956-59): Das Gesteinsmaterial der Artefakte von Willendorf i.d. Wachau, N.Ö.. In: F. Felgenhauer (Hrsg.). Willendorf in der Wachau. Monographien der Paläolith-Fundstellen I-VII. Mitt.Prähist.Komm.Wien 8/9, 98-112.

T E I L II

Abbildungen und Tabellen

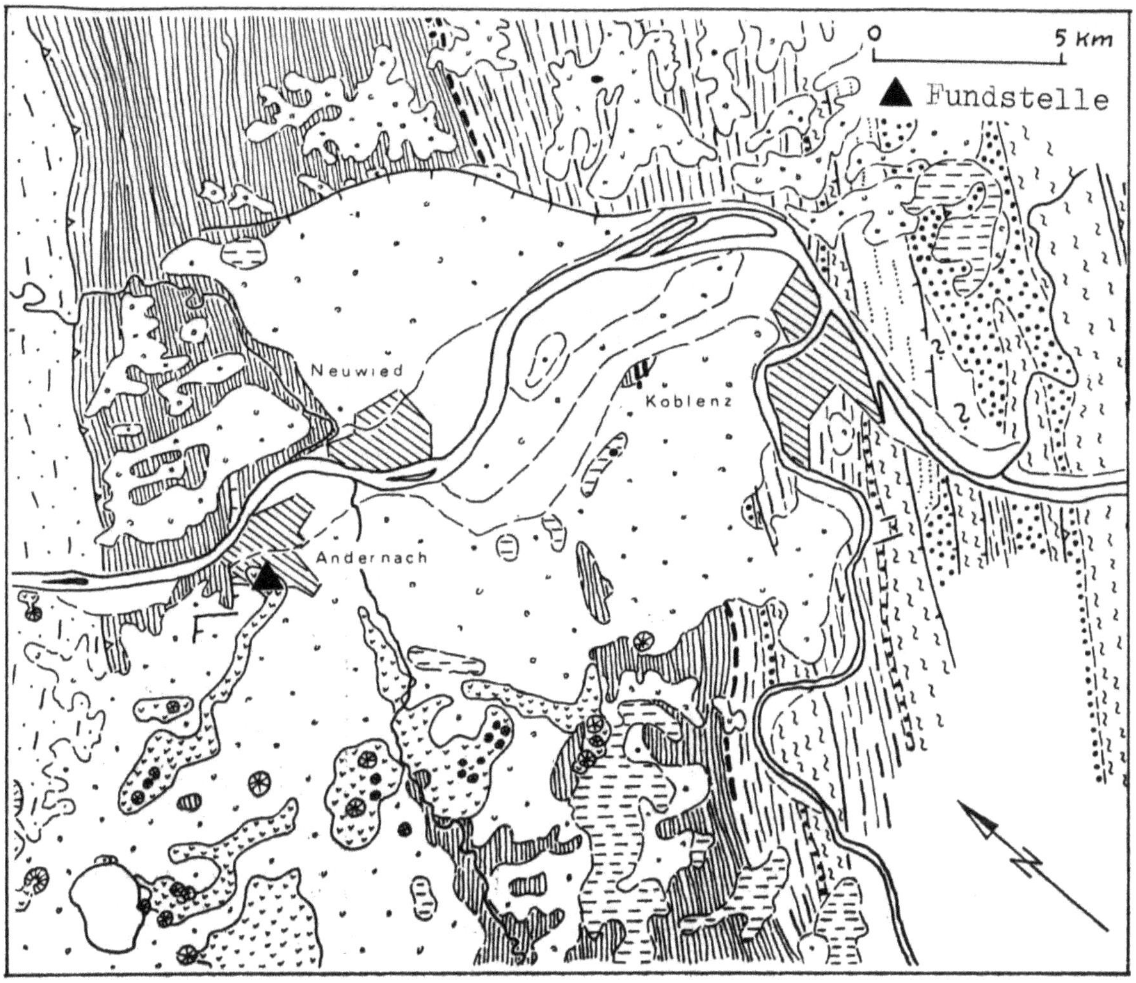

Abb. II.1 Geologische Übersichtskarte des Neuwieder Beckens (Aussschnitt aus Rheinprofil, W. Meyer und J. Stets, 1975: Taf. 2)

Legende:

			W. MEYER & J. STETS (1975)	H.-G. MITTMEYER (1974)
QUARTÄR			quartäre Tuffe	
			quartäre Vulkane und Lavaströme	
TERTIÄR			tertiäre Sedimente	
			tertiäre Laven und Tuffe	
DEVON	UNTER-DEVON	SCHICHTLÜCKE		
		Ober-Ems	Emsquarzit	Emsquarzit
		Unter-Ems	Vallendar-Schichten	Vallendar-Schichten.
				Singhofen-Schichten.
			Singhofen-Sch. mit Tuffit	Hunsruckschiefer.
		Ober-Siegen		
		Mittel-Siegen	Hunsruckschiefer	
		Unter-Siegen	(auf Kartenausschnitt nicht vorhanden)	

Tertiärformation des Westerwaldes und des Siebengebirges (nach Ahlburg)

Epoche	Gesteinsfolge	Geologische Geschichte	
		im allgemeinen	der Quarzitlager
Vortertiär	Gefaltete unterdevonische Schichten: Kristalline Quarzite, quarzitische Sandsteine, Grauwacken und Tonschiefer, glimmerhaltig, durchsetzt von Quarzgängen ("Coblenz-Quarzit" und "Siegener Schichten")	Abtragung bis auf eine Fastebene (flach wellige alttertiäre Landoberfläche)	
Paläozän Eozän	Verwitterungserzeugnisse: Quarzsande, tonige Sande und autochthone hochfeuerfeste Tone (1)	Tiefgründige Verwitterung, Bleichung und Auflockerung des devonischen Untergrundes	
Ober-Oligozän	Aufgearbeitetes Material aus der alttertiären Verwitterungsrinde: Vallendarer Schotter: Fluviatile Bildungen, weißer Quarzschotter, Quarzsande, im Hangenden Quarzite Vallendarer Tone(2): Sedimentäre, weiße, gelbe und mattrote Tone mit sandigen und kohligen Einlagerungen	Umlagerung der alttertiären Verwitterungserzeugnisse durch weitverzweigte Flüsse, Ablagerung von Schottern, Tonen und Sanden	Örtliche Verkittung der hangenden schüttigen Sande zu Quarzitlagern, zuweilen auch der Kiese (Schwartenmagen). Örtliches Übergreifen der Verkieselung auf devonische Schichten
Unter-Miozän		Starke Gebirgsstörungen. Bildung von Gräben und und Horsten, Erosion, Abtragung der Horste	Örtliche Freilegung der Quarzitlager, Polierung und Überziehung ihrer Oberfläche mit Eisenlack, Zerklüftung und Zerstörung der Quarzitlager durch fließendes Wasser, namentlich in Bachbetten, und durch Unterspülung an den Horsträndern, 1. Bildung von Findlingen und Rollsteinen
	Tuffe, Basalt- und Trachytdecken, Braunkohle, Quarzsande, tonige Sande, bituminöse Schiefer, gelegentlich auch sedimentäre Tone (3)	Ausbruch von trachytischen und basaltischen Tuffen und Laven, zeitweise Erosion Örtliche Entwicklung einer üppigen Vegetation und Bildung von Braunkohle und sedimentären Tonen Ausfüllung der Gräben	Bedeckung der Quarzitlager und vormiozänen Findlinge mit Tuff und Basalt, welche später verwittern. (Roter Bolus)
Mittel- und Obermiozän	Verwitterungserzeugnisse der postbasaltischen Landoberfläche: Bunte Tone (4) mit Bauxit- und Eisensteinbildungen, roter Bolus	Verwitterung der Tuffe, Basalte und Trachyte zu Bolus und Ton	Teilweise Verwitterung und Auflösung der nicht freiliegenden Quarzitschollen durch Sickerwasser, Zuführung von Eisenlösungen auf den Klüften; Entstehung von faulem und eisenschüssigem Quarzit (2. Sorte). Örtliche Freilegung und Zerstückelung der Quarzitlager durch Bäche. Abbröckelnsdurch Unterspülungen und Rutschungen, Ausspülung der bereits verwitterten mürben Lagerteile. 2. Entstehung von Findlingen, die örtlich nachträglich von Lehm zugedeckt wurden.
Pliozän	Flußschotter (Unterpliozäne Kieseloolithschotter, Duisdorfer Stufe)	Starke Gebirgserhebungen. Erosionen. Anlage und Bildung der heutigen Täler und Berge. Verwitteru Verwitterung, Ablagerung von Flußschottern und Löß. Niederschlag der Laacher Bimssteinsande	
Diluvium	Flußterrassenschotter, Löß, Bimssteinsand		

Tab. II.2 Zur Genese des Tertiärquarzites im Westerwald und Siebengebirge (A. Hasebrink, 1924:1021)

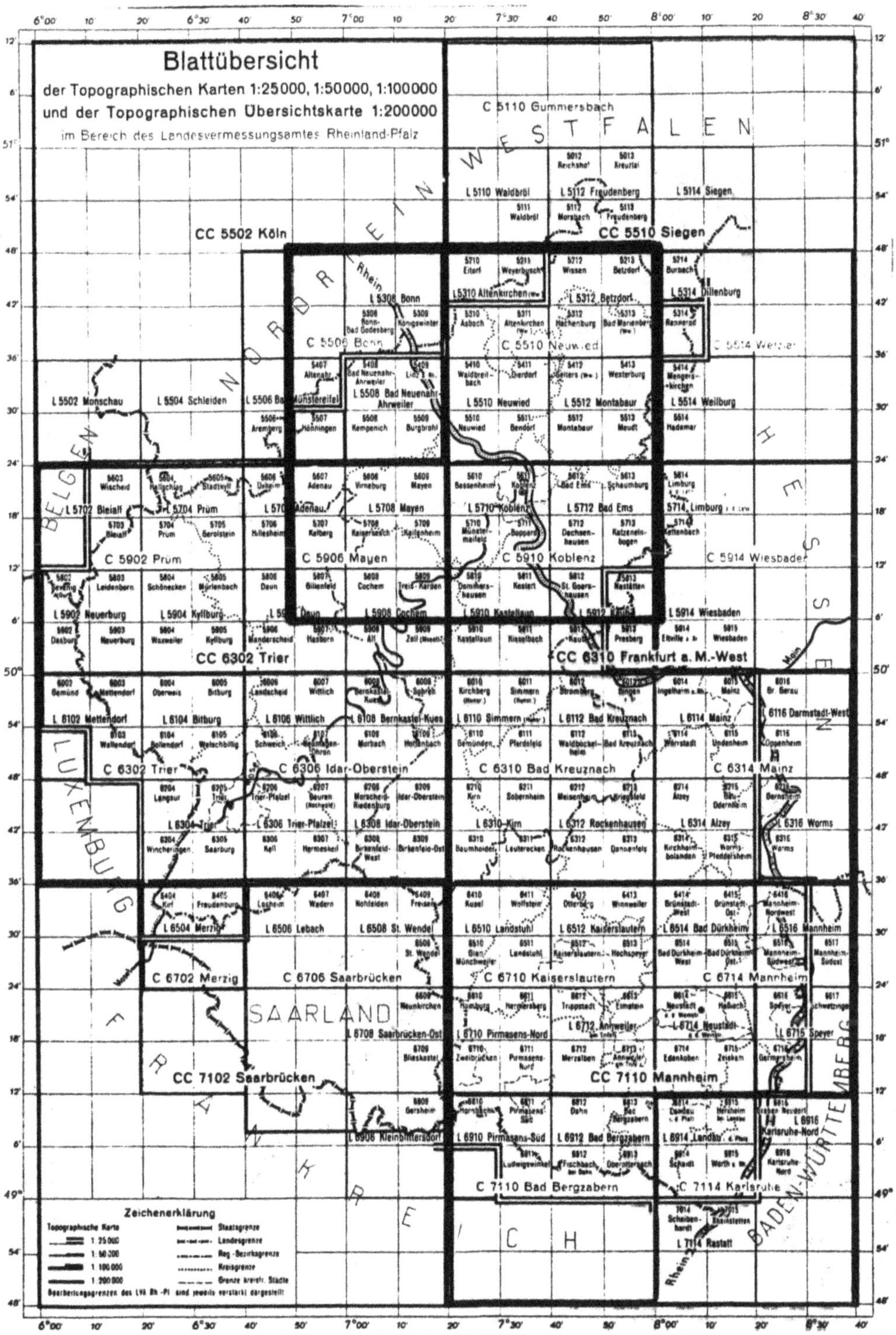

Abb. II.3 Blattübersicht der in Hinblick auf Quarzitvorkommen überprüften geologischen Karten

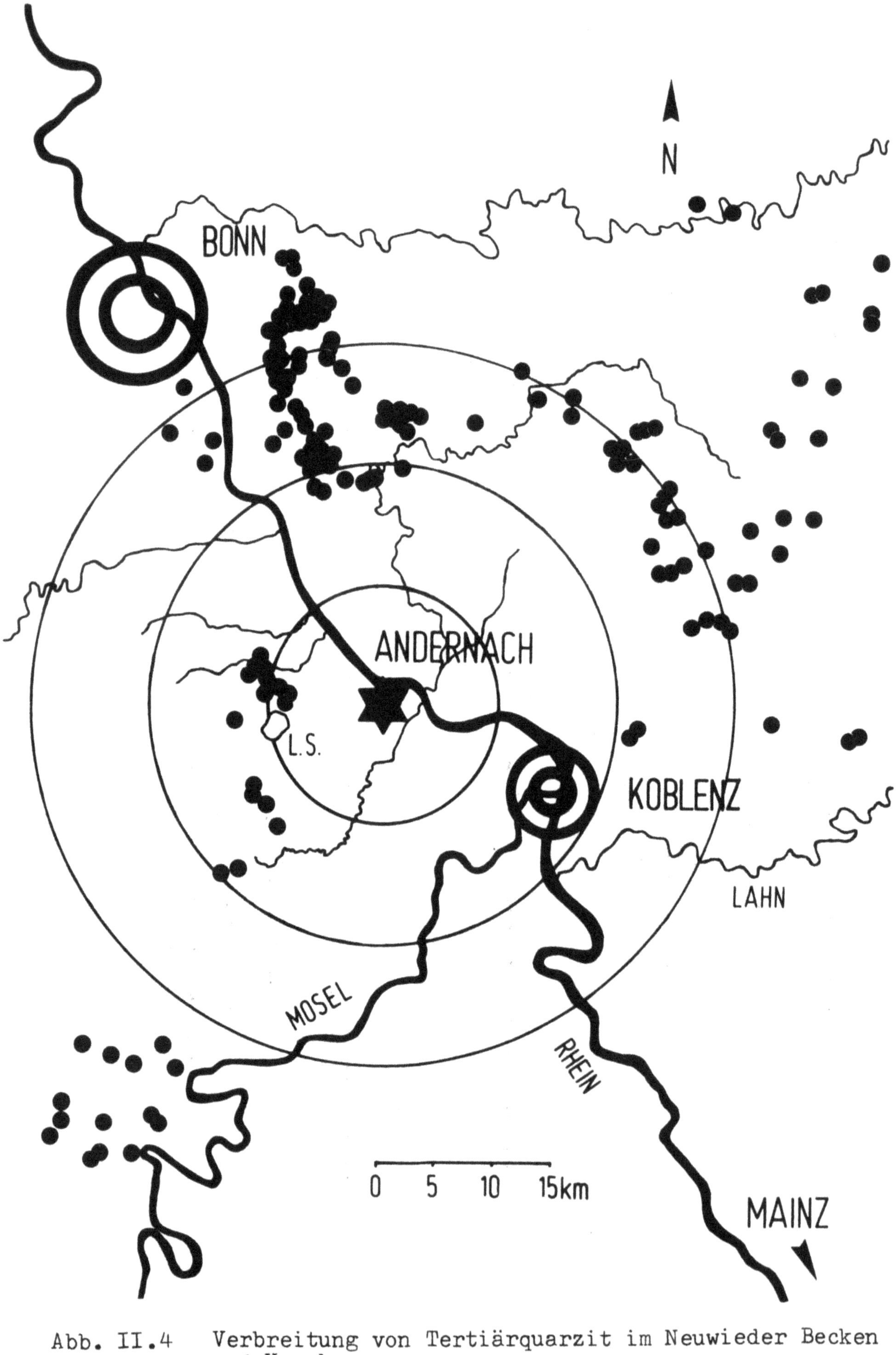

Abb. II.4 Verbreitung von Tertiärquarzit im Neuwieder Becken und Umgebung

★ Fundstelle, ● geol. Vorkommen,
) 10 km,) 20 km,) 30 km.

Tab. II.5 Chalzedon- und Opalvorkommen im Siebengebirge

Aufschluß	Gesteinstyp+	Art des Vorkommens	Farbe/Struktur	Mächtigkeit	Literatur
Bolvershahn	Chalzedon	Drusenausfüllung	weiß		H. von Dechen (1852:378)
SW-Fuß "Drachenfels"/ Steinbruch "am Steinchen"	Opal Halbopal	Spaltenausfüllung im Trachyt	rötlich, weiß	2-3 Zoll (ca. 5-8 cm)	" H. Laspeyres (1900:400)
Dürresbach	Hornstein	im Sandstein	gelbgrau, flammig gekennzeichnet		H. von Dechen (1852:468)
Dürresbacher Seifen	Opaljaspis	Streifen und Nieren in Trachyttuff-Konglomeraten	schwarz, Übergang zu kieselschieferartiges Gestein		H. von Dechen (1852:459-60)
Klosterberg b. Muffendorf	Chalzedon Hornstein		weiß, bläulichweiß		H. von Dechen (1852:469)

+ Terminologie der Gesteinsansprache von H. von Dechen (1852) und H. Laspeyres (1900) übernommen.

(Fortsetzung Tab. II.5)

Aufschluß	Gesteinstyp	Art des Vorkommens	Farbe/Struktur	Mächtigkeit	Literatur
Langenweg (im Hohlweg)	Opaljaspis	Ganggestein im Trachyt-Konglomerat	ocker, bräunlich gelb, gelb gewolkt bis schmutzig ölgrün	2-3 Zoll (ca. 5-8 cm)	H. von Dechen (1852:458-59)
Limberg	Opaljaspis	Opalnester und Adern im Basalt	ölgrün		H. Laspeyres (1900:493)
zwischen Marienforst und Muffendorf	Opaljaspis	große Blöcke, kleinere Stücke, z.T. unter Bedeckung von Geröllen+	schwarz, gelbbraun, streifig, löchrig, zackig, geht in feinkörnigen, weißen und grauen Sandstein über		H. von Dechen (1852:468-69)
	Hornstein				
	Halbopal		hellgrau, weiß		
	Chalzedon		weiß, bläulichweiß		
Ofenkaulberg	Opaljaspis	Ganggestein im Trachyt	ockerbräunlich, gewolkt, bis schmutzig ölgrün		H. Laspeyres (1900:170)

+ H. von Dechen (1852:468) bezeichnet das Vorkommen in Muffendorf ebenfalls als das bislang größte bekannte.

(Fortsetzung Tab. II.5)

Aufschluß	Gesteinstyp	Art des Vorkommens	Farbe/Struktur	Mächtigkeit	Literatur
Perlenhardt	Opaljaspis	Ganggestein im Trachyt-Konglomerat	ockerbräunlich, gewolkt, bis schmutzig ölgrün	2-3 Zoll (ca. 5-8 cm)	H. von Dechen (1852:458)
Quegstein	Basaltjaspis	Opalnester im Basalt	hellgrau, mit kl. dentritischen Flekken von Mangan		H. von Dechen (1852:465-66)
	Hornstein	im Sandstein	bläulichgrau, graulichweiß, milchweiß, seltener rauchgrau, schwärzlich, braungelb, sehr selten gelblich grün, rosenrot, z.T. kieselschieferähnlich		
	Chalzedon	Überzüge auf Klüften, in Drusenräume			
	Holzopal (oder Opaljaspis)		gelb, gelbbraun		
	Halbopal		weißgrau, grün, braunrot		

(Fortsetzung Tab. II.5)

Aufschluß	Gesteinstyp	Art des Vorkommens	Farbe/Struktur	Mächtigkeit	Literatur
Kl. Rosenau (Remscheid) bis Mittelbach	Chalzedon	kleinere Blöcke, Überzug auf Klüften, Drusenräume im Trachyt	milchweiß, lichtgrau, hellbläulich		H. von Dechen (1852:378)
Fuß der Rosenau	Opaljaspis Chalzedon	in Drusen und Klüften			H. von Dechen (1852:459)
Schlucht zwischen Rosenau und Nonnenstromberg	Hornstein	im Sandstein	weiß, grün, braun, gelb, grau, z.T. geflammt		H. von Dechen (1852:465)
NE Rothen Kreuz/ Hang Kasseler Heide	Opaljaspis	Ganggestein im Trachyt-Konglomerat	gelb, grün		H. von Dechen (1852:459)
am Schüsselputz	Opaljaspis	"	braungelb		"
Stenzelberg	Opaljaspis	Ganggestein im Wolkenburg-Andesit	gelb, braun, gelbgrün, weiß	2 Zoll-1 Fuß (ca. 5-30 cm)	H. von Dechen (1852:378)
	Halbopal				H. Laspeyres (1900:489-90)
	Opal	in Klüften	weiß, gelblich grün		
	Chalzedon	traubenförmig in Hohlräumen und Klüften	weiß		

(Fortsetzung Tab. II.5)

Aufschluß	Gesteinstyp	Art des Vorkommens	Farbe/Struktur	Mächtigkeit	Literatur
Stenzelberg	Bandjaspis bzw. Hornstein		grün, weiß, sehr feine parallele Streifen, wolkige Zeichnung		H. von Dechen (1852:373)
E Weg von Stenzelberg nach Königswinter/NW Hang der Gr. Rosenau	Opaljaspis Halbopal	Ganggestein im Trachyt	gelb, braun	6 Zoll (ca. 15 cm)	H. Laspeyres (1900:448)
Tannenwäldchen	Opaljaspis	Ganggestein im Trachyt-Konglomerat	gelb		H. von Dechen (1852:459)
NW Hang Gr. Weilberg	Opaljaspis	"	braungelb		"
E Hang Gr. Weilberg/ an der Hungskuhle	Opaljaspis	"	"		H. Laspeyres (1900:503)
Gr. Weilberg	Basaltjaspis	Opalnester im Basalt, Adern in Basaltschlacke			H. Laspeyres (1900:493)
Wintermühlenhof (Pferdswiese, Quegstein, Dänzchen)	Opal	große Schnüre und Nester	grün, gelb braun, z.T. Holzstruktur		H. Laspeyres (1900:406)
	Chalzedon	in Höhlungen	weiß		

(Fortsetzung Tab. II.5)

Aufschluß	Gesteinstyp	Art des Vorkommens	Farbe/Struktur	Mächtigkeit	Literatur
Wolkenburg	Bandjaspis bzw. Hornstein		grün, weiß, sehr feine parallele Streifung, wolkige Zeichnung		H. von Dechen (1852:373)

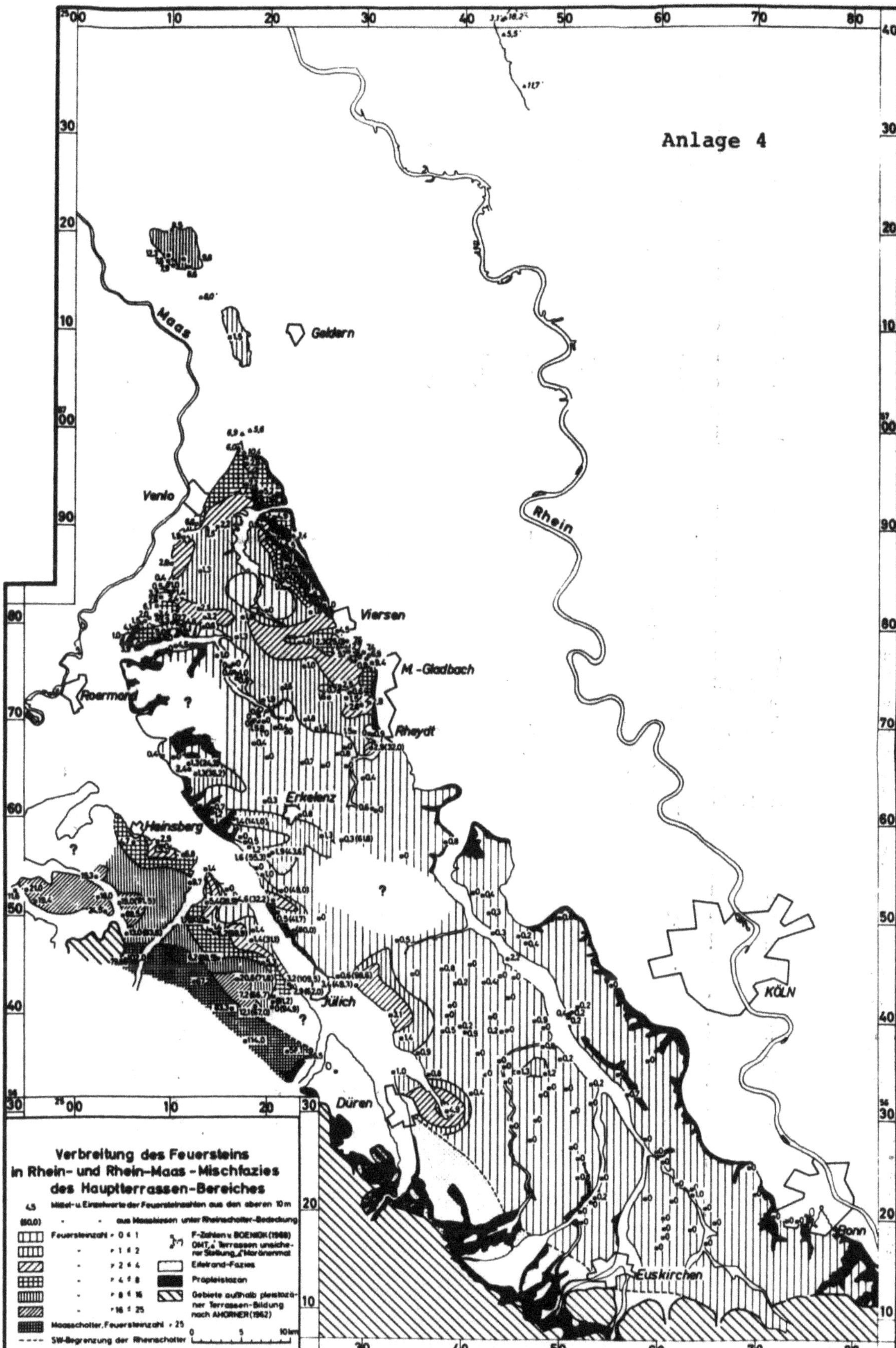

Abb. II.6 Verbreitung von Feuersteingeröllen (A. Schnütgen, 1974:Anlage 4)

Tab. II.7 Mikroskopische Charakterisierung des Rohmaterials der Andernacher Quarzit-Artefakte

Quarzitgruppe	ø Korngröße (in mm)	Quarzkornverteilung	Rundungsgrad der Quarzkristalle	Matrix	Anwachszonen	Akzessor. Bestandteile
Q 1a/M	0.04	schlecht sortiert	nicht bis leicht kantengerundet	(-)	(-)	Fe, Z
Q 1b/M	0.04	" "	"	(-)	(-)	Fe, Z, E, T
Q 1c/M	0.05	" "	"	(-)	(-)	Fe, Z, E
Q 1d/M	0.05	" "	"	(-)	(-)	Fe, Z, E, R
Q 1e/M	0.06	" "	"	(-)	(-)	Fe, Z, E
Q 2/M	0.08	sehr schlecht sortiert	schwach bis mittelmäßig gerundet	(+)	(-)	Fe, Z, E
Q 3/M	0.05	relativ gut sortiert	nicht bis leicht kantengerundet	(+)	(-)	K, Fe, Z, Gl
Q 1/EP	0.05	schlecht sortiert	"	(+)	(-)	Z, E, R
Q 2/EP	0.06	" "	"	(-)	(-)	Z, E, T

Tab. II.8 Mikroskopische Charakterisierung der geologischen Quarzit-Proben

Fundort	ø Korngröße (in mm)	Quarzkornverteilung	Rundungsgrad der Quarzkristalle	Matrix	Anwachszonen	Akzessor. Bestandteile
Eudenbach	0.05	schlecht sortiert	nicht bis leicht kantengerundet	(-)	(-)	Fe, Z
Herschbach	0.06	" "	"	(-)	(-)	Fe, Z
Muffendorf	0.05	" "	"	(-)	(-)	Fe, Z
Wintermühlenhof	0.12	" "	"	(-)	(+)	Fe, Z, A, T
Hausen	0.10	relativ gut sortiert	leicht bis mittelmäßig kantengerundet	(-)	(+)	Fe, Z, E, G, T
Lenderscheid	0.11	" " "	nicht bis leicht kantengerundet	(-)	(+)	Fe, Z, S
Rörshain	0.19	" " "	leicht bis mittelmäßig kantengerundet	(-)	(+)	Fe, Z, G, S, T

(Fortsetzung Tab. II.8)

Fundort	ø Korngröße (in mm)	Quarzkornverteilung	Rundungsgrad der Quarzkristalle	Matrix	Anwachszonen	Akzessor. Bestandteile
Ziegenhain	0.16	relativ gut sortiert	nicht bis leicht kantengerundet	(-)	(+)	Fe, Z, Gl, T
Scheden	0.17	" " "	"	(--)	(-)	Fe, Z, G, T
Teufelsmauer	0.15	" " "	leicht bis mittelmäßig kantengerundet	(-)	(+)	Fe, Z, G
Liedberg	0.03	sehr schlecht sortiert	nicht bis leicht kantengerundet	(++)	(--)	Fe, Z, M (?)
Wommersom	0.04	schlecht sortiert	"	(++)	(--)	Fe, Z, E, Si
Ardennen-Quarzit	0.03	sehr schlecht sortiert	"	(+)	(-)	Gl, Fe, Z
Ems-Quarzit	0.18	relativ gut sortiert	"	(-)	(-)	Fe, Z, K, T
Taunus-Quarzit	0.15	schlecht sortiert	"	(-)	(-)	Gl, Fe, Z

Legende zu Tabellen 7 und 8:

1. Matrix

+	viel Matrix
++	sehr viel Matrix
-	wenig Matrix
--	sehr wenig Matrix

2. Anwachszonen

+	viele Anwachszonen
++	sehr viele Anwachszonen
-	wenige Anwachszonen
--	sehr wenige Anwachszonen

3. Akzessorische Bestandteile

A	Anatas
E	Epidot
Fe	Opake Minerale (Eisenoxide)
G	Gesteinsreste
Gl	Glimmer
K	Kalzit
M	Monazit
R	Rutil
S	Staurolith
Si	Sillimanit
T	Turmalin
Z	Zirkon

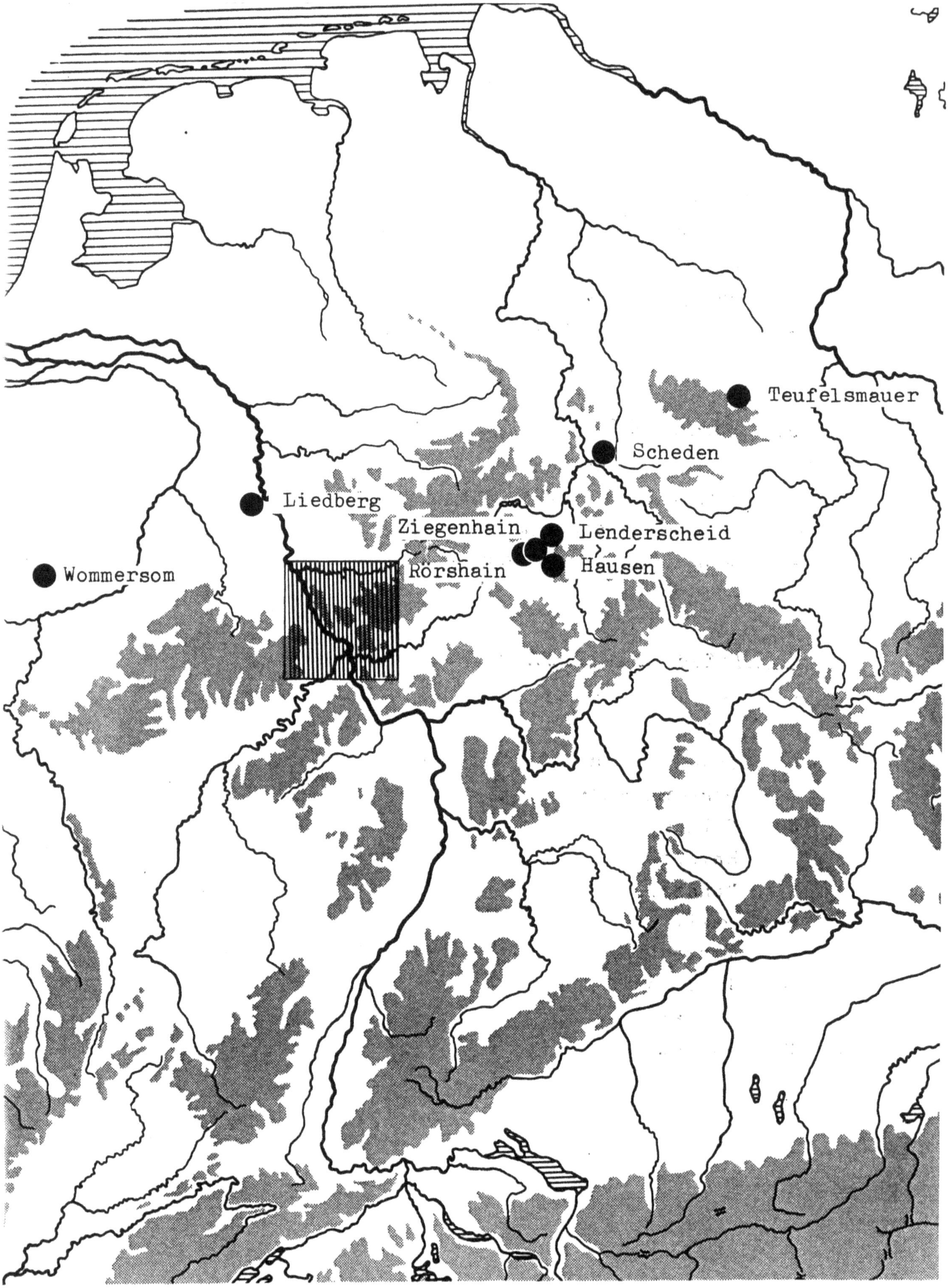

Abb. II.9
Lage der untersuchten prähistorisch genutzten Tertiär- und Kreide-Quarzitvorkommen

M. 1:3.000.000
(Grundkarte E. Gersbach, Tübingen 1966)

Tab. II.10 Mikroskopische Charakterisierung des Rohmaterials der Andernacher Feuerstein-Artefakte

Gruppen-Bezeichnung	Foraminiferen	Dinoflagellaten-Zysten	Pollen/Sporen	Kalzit	org. Reste	unbest. Bioklasten/Lithoklasten
F 1/M	--	--	o	o	+	+
F 2/M	--	o	o	o	+	+
F 3/M	+	-	-	o	+	+
F 1/EP	++	o	o	o	+	+
F 2/EP	+	o	o	o	+	+
F 3/EP	--	+	-	+	+	+
F 4/EP	-	++	+	o	+	+
F 5/EP	o	o	o	o	+	+
F 6/EP	--	o	o	o	+	+

Legende zu Tabelle 10:

+	viel vorhanden
++	sehr viel vorhanden
-	wenig vorhanden
--	sehr wenig vorhanden
o	nicht beobachtet

Anmerkung: Bei der Erfassung der organischen Reste bezeichnet das Symbol "+" keine quantitative Angabe, sondern nur das diese Verunreinigungen im Gestein vorhanden sind.

Tab. II.11 **Verzeichnis des mit NAA-gemessenen Eisengehaltes der untersuchten archäologischen Rohmaterial-Proben (Mittelwerte in ppm)**

		Andernach	Gönnersdorf	Niederbieber	Sweikhuizen	Griendtsveen	Vessem
Quarzit	Q 1/M	4738,2	505,9	-	1099,1	240,0	-
	Q 2/M	6225,0	946,0	-	644,0	631,4	-
	Q 3/M	3741,5	7366,5	-	616,3	-	-
	Q 4/M	-	1523,7	-	-	-	-
	Q 1/EP	889,5	-	1589,5	-	-	234,5
	Q 2/EP	729,2	-	-	-	-	-
Feuerstein	F 1/M	-	-	-	-	-	-
	F 2/M	120,4					
	F 3/M	392,1					
	F 1/EP	1879,3					
	F 2/EP	439,4					
	F 3/EP	953,0					
	F 4/EP	1048,2					
	F 5/EP	869,9					
	F 6/EP	227,0					

(Fortsetzung Tab. II.11)

		Andernach	Gönnersdorf	Niederbieber	Sweikhuizen	Griendtsveen	Vessem
Chalzedon	CH/M	992,3	275,6	-	-	-	-
	CH/EP	1847,0	-	-	-	-	-
Kieselschiefer	L 1/EP	5068,4	-	-	-	-	-
	L 2/EP	49400,0	-	-	-	-	-
Kieseloolith	KO/EP	336,3	-	-	-	-	-
verkieselter Kalk	VK/EP	58252,5	-	-	-	-	-

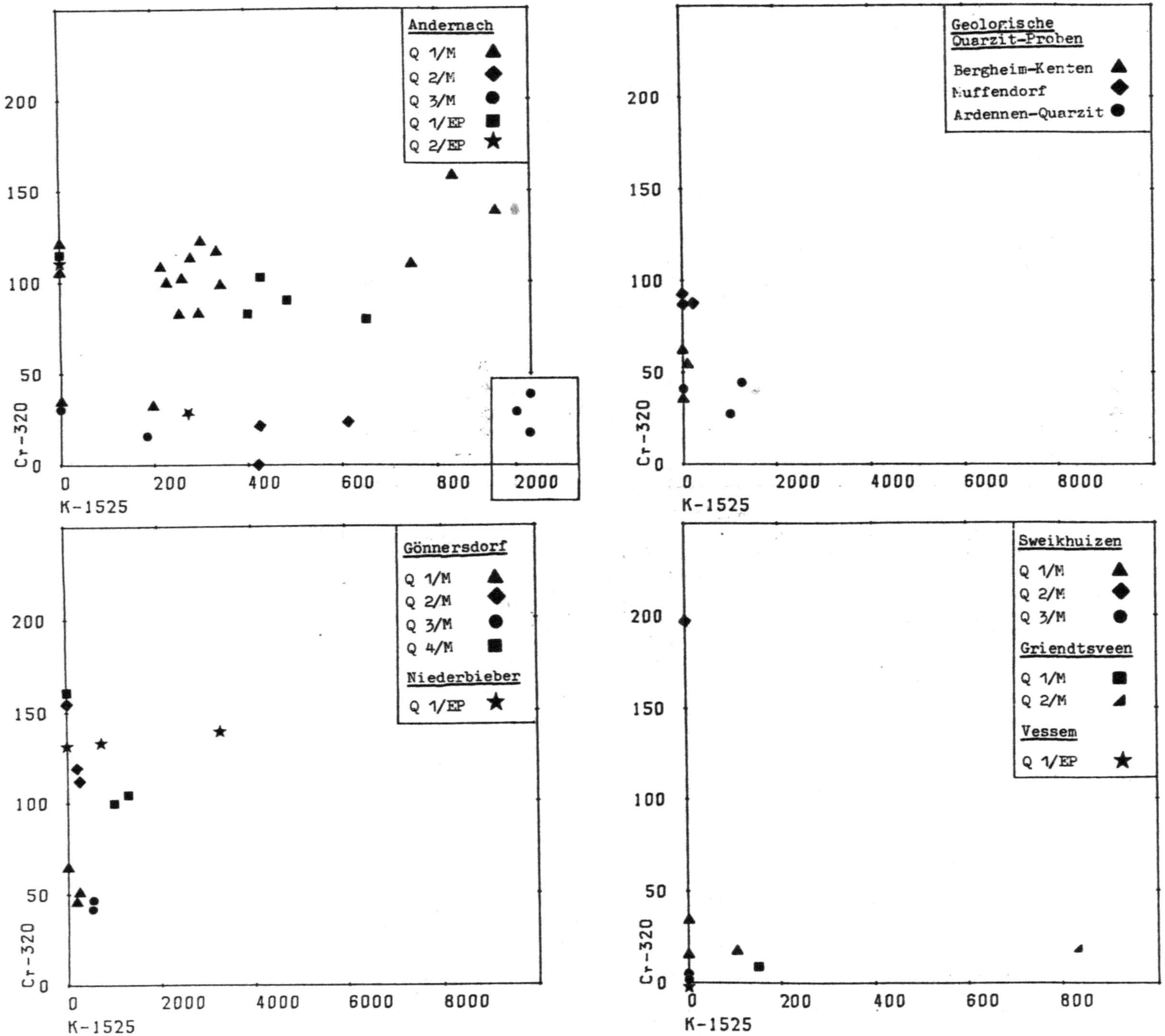

Abb. II.12

Vergleich der Kalium-Chrom-Konzentrationen (in ppm) von Quarzitvarietäten verschiedener Lokalitäten

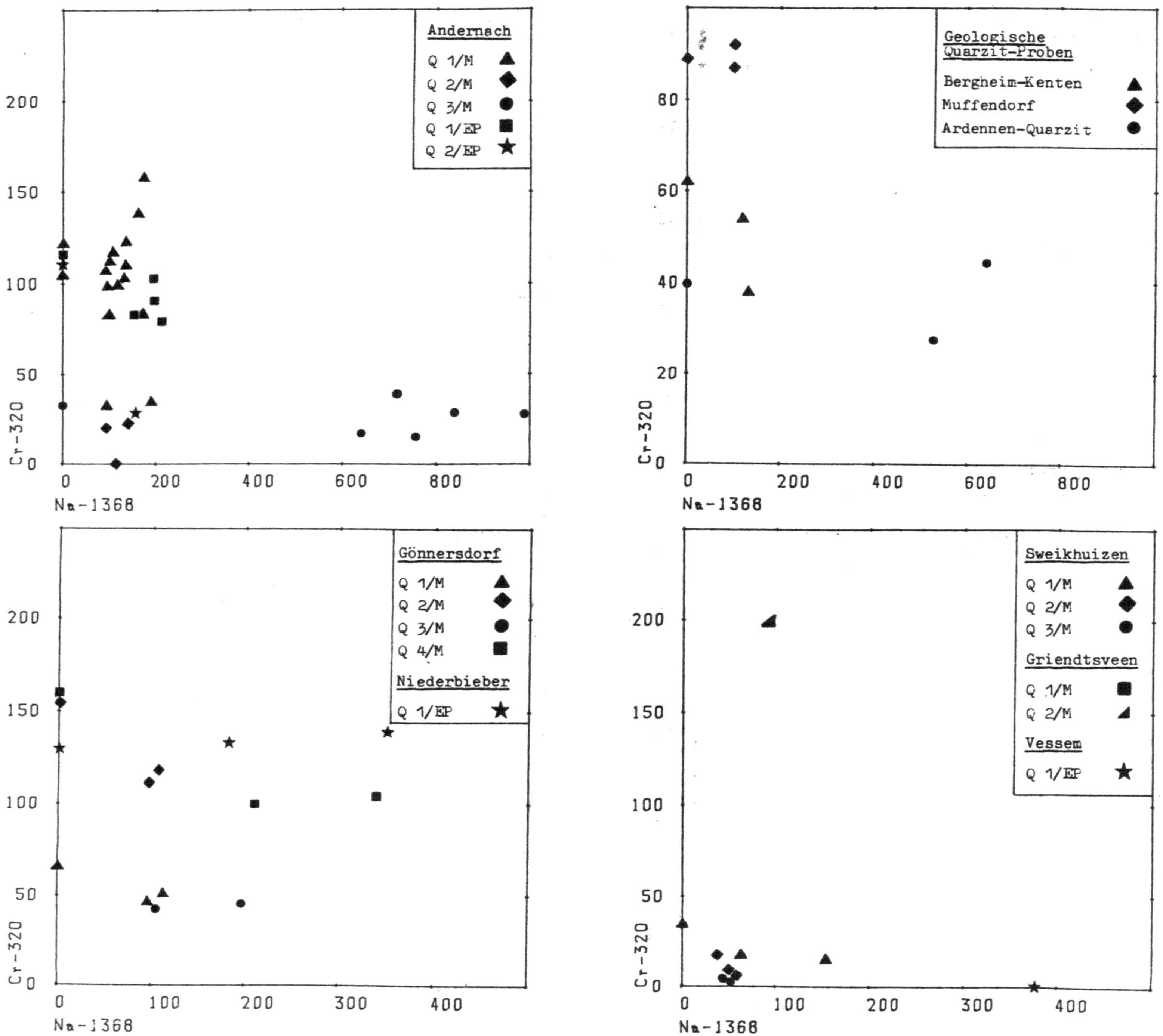

Abb. II.13

Vergleich der Natrium-Chrom-Konzentrationen (in ppm) von Quarzitvarietäten verschiedener Lokalitäten

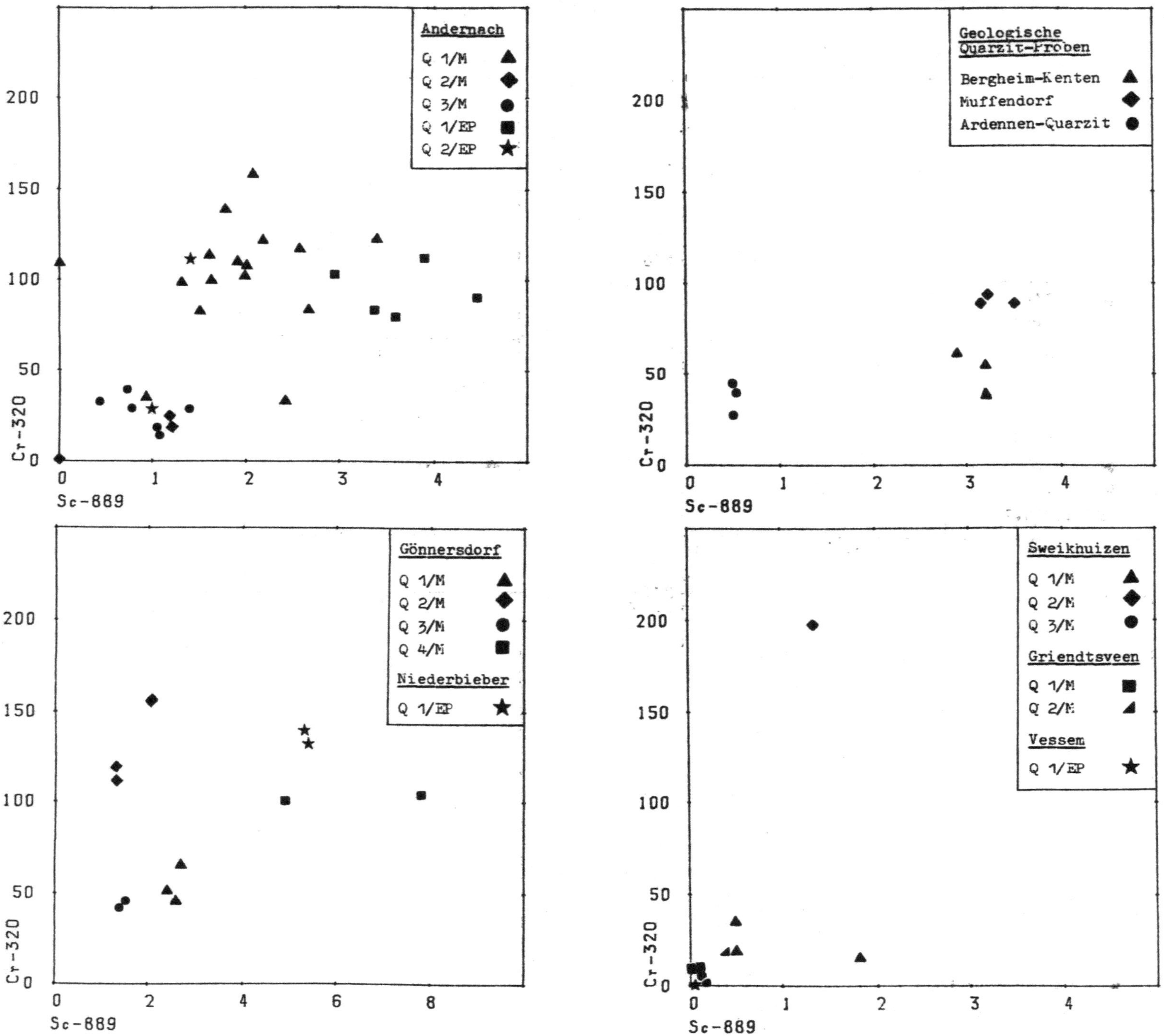

Abb. II.14

Vergleich der Scandium-Chrom-Konzentrationen (in ppm) von Quarzitvarietäten verschiedener Lokalitäten

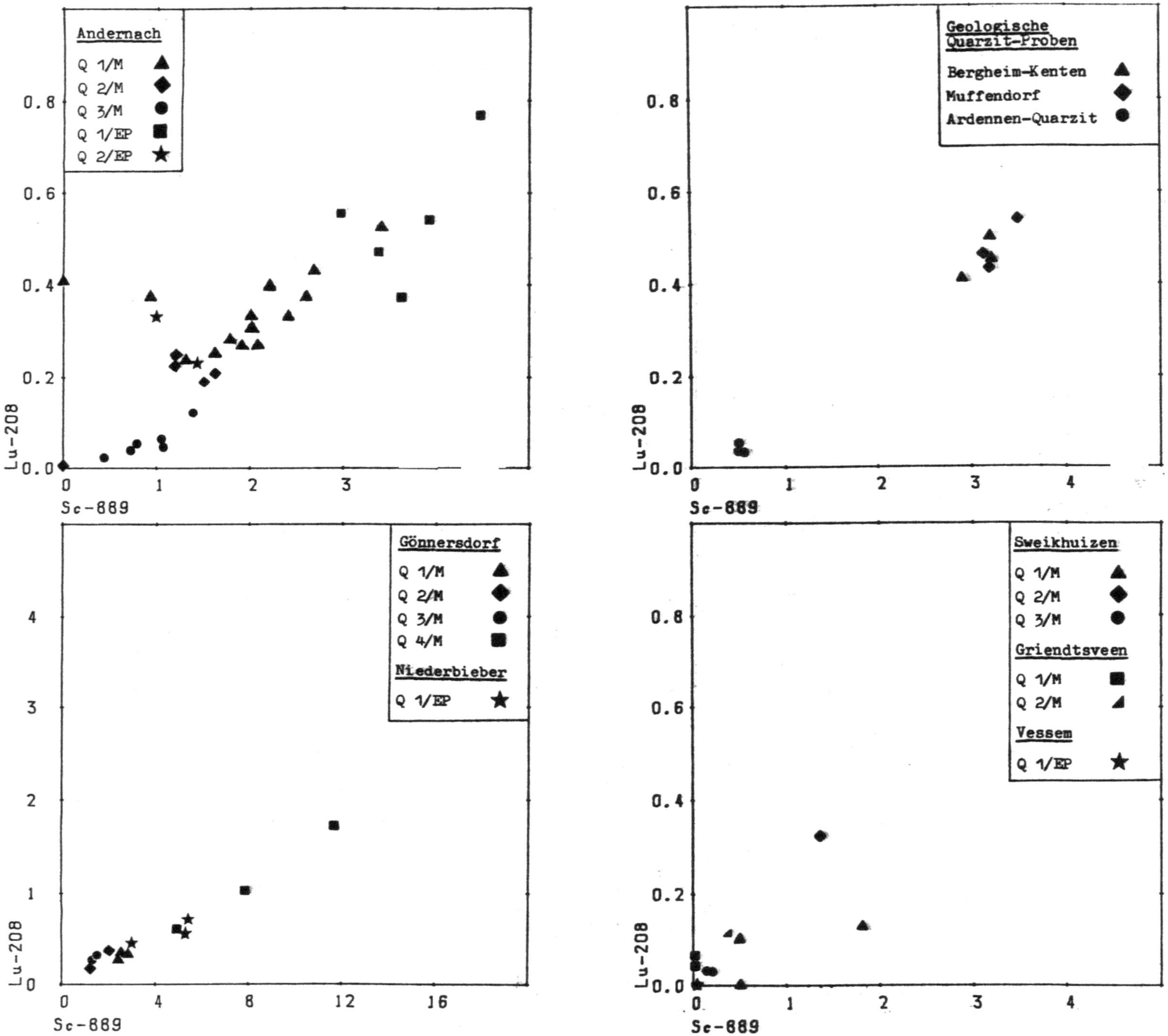

Abb. II.15

Vergleich der Lutetium-Scandium-Konzentrationen (in ppm) von Quarzitvarietäten verschiedener Lokalitäten

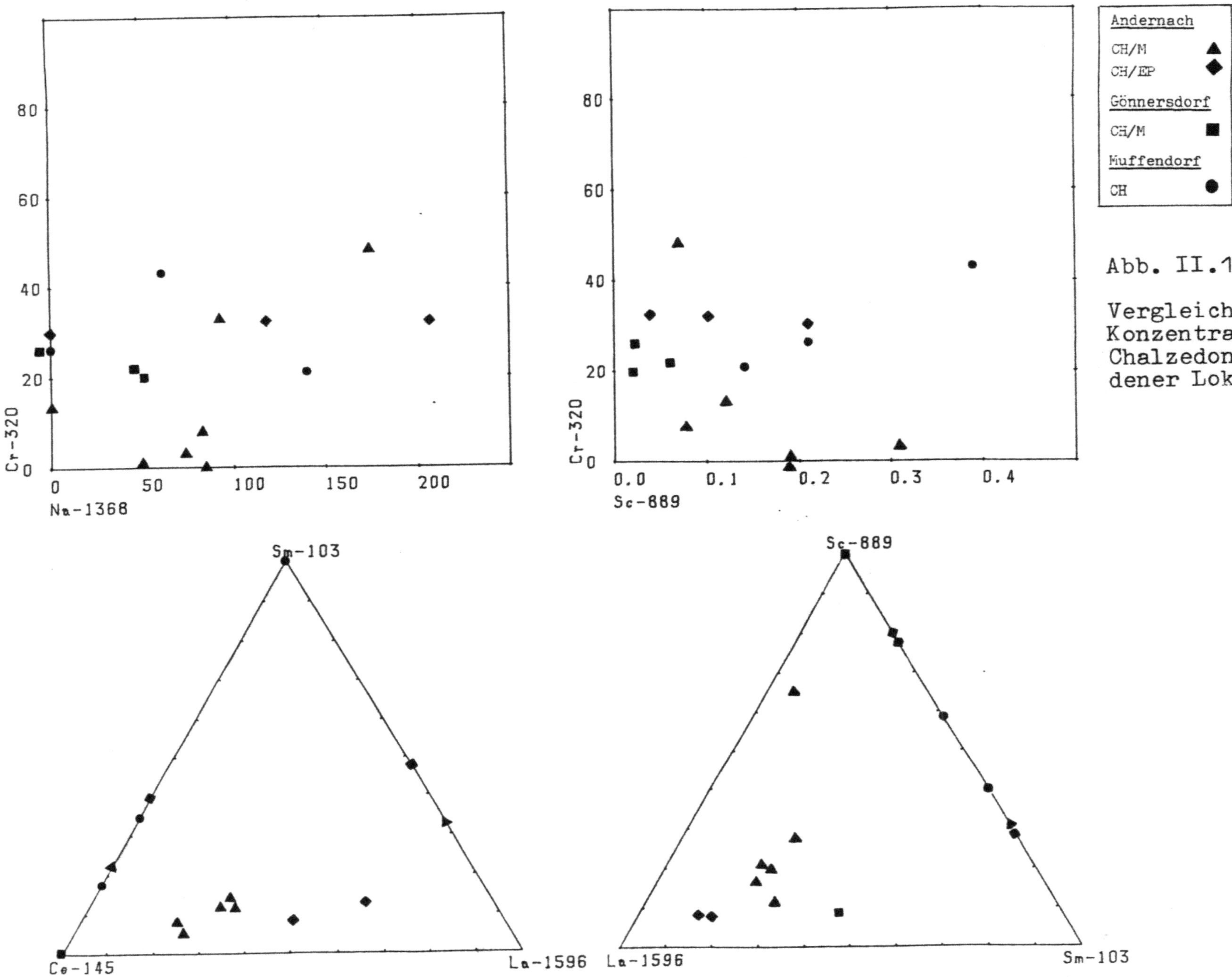

Abb. II.16

Vergleich einiger Spurenelement-Konzentrationen (in ppm) von Chalzedonvarietäten verschiedener Lokalitäten

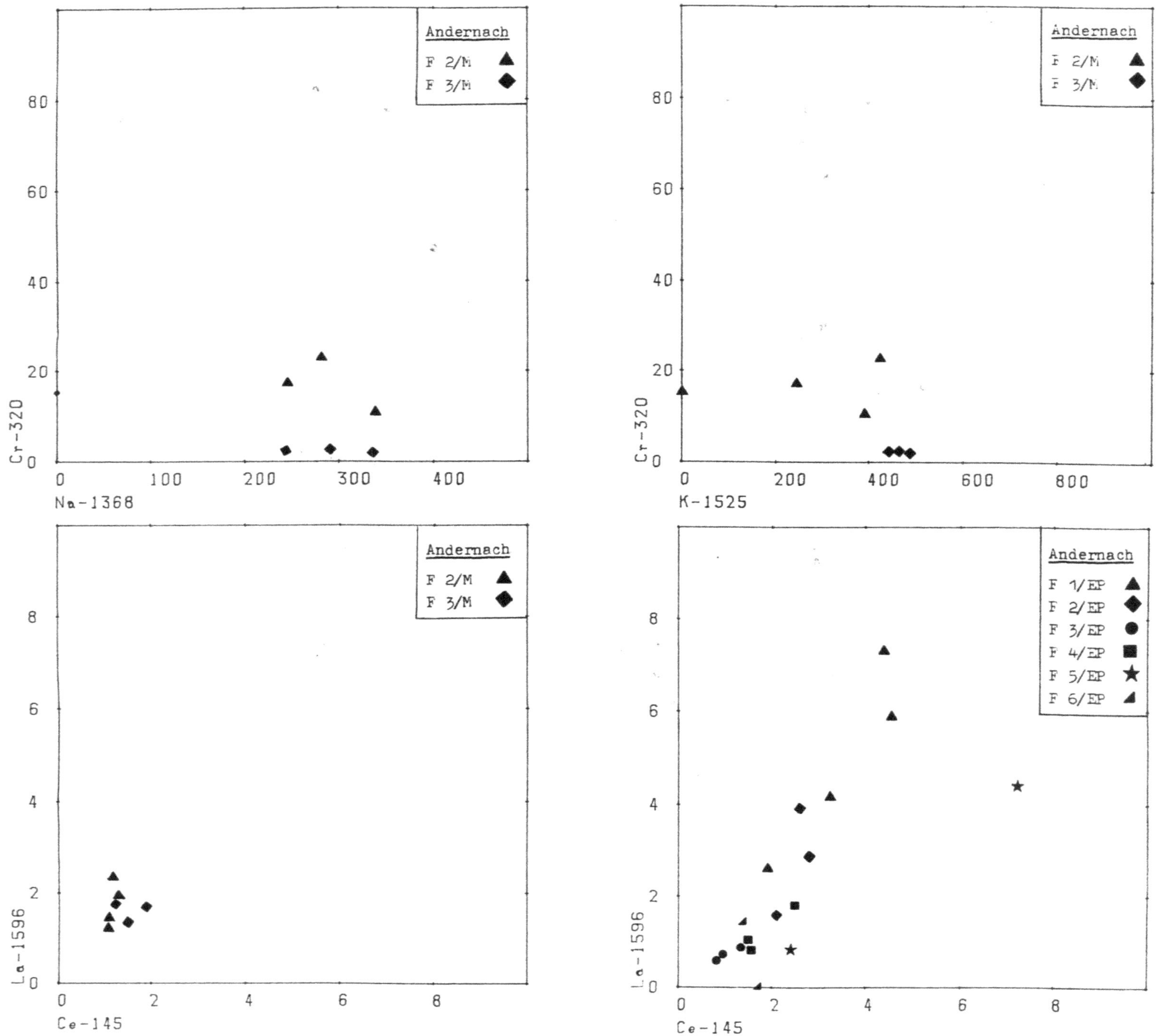

Abb. II.17

Vergleich einiger Spuren-element-Konzentrationen (in ppm) der Andernacher Feuersteinvarietäten

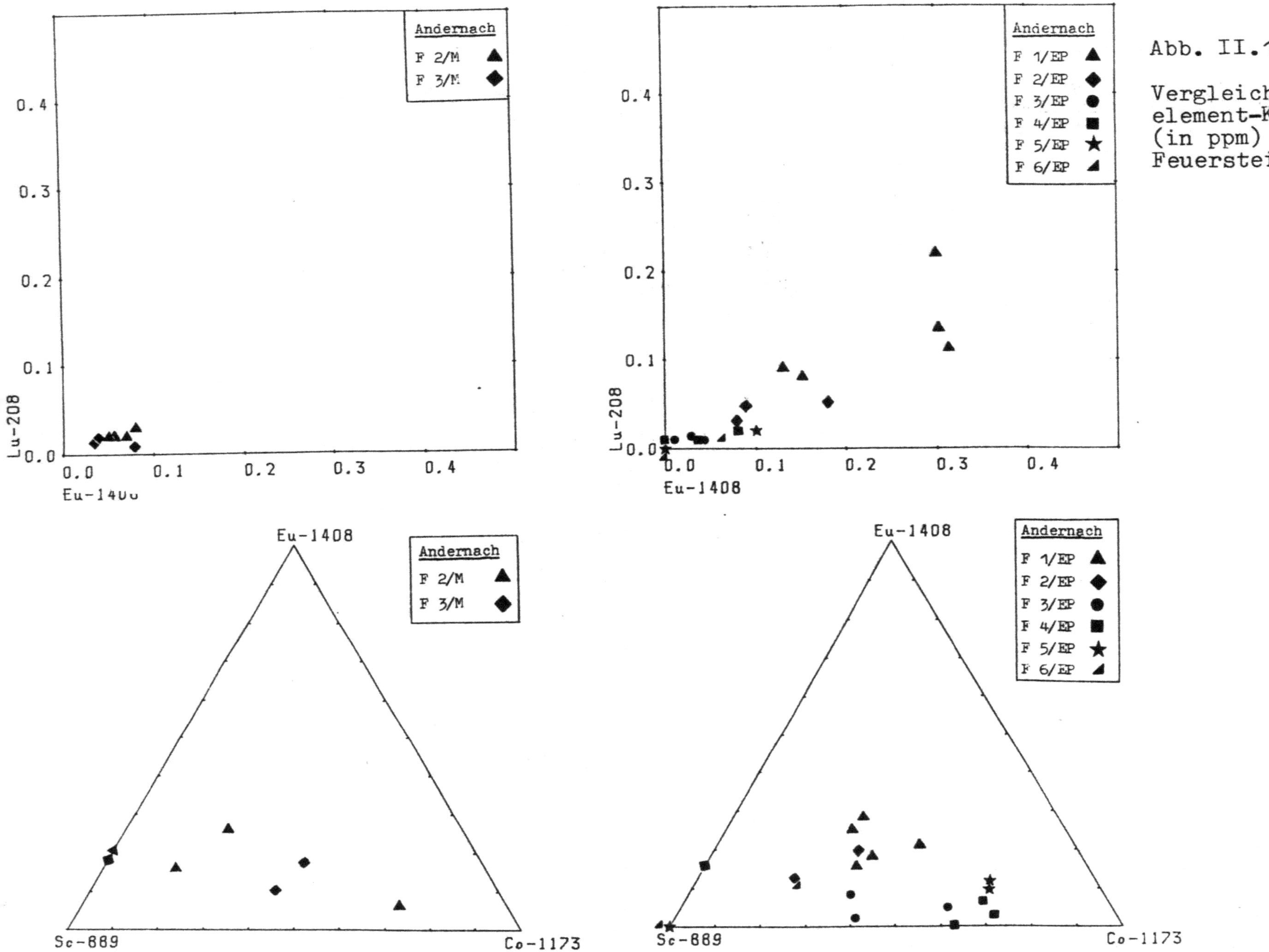

Abb. II.18

Vergleich einiger Spurenelement-Konzentrationen (in ppm) der Andernacher Feuersteinvarietäten

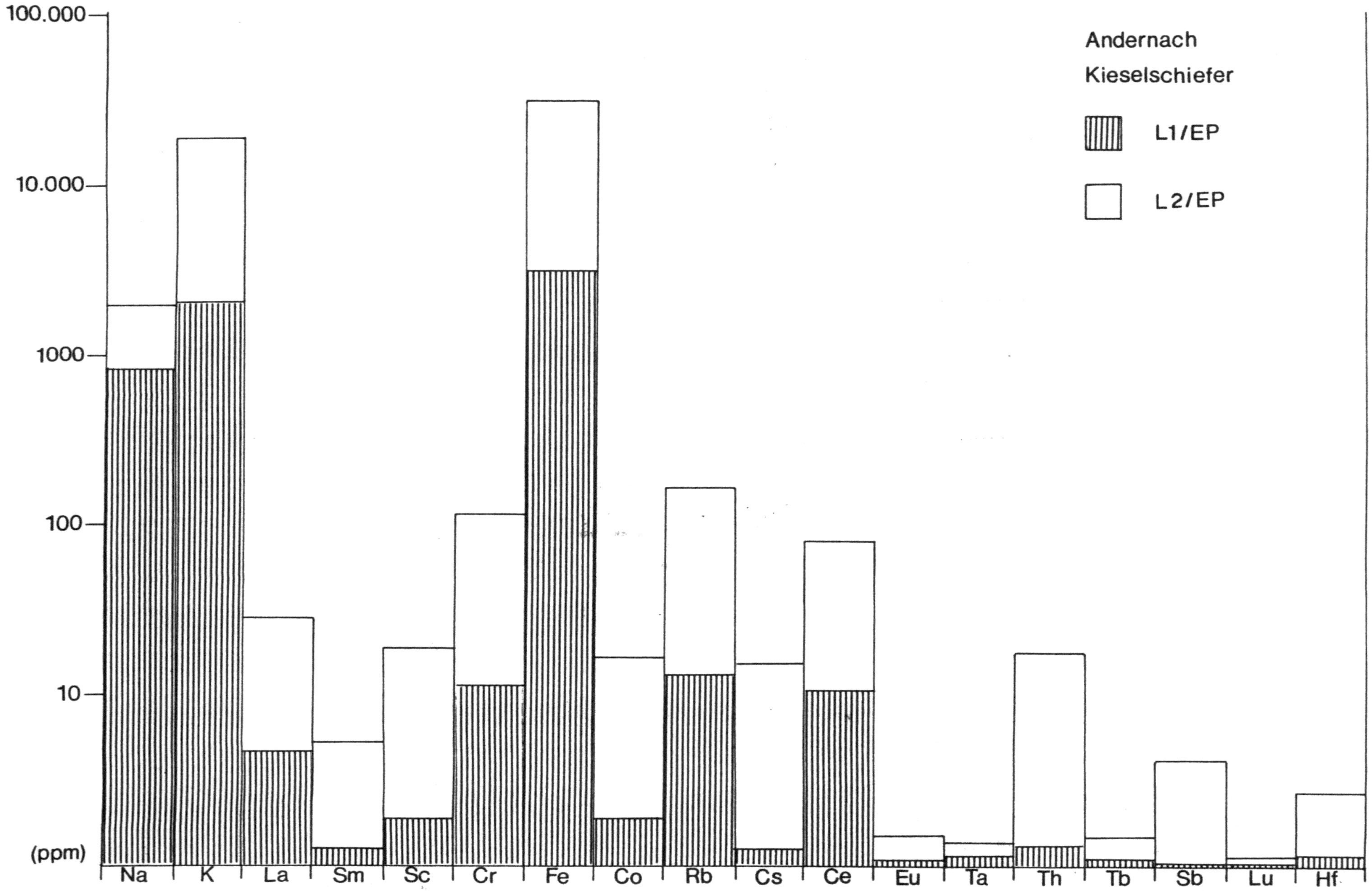

Abb. II.19 Vergleich der Spurenelement-Konzentrationen der Andernacher Kieselschiefervarietäten (in ppm)

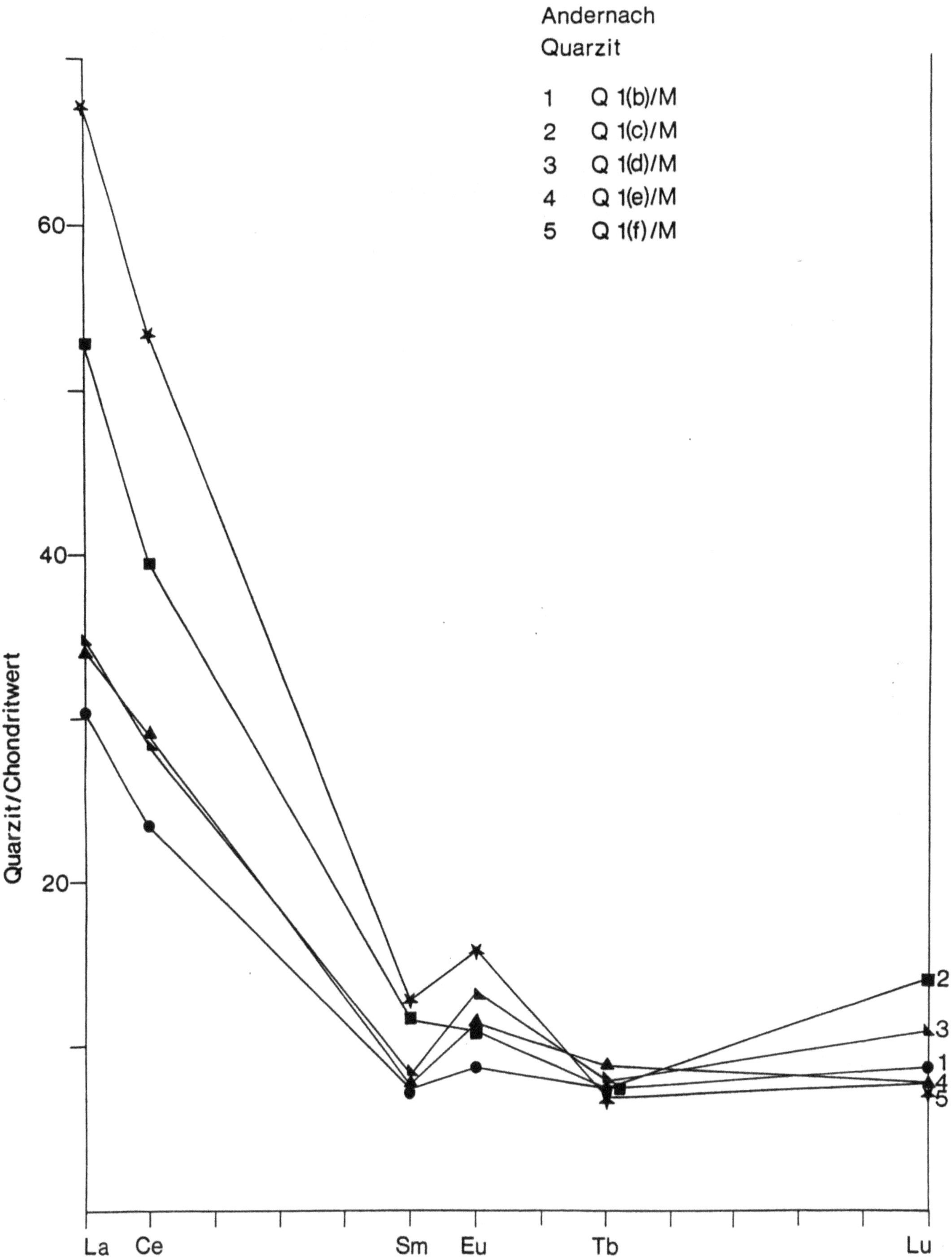

Abb. II.20 Gehalt an Seltenen Erden der Andernacher Quarzitartefakte, dargestellt als Quotient aus Meßwert und Chondritwert

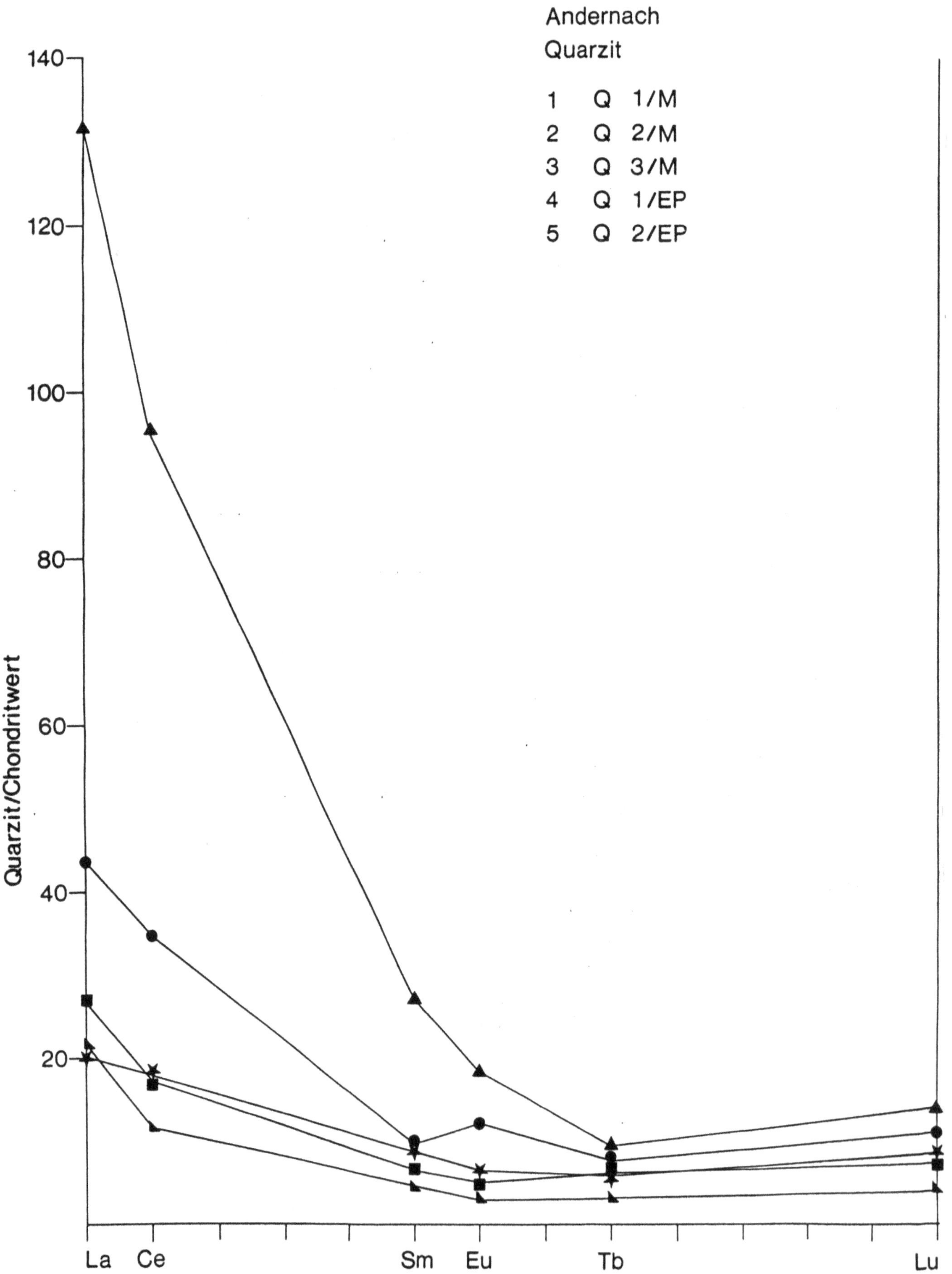

Abb. II.21 Gehalt an Seltenen Erden der Andernacher Quarzitartefakte, dargestellt als Quotient aus Meßwert und Chondritwert

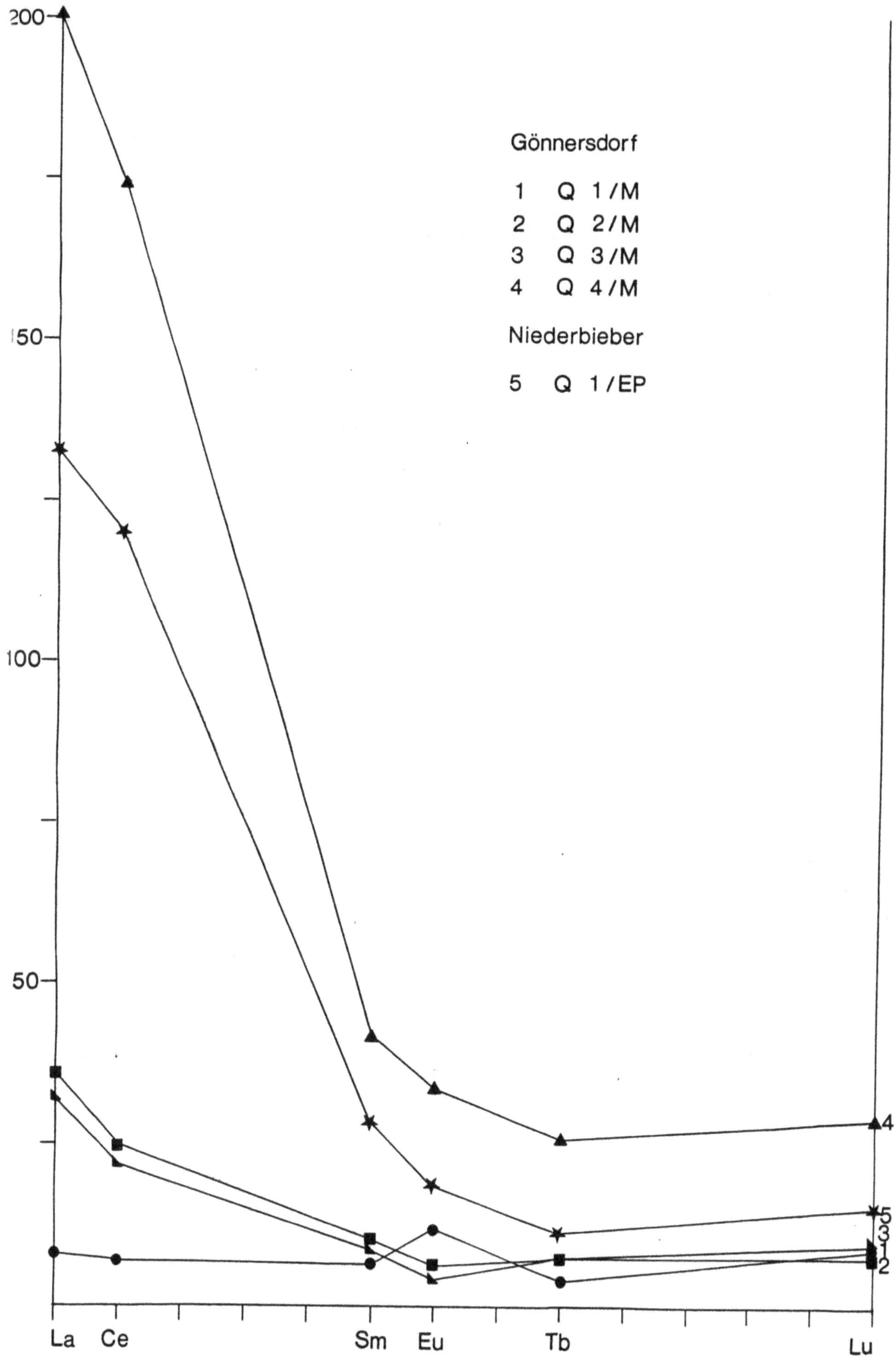

Abb. II.22 Gehalt an Seltenen Erden einiger Quarzitvarietäten aus Gönnersdorf und Niederbieber, dargestellt als Quotient aus Meßwert und Chondritwert

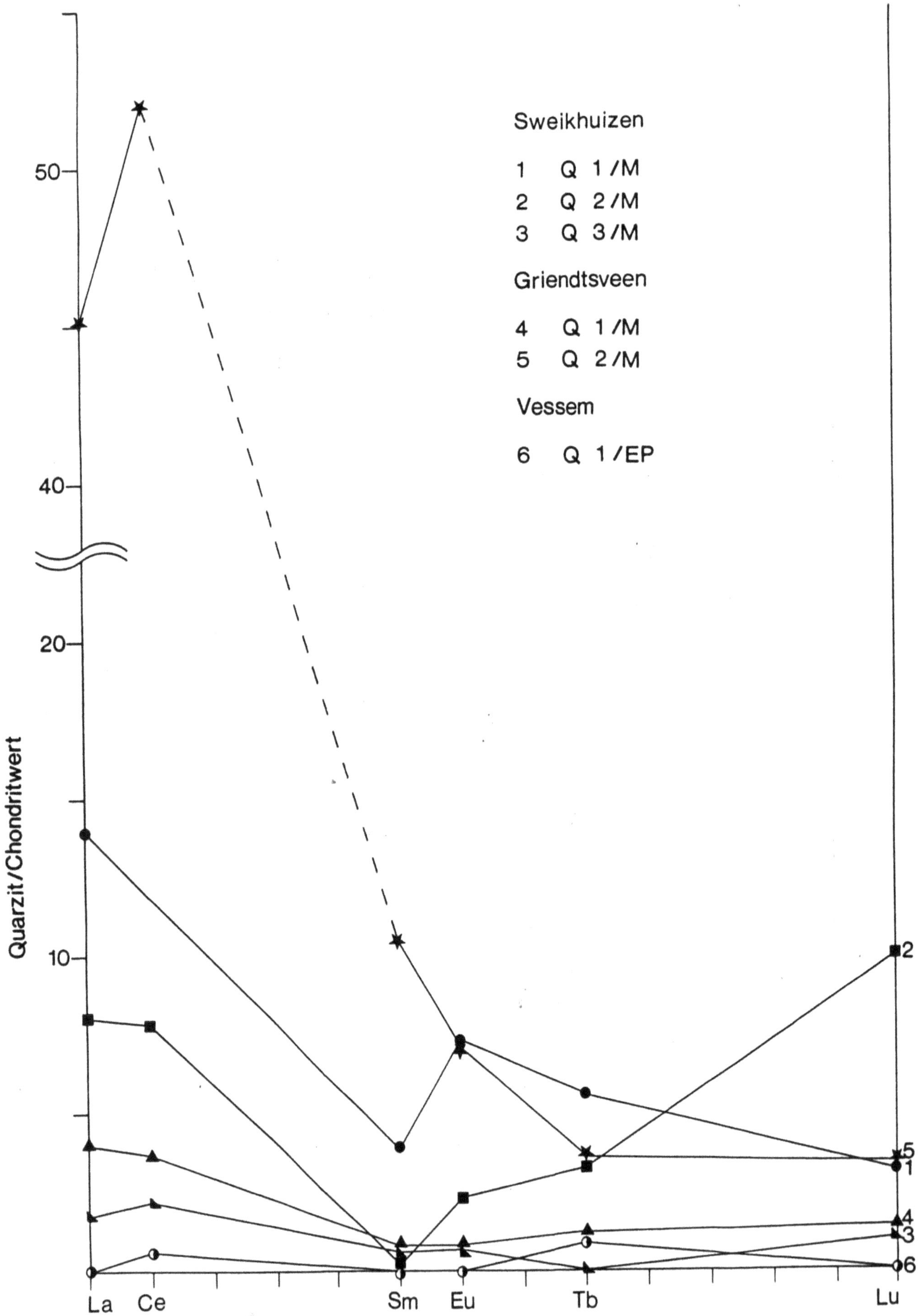

Abb. II.23 Gehalt an Seltenen Erden der niederländischen Quarzitartefakte, dargestellt als Quotient aus Meßwert und Chondritwert

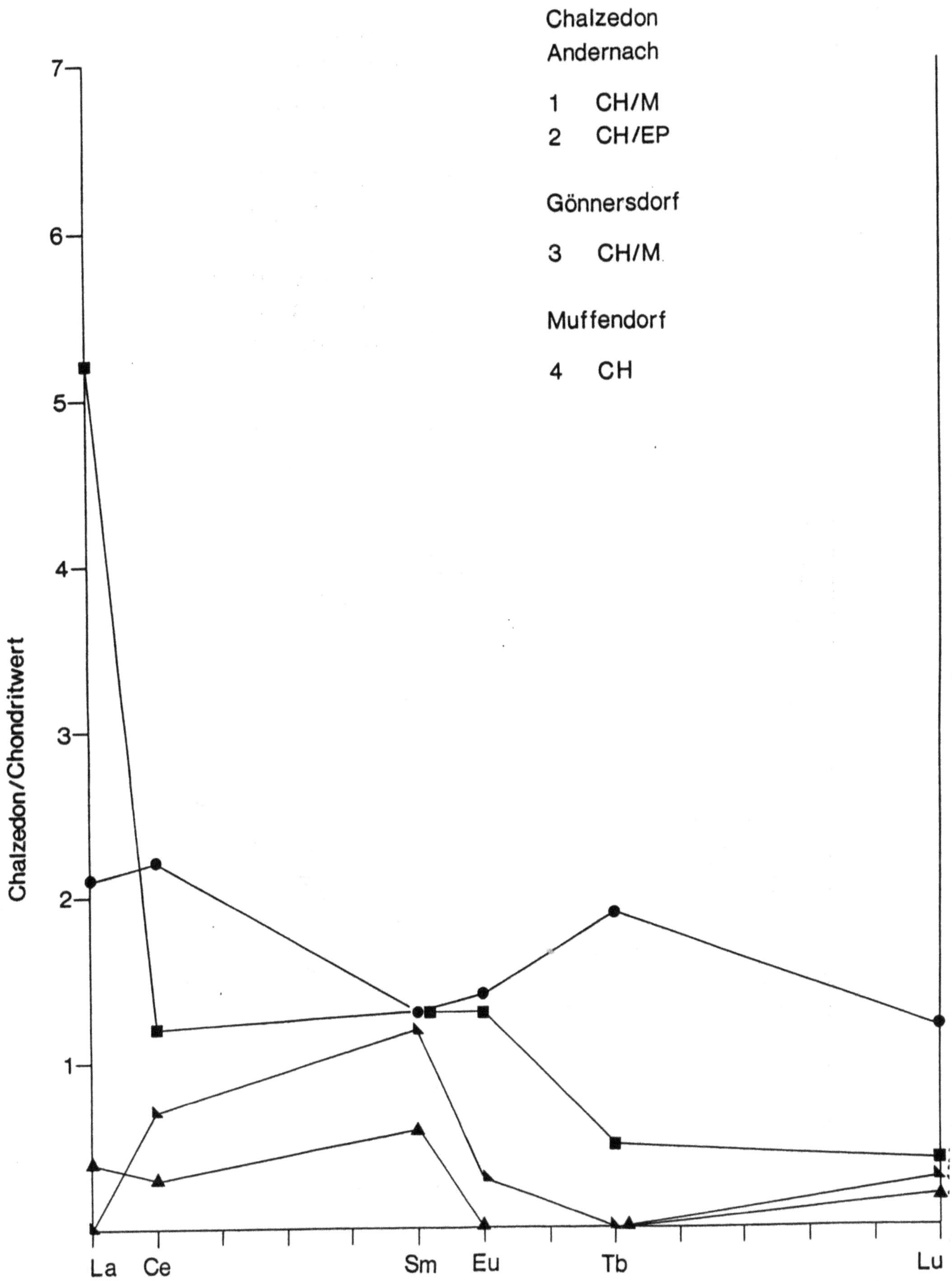

Abb. II.24 Gehalt an Seltenen Erden der Chalzedonvarietäten verschiedener Lokalitäten, dargestellt als Quotient aus Meßwert und Chondritwert

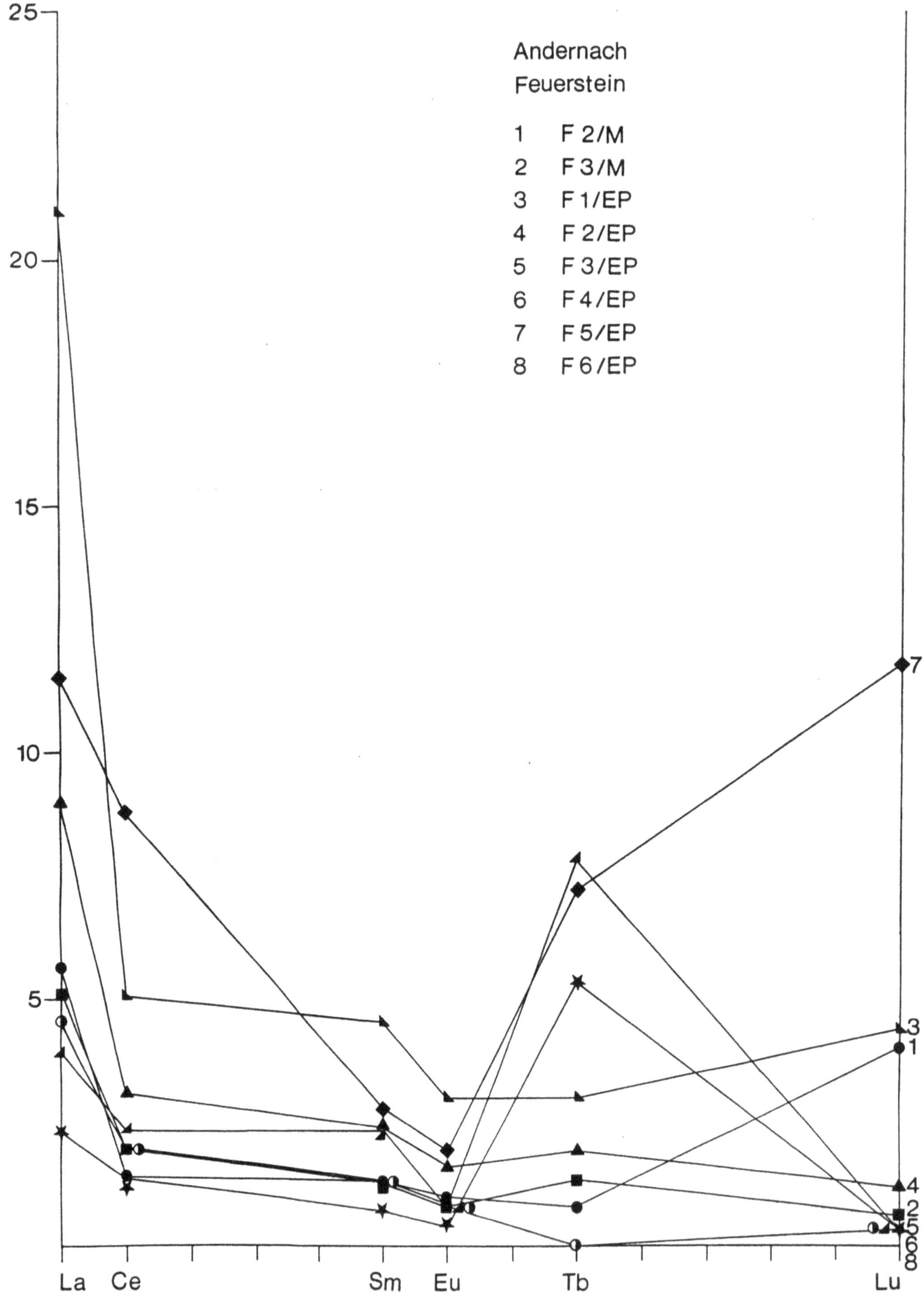

Abb. II.25 Gehalt an Seltenen Erden der Andernacher Feuersteinartefakte, dargestellt als Quotient aus Meßwert und Chondritwert

Tab. II.26 Zusammenfassung der naturwissenschaftlichen Untersuchungsergebnisse am Rohmaterial der Andernacher Steinartefakte

Gruppen-Bezeichnung	Dünnschliff	XRD	EDAX	REM	NAA (Mittelwert in ppm)	Mikrofossil	Andere
Q 1/M	unregelmäßige, nicht bis leicht kanten- und eckengerundete Quarzkörner, ø Korngröße: 0,04 - 0,06 mm, schlecht sortiert, z.T. wenig Matrix, kleine Chalzedon-Sphärolithe, kaum Anwachssäume, akzess. Bestandteile: Zirkon, Rutil, Turmalin, Epidot, Eisenoxide (Hämatit)	Quarz (evtl. Mikroklin, Albit)	Si, (Ti, Mn, Fe)	Quarzkörner in feinkristalliner Matrix, Sediment dicht verbacken, bei Patinierung: Oberfläche diffuser	Fe 4738,2 K 272,6 Na 127,5 Cr 111,7 Sc 2,0 Lu 0,4	-	Mikrosonde: Schlieren und schwarze Färbung aus Eisen-Mangan-Verbindung
Q 2/M	schwach bis mittelmäßig kanten- und eckengerundete Quarzkörner, ø Korngröße: 0,08 mm, sehr schlecht sortiert, z.T. mehr Matrix als bei Gruppe Q 1/M, limonitisch gebunden, kaum Anwachssäume, akzess. Bestandteile: Zirkon, Epidot u.a.	Quarz	Si, (Ti, Fe)	alte Oberfläche der Quarzkörner angelöst, Zement z.T. an den Quarzkornrändern weggelöst	Fe 6225,0 K 485,4 Na 114,6 Cr 22,4 Sc 1,2 Lu 0,2	-	Mikrosonde: Eisen (mit Spuren von Al, Ti, Mg, K, Ca, Na) in der Matrix
Q 3/M	unregelmäßige, nicht bis leicht kanten- und eckengerundete, Quarzkörner, ø Korngröße: 0,05 mm, relativ gut sortiert, sehr heterogene Zusammensetzung (Quarz, $CaCO_3$, Matrix), relativ viel Matrix, kaum Anwachssäume, Holhräume von Fossilien, akzess. Bestandteile: sehr wenig Glimmer, opake Minerale (Eisenoxid)	Quarz, ($CaCO_3$)	Si, (Ca)	Quarzkörner sind vereinzelt in der Matrix eingebettet, relativ niedrige Porosität	Fe 3741,5 K 2211,0 Na 787,7 Cr 26,9 Sc 0,9 Lu 0,1		
CH/M	feine mikrokristalline Struktur, einzelne Chalzedon-Sphröolithe, organische Reste, Pyrit, Eisenschlieren, unbestimmbare Bioklasten, Variante (CH(b)/M): kugelige Aggregate in lagenartiger Anordnung	- Quarz	Si, (Al, Ca, Fe) -	relativ dichte homogene mikrokristalline Matrix, z.T. findet sich auch Chalzedon als Zementbildner in ehemaligen Porenräumen	Fe 992,3 Na 92,9 Cr 17,6 Ce 1,6 La 0,6 Sc 0,3 Sm 0,3	-	-
F 1/M	sehr homogene feine Matrix, sehr wenige Chalzedon-Sphärolithe und Quarzkörner, organische Reste, sehr wenige Mikrofossilien, unbestimmbare Bio- und Lithoklasten	-	Si	sehr feines mikrokristallines Gefüge	-	Foraminiferen, Dinoflagellaten-Zysten	-
F 2/M	sehr homogene Matrix, sehr wenige Mikrofossilien einzelne große Chalzedon-Sphärolithe, organische Reste	-	Si	sehr feines mikrokristallines Gefüge	K 350,3 Na 288,3 Fe 120,4 Cr 16,6 La 1,7 Ce 1,2 Sc 0,2 Co 0,2 Lu 0,1 Eu 0,07	Foraminiferen,	-
F 3/M	sehr feine homogene Matrix (feiner als bei Gruppe F 2/M), keine größeren Chalzedon-Sphärolithe, einige größere Quarzkörner, einige Mikrofossilien	Verwitterungsrinde: Quarz (mit Spuren von Opal)	Si	feines mikrokristallines Gefüge, Oberfläche etwas rauher als von Gruppe F 1/M und F 2/M	K 458,8 Fe 392,1 Na 288,5 Cr 2,3 La 1,6 Ce 1,5 Sc 0,2 Co 0,2 Eu 0,06 Lu 0,02	Foraminiferen, Dinoflagellaten-Zysten Pollen/Sporen	-

(Fortsetzung Tab. II.26)

Gruppen-Bezeichnung	Dünnschliff	XRD	EDAX	REM	NAA (Mittelwert in ppm)	Mikrofossil	Andere
Q 1/EP	unregelmäßige, nicht bis leicht kanten- und eckengerundete Quarzkörner, ø Korngröße: 0,05 mm, schlecht sortiert, kaum Anwachssäume, bräunlichgefärbte Matrix (Eisenoxid), akzess. Bestandteile: Zirkon, Rutil, Epidot	-	Si	feines Netz von Poren, dichte Zementmasse, Zement fast aufgelöst, bildet eine leicht reliefierte Oberfläche	Fe 889,5 K 492,1 Na 187,9 Cr 93,8 Sc 3,7 Lu 0,5	-	-
Q 2/EP	unregelmäßige, nicht bis leicht kanten- und eckengerundete Quarzkörner, ø Korngröße: 0,06 mm, schlecht sortiert, kaum Anwachssäume, wenig Matrix, akzess. Bestandteile: Zirkon, Turmalin, Epidot	-	Si	einzelne Quarzkörner nicht zu erkennen, Oberfläche strukturiert, sekundäre Überzüge	Fe 729,2 K 272,0 Na 155,0 Cr 69,5 Sc 1,2 Lu 0,3	-	-
CH/EP	sehr feine mikrokristalline Matrix, einzelne große Chalzedon-Sphärolithe, Quarzkörner, organische Reste, Eisenschlieren, unbestimmbare Bioklasten	-	Si	gleichmäßig reliefierte Oberfläche, homogener als von Gruppe CH/M	Fe 1847,0 Na 163,0 Cr 31,3 La 1,6 Ce 1,0 Sm 0,3 Sc 0,1	-	-
F 1/EP	dichte, homogene Matrix, einzelne größere Chalzedon-Sphärolithe, größere Quarzkörner, zahlreiche Mikrofossilien, organische Reste, unbestimmbare Bio- und Lithoklasten	Verwitterungsrinde: Quarz (mit Spuren von Opal)	Si, (Al, Ti, Fe)	homogene, nicht reliefierte mikrokristalline Grundmasse	Fe 1879,3 K 579,7 Na 356,3 La 6,5 Ce 4,1 Cr 3,8 Sc 0,5 Co 0,4 Eu 0,2 Lu 0,1	Foraminiferen	-
F 2/EP	dichte, feine mikrokristalline Matrix, keine größeren Chalzedon-Sphärolithe, selten einzelne Quarzkörner, einige Mikrofossilien, organische Reste	-	Si	lokale Konzentrationen von Kieselsäure (Mikrofossilien ?)	K 618,6 Fe 439,4 Na 395,6 Cr 27,7 La 2,8 Ce 2,5 Lu 0,5 Sc 0,4 Co 0,3 Eu 0,1	Foraminiferen	-
F 3/EP	dichte, sehr feine mikrokristalline Matrix, einige größere Chalzedon-Sphärolithe, wenige Quarzkörner, einige Mikrofossilien, organische Reste, wenige Pollen/Sporen, Kalzit, einige unbestimmbare Bio- und Lithoklasten	-	Si	schwaches Relief, dichte, homogene Chalzedonmasse	Fe 953,0 K 694,5 Na 309,2 Cr 26,5 Ce 1,0 La 0,7 Sc 0,3 Co 0,3 Eu 0,03 Lu 0,01	Dinoflagellaten-Zysten, Foraminiferen, Pollen/Sporen	-

(Fortsetzung Tab. II.26)

Gruppen-Bezeichnung	Dünnschliff	XRD	EDAX	RMM	NAA (Mittelwert in ppm)	Mikrofossil	Andere
F 4/EP	homogene, feine mikrokristalline Struktur, Chalzedon-Sphärolithe, Quarzkörner, zahlreiche Mikrofossilien, organische Reste	Verwitterungsrinde: Quarz (mit Spuren von Opal)	Si	dichte reliefarme, homogene Chalzedonmasse	Fe 1048,0 K 794,5 Na 475,2 Cr 25,1 Ce 1,8 La 1,2 Co 0,7 Sc 0,3 Eu 0,06 Lu 0,01	Dinoflagellaten-Zysten, Acritarche, Foraminiferen, Pollen/Sporen, Grünalgen (Palambages morulosa)	-
F 5/EP	dichte, homogene Matrix, einige Chalzedon-Sphärolithe, Quarzkörner, Mikrofossilreste nicht gefunden, organische Bestandteile	-	Si	vereinzelte Quarzkörner in Matrix	Fe 869,9 K 413,5 Na 196,8 Cr 38,0 Ce 7,1 La 3,6 Co 0,6 Lu 0,4 Sc 0,3 Eu 0,1	Mikrofossilien nicht gefunden	-
F 6/EP	dichte, sehr homogene Matrix, einzelne Chalzedon-Sphärolithe, Mikrofossilreste nicht gefunden	-	Si	dichte, homogene Grundmasse mit leichten Unebenheiten und feinen Füllungen (Tonminerale ?)	Na 1153,0 K 480,0 Fe 227,0 Cr 44,6 Ce 1,6 La 1,4 Sc 0,3 Co 0,1 Eu 0,06 Lu 0,01	Mikrofossilien nicht gefunden	-
L 1/EP	sehr feine Quarzäderchen, Gefüge aus Radiolarien, etwas Glimmer	-	Si	sehr feine mikro-poröse, homogene mikrokristalline Chalzedonmasse, einzelne Quarzkörner (ca. 15 µm)	Fe 5068,4 Th 1,3 Cs 1,1 Sb 0,2	-	-
L 2/EP	dichte, undifferenzierte Matrix, andeutungsweise erkennbare Schichtung, einzelne Quarzkörner	-	Si, (Al, S, Cl, K, Ca, Ti, Fe)	regelmäßiges Porenmuster mit einzelnen Quarzkörnern (ca. 6 µm)	Fe 49400,1 Th 24,0 Cs 18,2 Sb 6,1	-	-
KO/EP	Struktur aus konzentrischen Kugeln (Oolithe), (ca. 0,1 mm im Durchmesser)	-	Si	homogene Chalzedonmasse, zahlreiche Poren	Fe 336,3 K 310,8 Na 275,5 Cr 23,3 La 1,0 Ce 0,8 Co 0,3 Sm 0,2 Sc 0,07 Eu 0,02	-	-
VK/EP	braungelb-gefärbte Matrix, zahlreiche Mikrofossilien	Quarz	-	-	+	Foraminiferen	-

+ Keine Mittelwerte angegeben, da nur 2 Proben mit sehr unterschiedlichem Elementgehalt gemessen worden sind.

Legende zu Tabelle 26:

-	nicht untersucht
( )	Nebenbestandteile

TEIL III

Anhang

Anhang 1:

Verzeichnis der Tertiärquarzitvorkommen im Neuwieder Becken und Umgebung

(TK 25, Blatt 5207 - 5813)

Anmerkungen zum Anhang 1:

Im Anhang 1 sind primär die Tertiärquarzitvorkommen im Neuwieder Becken und Umgebung aufgeführt, die auf den geologischen Karten bzw. Manuskriptvorlagen - soweit erhältlich - im Maßstab 1:25.000 eingetragen sind. Als Arbeitsgebiet ist ein Areal von 175 km^2 gewählt worden (Blatt 5207 - 5813). Einfacherhalber ist als Rechts- und Hochwert ein Mittelpunkt angegeben von dem sich die Blockstreuung, bzw. die Quarzitbank jedoch bis zu 1 km^2 und mehr ausdehnen kann. Die geologische Schicht, in dem der Tertiärquarzit eingebettet war, sowie Angaben zu Stellen seiner industriellen Nutzung (Steinbruch) sind zusätzlich vermerkt.

Quantitative Angaben zu den einzelnen Aufschlüssen sind mit folgenden Symbolen gekennzeichnet:

(++) - sehr viel
(+) - viel
(--) - sehr wenig
(-) - wenig

Blatt Sechtem (5207)

Geologisch bearbeitet durch G. Fliegel,
Aufnahme abgeschlossen 1904 (hrsg. 1909)

Vorkommen	r	h	Findlingsquarzit
/	/	/	/

Blatt Bonn (5208)

Geologisch bearbeitet durch W. Rauff, E. Zimmermann und W. Kegel,
Aufnahme abgeschlossen 1916 (hrsg. 1923)

Vorkommen	r	h	Findlingsquarzit
/	/	/	/

Blatt Siegburg (5209)

Geologisch bearbeitet durch A. Hoffmann, H. Udluft und E. Zimmermann,
Aufnahme abgeschlossen 1935 (hrsg. 1938, unver. Nachdruck 1978)

Vorkommen	r	h	Findlingsquarzit
SE Bennerscheid	$^{25}94020$	$^{56}19480$	(-)
NW Berghausen	$^{25}91560$	$^{56}19600$	(+)
SW Boseroth	$^{25}89720$	$^{56}19120$	(--)
W Dahlhausen/ E Straßenmeisterei	$^{25}90580$	$^{56}19220$	(--)
S Dollendorfer Hardt	$^{25}84840$	$^{56}19080$	(-)[1]
b. Dürresbach/ NW Söven	$^{25}89920$	$^{56}24860$	(+)
W Eisbach	$^{25}90760$	$^{56}20940$	(-)
E Eisbach	$^{25}91440$	$^{56}20760$	(--)
W Frohnhardt	$^{25}91060$	$^{56}20320$	(-)
E Frohnhardt	$^{25}91560$	$^{56}20320$	(--)
N Hasenboseroth/ W Boseroth	$^{25}89560$	$^{56}19420$	(+)

Vorkommen	r	h	Findlingsquarzit
S Hofen	25_{91720}	56_{23100}	(-)
NE Kurscheid	25_{92980}	56_{22220}	(+)
S Oberpleis	25_{90260}	56_{19900}	(--)
W Pleiserhohn	25_{90700}	56_{21740}	(+)
N Römlinghoven	25_{83740}	56_{20140}	(--)[1]
E Römlinghoven	25_{84360}	56_{19800}	(-)[1]
SW Rübhausen	25_{92220}	56_{21100}	(--)
N Sandscheid	25_{92500}	56_{20240}	(++)
S Söven	25_{90460}	56_{24100}	(--)
N Waschpohl	25_{92500}	56_{21140}	(--)
S Wellesberg/ N Bennerscheid	25_{93940}	56_{20580}	(+)
NE Wellesberg	25_{93940}	56_{21360}	(--)
W Westerhausen	25_{92000}	56_{22700}	(+)
SW Wippenhohn	25_{90640}	56_{25200}	(+)

Anmerkungen:

Quarzitblöcke als Blockstreuung in quartären Schuttbildungen.

[1] Quarzkies und Sand mit Braunkohlenquarziten (Oligozän).

Nach O. Burre (1930) sind auch vereinzelte Quarzitbänke vorhanden. Die Vorkommen sind fast alle industriell abgebaut worden (Gruppe XI - XVI seiner Quarzitlagerstätten).

O. Burre beschreibt u.a. Findlingslagerstätten N Kippenhohn bis in die Gegend von Hasenboseroth (1930:26), bei Boseroth und SW Oberpleis im Gehängelehm an Quarzitbänke angrenzend (1930:26-27), E und SE Stuxenberg, zwischen Wellesberg, Bennerscheid und Sand und S bis über die Straße Oberpleis - Eudenbach. Weiterhin listet er Findlingslagerstätten bei Waschpohl und Rübhausen im Eozänton und Gehängelehm, bei Kurscheid, Broichhausen bis ins Hanfbachtal und SW Röttgen. SE und E Westerhausen erwähnt er ausgedehnte Quarzitvorkommen (Oberoligozän) und zahlreiche Findlingslagerstätten bei Pleiserhohn, sowie SW bis fast in das Pleisbachtal reichend (1930:27-28). Nach NE ziehen sich die Blockstreuungen bis nach Hofen, wo Quarzit ehemals in Bänken angestanden haben könnte (1930:28-30). Am Nordrande der E Uthweiler gelegenen Basaltkuppe befand sich ebenfalls anstehender Tertiärquarzit, aber nur in geringer Menge. Einzelne Quarzitblöcke in den quartären Schottern werden für die Umgebung der Straße Uthweiler - Niederbuchholz genannt (1930:30). Zwei Quarzitlagen, die durch eine Tonschicht getrennt sind, werden für einen Aufschluß in der Gegend von Dürresbach angegeben. Einige verstreute Quarzitfindlinge erwähnt O. Burre auch für das Gebiet N Dürresbach, SW und NE Wippenhohn, bei Söven, S Söven und auf der Höhe von Söven und Rott im Gehängelehm sowie in den ältesten quartären Schottern bei Dülferoth (1930:30-34).

Zu den wichtigsten anstehenden Lagerstätten zählt B. von Freyberg u.a. Boseroth (hier als "Boserodt" aufgeführt) und Vorkommen mit größeren Mengen von Quarzitblöcken das Pleisbachtal ("Pleißtal") (1926:199).

E. Kaiser beobachtete Quarzitbänke in oligozänen Schichten N Weiler, auf der Höhe zwischen Dürresbach und Wippenhohn, NW Stuxenberg und S Stuxenberg an der Straße Sand - Wellesberg (1897:104/106).

H. Laspeyres nennt ebenfalls Quarzitbänke für die Gegend SW Boseroth (1900:465).

Anstehenden Tertiärquarzit erwähnt O. Wilckens bei der Kuppe SE Wiersberg, im Weilerbachtal NW Boseroth und im Dürresbacher Tal zwischen Söven und Geistingen (1927:44).

Blatt Eitorf (5210)

Geologisch bearbeitet durch E. Schröder,
Aufnahme abgeschlossen 1966 (hrsg. 1968)

Vorkommen	r	h	Findlingsquarzit
/	/	/	/

Blatt Weyerbusch (5211)

(Geologisch noch nicht aufgenommen)

Blatt Wissen (5212)

Geologisch bearbeitet durch H. Quiring,
Aufnahme abgeschlossen 1929 (hrsg. 1934)

Vorkommen	r	h	Findlingsquarzit
W Obr. Hövels/ am Gotterbach	$^{34}15920$	$^{56}29260$	(--)

Vorkommen	r	h	Findlingsquarzit
NE Steckenstein/ NW F. Kohlschlade	$^{34}13400$	$^{56}29100$	(--)

Anmerkungen:

Vereinzelte Quarzitblöcke (Untermiozän).

Blatt Bendorf (5213)

Geologisch bearbeitet durch H. Quiring,
Aufnahme abgeschlossen 1929 (hrsg. 1934)

Vorkommen	r	h	Findlingsquarzit
NE Daaden/ Hüll-Wald	$^{34}28000$	$^{56}24300$	(--)
E Elkenroth/ SW Stein-Kopf	$^{34}22840$	$^{56}22100$	(--)
E Friedewald	$^{34}17240$	$^{56}19880$	(--)
NE Friedewald/ N Derscher Burg	$^{34}27700$	$^{56}20560$	(--)
SW Stein-Kopf	$^{34}22860$	$^{56}22040$	(--)
S Stein-Kopf	$^{34}23180$	$^{56}22400$	(--)

Anmerkungen:

Blöcke von Tertiärquarzit in Flußaufschüttungen und Seeausfüllungen (Untermiozän). Nach H. Quiring sind "selbständige Quarzitlager nur am Galgenkopf (Grube Georg) bekanntgeworden, doch haben sich an mehreren Punkten große Blöcke ("Findlingsquarzite") auf sekundärer Lagerstätte, so im Bereich der Heller Hauptterrasse westlich von Grunebach gefunden" (1935:41-42). Weiterhin erwähnt er den industriellen Abbau an vielen Stellen, u.a. am Hasselichskopf und E Oberdreisbach (1935:70).

Nach H. Autschbach befanden sich zwei Steinbrüche zwischen Norken und Nauroth-Mörlen auf einem hochgelegenen Plateau (1922:35-37). Ein weiterer Steinbruch soll bei Neunkhausen existiert haben (1922:39). Ebenfalls industriell genutzt, wurden nach seinen Angaben auch Vorkommen ca. 1,5 km SW von Daaden, auf dem hochgelegenen Plateau "Auf der Burg", wo sich zwei große Steinbrüche befanden (1922:39-41). Einige Kilometer N Daaden - in der Nähe einer Basaltkuppe "Mahlscheid" S Herdorf - erstreckte sich ein weiteres Quarzitvorkommen bis zum "Hohenseelbachskopf" (1922:41-43).

B. von Freyberg nennt unter seinen Beispielen für wichtige Lagerstätten des Westerwaldes u.a. Daaden, Herdorf, Nauroth und Neunkhausen (1926:199-200).

Blatt Rheinbach (5307)

Geologisch bearbeitet durch A. Fuchs,
Aufnahme abgeschlossen 1903 (hrsg. ?)

Vorkommen	r	h	Findlingsquarzit
/	/	/	/

Blatt Godesberg (5308)

Geologisch bearbeitet durch H. Hauff und W. Kegel,
Aufnahme abgeschlossen 1905 (hrsg. 1923)

Vorkommen	r	h	Findlingsquarzit
NE Berkum	$^{25}80820$	$^{56}10860$	(+)
S Muffendorf	$^{25}81960$	$^{56}14600$	(++)

Anmerkungen:

Blöcke von Tertiärquarzit mit Gehängeschutt vermischt.

W.V. Kohnen beschreibt "ziehmlich große Knollensteine" in der nächsten Umgebung des Lyngsberges bei Mehlem (1907:8).

H. Schwabedissen erwähnt das Auftreten von Tertiärquarzitblöcken SE vom Marienforster Tal bis zum Lyngsberg bei Mehlem und am Weg vom Gut Marienforst nach Heiderhof (1970: 104-7).

Blatt Honnef-Königswinter (5309)

Geologisch bearbeitet durch G. Berg und O. Burre,
Aufnahme abgeschlossen 1931 (hrsg. 1938, unver. Nachdruck 1978 als Blatt Königswinter)

Vorkommen	r	h	Findlingsquarzit
W Ägidienberg/ Honnefer Staatsforst	$^{25}90340$	$^{56}14440$	(++)
N Auge Gottes	$^{25}90220$	$^{56}10980$	(++)
NW Brüngsberg/ NW Beuel-Berg	$^{25}91920$	$^{56}16820$	(--)
NE Dottscheid	$^{25}89800$	$^{56}17780$	(--)
Ellenbruch/ W Himberg	$^{25}90380$	$^{56}13500$	(++)
NW Frosch-Berg	$^{25}86440$	$^{56}16860$	(+)[1]

Vorkommen	r	h	Findlingsquarzit
S Frosch-Berg	25_{86820}	56_{16540}	(+)[1]
b. Großenbüsch	25_{94140}	56_{18100}	(-)
S Großenbüsch	25_{94060}	56_{17760}	(+)[1]
Hasenhard	25_{89700}	56_{10860}	(--)
W Himberg	25_{91600}	56_{13020}	(++)
NE Himmerich-Berg	25_{90500}	56_{13000}	(-)
W Hühnerberg	25_{92140}	56_{17940}	(++)
N Hühnerberg	25_{92700}	56_{18320}	(++)
NW Ittenbach/ N Sold.-Fdhf.	25_{89760}	56_{16700}	(--)
S Ittenbach	25_{89800}	56_{16160}	(--)
SE Ittenbach/ Staatsforst Siegburg	25_{90140}	56_{16540}	(--)
E Ittenbach/ "Auf der Heide"	25_{90540}	56_{16840}	(+)
SE Ittenbach/ Hartenbruch	25_{90620}	56_{15760}	(--)
Jagdhaus Schmelztal	25_{89300}	56_{13640}	(--)
b. Kalenborn/ Bahnhof	25_{93000}	56_{09760}	(+)
N Kalenborn	25_{93640}	56_{10680}	(--)
Kippenhohn	25_{89180}	56_{18600}	(+)[1]
SW Kretzhaus	25_{92640}	56_{09220}	(+)
Kreuzeiche	25_{91700}	56_{11400}	(--)
S Lannesdorf	25_{83040}	56_{13940}	(+)[1]
S Lannesdorf	25_{83120}	56_{13880}	(+)[1]
W Ley-Berg/ Staatsforst Siegburg	25_{90540}	56_{12920}	(++)
Mattenhahn/ E Minder-Berg	25_{93020}	56_{08380}	(++)
W Meer-Berg	25_{92100}	56_{09700}	(-)
SW Mühren	25_{89860}	56_{16980}	(--)
E Oberkalenborn	25_{93780}	56_{09640}	(--)
N Oberwillscheid	25_{93600}	56_{10200}	(--)

Vorkommen	r	h	Findlingsquarzit
NW Oberwinter/ "am Eselskopf"	$^{25}83060$	$^{56}10540$	(+)
Quirgelstein	$^{25}93200$	$^{56}08940$	(--)
b. Rosenau	$^{25}87340$	$^{56}17680$	(+)[1]
N Rostingen	$^{25}94020$	$^{56}17420$	(+)
SW Rottlandhof	$^{25}92020$	$^{56}11860$	(++)
N Rottlandhof	$^{25}92460$	$^{56}12360$	(++)
SE Rottlandhof	$^{25}92660$	$^{56}11780$	(++)
NE Rottlandhof	$^{25}92900$	$^{56}12420$	(++)
S Ruttscheid	$^{25}89840$	$^{56}17960$	(--)
SE Schweifeld	$^{25}93860$	$^{56}11240$	(--)
SW Unkelbach	$^{25}82600$	$^{56}07800$	(+)[1]
N Unkelbach	$^{25}84440$	$^{56}08320$	(-)
Wendeltreppe/ W Himberg	$^{25}89640$	$^{56}13840$	(++)
W Willmeroth	$^{25}93700$	$^{56}18740$	(-)
Wintermühlenhof	$^{25}85660$	$^{56}16780$	(+)[1]

<u>Anmerkungen:</u>

Quarzit als Blockstreuung in quartären Schuttbildungen.

[1] Heller Quarzit in Quarzsandstein- und Kiesschichten (Oligozän).

Nach O. Burre (1930) sind die meisten dieser Vorkommen zum größten Teil industriell abgebaut worden (Gruppe III, V, VI, XVII und XVIII seiner Quarzitlagerstätten).

O. Burre erwähnt u.a. Quarzitlagerstätten W Kalenborn, Findlinge auf den Hochflächen zwischen Mehrberg und Bahnhof Kalenborn, am Nord- und Südhang des Berges bis zum Dorfrand Kalenborn, sowie E Minderberg ("Düstemich") (1930:16-17). Weiterhin nennt er größere Mengen von Quarzitblöcken im Gehängelehm am NE Hang des Asperg - zu beiden Seiten der Landstraße und darüber hinausgehend -, einzelne Blöcke N Kalenborn und S Schweifeld, auf der Hochfläche beim Auge Gottes, W und S Himberg - bis in das Pleisbachtal - und bei Rottbitze (1930:17-18).
Als die bedeutendsten Quarzitlagerstätten NW des Westerwaldes werden die Vorkommen beim Hühnerberg bezeichnet, mit der größten Ausdehnung auf der Rostinger Heide, E Hühnerberg. Die Quarzitbank erstreckte sich in N-S- und E-W-Richtung ca. 350 m. Bei Willmeroth befand sich eine 2 m

mächtige Quarzitbank. Zahlreiche Findlingslagerstätten befinden sich am S-, E- und N-Hang der Rostinger Heide bis zum Dorf Rostingen. Für Kippenhohn gibt O. Burre ebenfalls ein ehemals bankförmiges Vorkommen an. (1930:22-26)

Quarzitlagerstätten nennt er weiterhin für die Gegend um die Andesit-Kuppen Himmerich, Mittelberg und Broderkonsberg, besonders nach N und SW. Nach E gibt es ein kleines Vorkommen S des Servatiushofes im oberen Pleisbachtal und nach S bis in die oberen Regionen des Mucher Wiesentales. (1930:32-33)

Ein ehemaliges Quarzitlager nimmt O. Burre auch für die Umgebung von Ittenbach an, von dem die Blockstreuung bis nach Ruttscheid reicht (1930:33).

In größerer Menge liegen Quarzitblöcke schließlich in der Nähe von Ziegenhardt, N vom Himmerich (1930:34).

H. Autschbach listet die Quarzitvorkommen bei Kalenborn ebenfalls als wichtige industrielle Abbaugebiete (1922:53).

H. von Dechen erwähnt zahlreiche Quarzitblöcke im Jagen 12, oberer Abschnitt des Mucher Wiesentales (1884:745).

B. von Freyberg führt unter seinen Beispielen für Quarzitblockstreuungen in größeren Mengen das Gebiet um Honnef, Ägidienberg und Kippenhohn ("Kippenhahn") an (1926:199).

Nach C. Heusler "folgt die Quarzitbank (auf dem Hühnerberg) ganz den Konturen des Gebirges und gestaltet sich daher haubenförmig über das nach verschiedenen Seiten abfallende Bergplateau" (1897:54).

E. Kaiser beschreibt eine Quarzitbank, die ehemals zwischen Kalenborn und Oberkalenborn gelegen hat (1897:106-7).

Nach H. Laspeyres befand sich ein 0,5 - 1 m mächtiges Quarzitlager an der Westseite des Hofes Kippenhohn sowie weitere Gruben zu beiden Seiten des Weges nach Ruttscheid (1900:345).

O. Wilckens nennt Steinbrüche am "Quegstein", am W- und S-Fuß des Remscheid, auf der Rostinger Heide und am N-Ende des Zillingerheidchens. Quarzitblöcke beobachtete er bei Rotseifen bis zur Abtei Heisterbach und zwischen Oberdollendorf und Pfaffenröttchen. (1927:44-45)

Blatt Asbach (5310)

Geologisch bearbeitet durch O. Burre,
Aufnahme abgeschlossen 1928 (hrsg. 1940)

Vorkommen	r	h	Findlingsquarzit
S Beretenauer Kopf	$^{26}01980$	$^{56}09560$	(-)[1]

Vorkommen	r	h	Findlingsquarzit
SE Eilenburg	$^{33}90120$	$^{56}10260$	(--)
N Ehrenberg	$^{26}00500$	$^{56}11960$	(--)
N Etscheid	$^{25}99780$	$^{56}11800$	(-)
W Eudenbach	$^{25}94400$	$^{56}17920$	(++)
SE Eudenbach	$^{25}95600$	$^{56}17160$	(--)
W Gerhardshahn/ um Schotterwald	$^{33}90040$	$^{56}08740$	(-)[1]
	bis		
	$^{26}02040$	$^{56}08740$	
N Gerhardshahn	$^{26}00460$	$^{56}08500$	(--)
W Germscheid/ "Wiesplätzchen"	$^{25}96540$	$^{56}15080$	(--)
E Gratzfeld	$^{25}95240$	$^{56}16480$	(-)
W Jungfernhof	$^{26}01120$	$^{56}08880$	(--)
S Jungfernhof	$^{26}01300$	$^{56}08560$	(--)
S Kaffroth/ N Burglahr	$^{33}93720$	$^{56}12560$	(-)[1]
S Kalscheid	$^{26}02120$	$^{56}12760$	(--)
NE Ndr. Windhagen/ SW Köttingen	$^{25}97080$	$^{56}13760$	(--)
NE Notscheid	$^{25}95020$	$^{56}08500$	(--)
NE Oberetscheid	$^{25}99820$	$^{56}12500$	(--)
zwischen Ober- und Niederetscheid	$^{25}99100$	$^{56}11860$	(+)
S Schluten/ NE Bennau	$^{25}99600$	$^{56}15400$	(--)
NW Stockhausen	$^{25}96060$	$^{56}14860$	(+)[1]
NW Stockhausen	$^{25}96100$	$^{56}14800$	(+)
NE Stockhausen	$^{25}96660$	$^{56}14460$	(--)
SE Stockhausen	$^{25}97100$	$^{56}13760$	(--)
E Straßen	$^{26}00160$	$^{56}13300$	(--)
N Vogtslag	$^{25}99010$	$^{56}13180$	(+)
SE Willscheiderberg	$^{25}94740$	$^{56}09260$	(+)
SE Wilsberg	$^{26}00100$	$^{56}13560$	(--)

Anmerkungen:

Quarzit als Blockstreuung in quartären Schuttbildungen.

1 Quarzit in hellen Quarzsand- und Quarzkieslagen (Oberoligozän).

Nach O. Burre (1930) sind auch vereinzelt Quarzitbänke vorhanden. Die Vorkommen sind zum größten Teil industriell abgebaut worden (Gruppe II, IV, VII - IX seiner Quarzitlagerstätten).

Er erwähnt Quarzitblockstreuungen rings um den Notscheider Berg, N Lorscheid, am SE-Hang des Willscheider Berges und W Vettelschoß (1930:16-17). Weiterhin nennt er ein kleines Vorkommen am SW-Hang des Bertenauer Kopfes, rings um das Basaltplateau des Büchels und am Fuß des sich direkt nördlich anschließenden Telegraphenberges. Der Quarzit kommt hier in oligozänen Schottern vor. Eine ca. 1 m mächtige Quarzitbank soll S Bertenau an der Landstraße aufgeschlossen gewesen sein, deren Reste als Findlinge bis N des Weges nach Gerhardshahn, W Gerhardshahn, Jungfernhof und weiter westlich verbreitet sind. Auch für das Gebiet NE Büchel werden ehemalige Quarzitbänke vermutet. (1930:18-20)

Auf dem Spillhügel N Etscheid kommt tertiärer Quarzit als bankförmige Lagen wie auch in den Schottern vor. Besonders große Verbreitung haben die Findlinge zwischen Ober- und Niederetscheid, NW Etscheid. Daneben treten ca. 500 m NNE von Etscheid Quarzitblöcke auf. Größere Blockstreuungen konnte O. Burre auch N Ehrenberg bis nach Brüchen beobachten. Geringere Mengen finden sich dagegen NE des Spillhügels, E der Straße Etscheid - Asbach, N Vogtslag bis in das Pfaffenbachtal. (1930:20-21)

Eine Quarzitbank war ursprünglich N Stockhausen vorhanden, die vermutlich ca. 200 m lang und 150 m breit gewesen ist. Blockfelder finden sich im NW und SE Hanglehm und reichen bis an den Ortsrand von Stockhausen heran. Reste dieses Vorkommens lassen sich bis W Muser Heide verfolgen. (1930: 21-22)

Einzelne Findlinge beschreibt O. Burre E Kalscheid, 2 km W Asbach, E des Mehrbaches/S der Straße Asbach - Altenkirchen, die hier auch in den Schottern liegen, und am Hange bei Wilsberg, NW Kalscheid. (1930:33)

B. von Freyberg nennt Vettelschoß ("Vettelschloß") und Neustadt a. d. Wied unter den wichtigen Lagerstätten des Siebengebirges mit größerer Blockstreuung (1926:199).

C. Heusler erwähnt, daß "zwischen Brüchen und Hinterplag sowie Etscheid Quarzit über Tonen gelagert als geschlossenes Lager von 0,6 - 1 m Stärke auftritt" (1897:53).

Blatt Altenkirchen (5311)

Geologisch bearbeitet durch O. Burre und H. Quiring, Aufnahme abgeschlossen 1933 (hrsg. 1940)

Vorkommen	r	h	Findlingsquarzit
E Berzhausen	$^{33}99800$	$^{56}14180$	(--)
NW Mahlert	$^{34}02500$	$^{56}14320$	(--)
SW Neitzert	$^{34}03800$	$^{56}12840$	(--)
W Rott	$^{33}99800$	$^{56}14180$	(--)
S Walterschen	$^{33}98500$	$^{56}16800$	(--)

Anmerkungen:

Findlingsquarzit im Gehängelehm (Quartär und Oberoligozän).

Nach O. Burre (1930) wurden die Quarzitvorkommen zum größten Teil industriell abgebaut. Er erwähnt NW Rott gelegene Gruben - Krautgarten, Rott, Johanna und Romeriken-Berg - mit Quarzitlagen, die er zur Gruppe XVI seiner Quarzitlagerstätten zählt (1930:32). Weiterhin nennt er einige Blöcke in der Gegend von Mahlert S Altenkirchen. Die Untersuchungen über andere Vorkommen sind in diesem Gebiet 1930 noch nicht abgeschlossen gewesen. (1930:33)

Blatt Hachenburg (5312)

Geologisch bearbeitet durch H. Quiring,
Aufnahme abgeschlossen 1930 (hrsg. 1934)

Vorkommen	r	h	Findlingsquarzit
S Beroder Wald	$^{34}09040$	$^{56}10500$	(-)[1]
SE Beroder Wald	$^{34}09240$	$^{56}10760$	(-)[1]
W Beroder Wald (?)	$^{34}09360$	$^{56}10780$	(-)[1]
SE Oberdreis/ Oberdreiser Wald	$^{34}08140$	$^{56}09760$	(-)[1]
SE Oberdreis/ Oberdreiser Wald	$^{34}08760$	$^{56}09760$	(-)[1]
W Roßbach	$^{34}05620$	$^{56}08800$	(--)
E Roßbach	$^{34}06180$	$^{56}08180$	(--)
N Roßbach	$^{34}06600$	$^{56}09480$	(--)
NE Roßbach/ E Zeche "Guter Trunk Marie"	$^{34}07460$	$^{56}10020$	(--)
NE Welkenbach/ Wahlroder Wald	$^{34}10360$	$^{56}11080$	(-)[1]

Anmerkungen:

Vereinzelte Quarzitblöcke im Gehängelehm (Oberoligozän).

1 Quarzit in hellen Quarzsand- und Quarzkieslagen (Oberoligozän)

Blatt (Bad) Marienberg (5313)

Geologisch bearbeitet durch G. Angelbis (1868), W. Ahrens, K. Schlossmacher und Glässner (1923, 1926), H. Quiring (1927) und F. Michels (1928)

(Manuskriptvorlage)

Vorkommen	r	h	Findlingsquarzit
W Alpenrod/ "Dickenhahn"	$^{34}19260$	$^{56}11180$	(+)
SW Alpenrod	$^{34}19920$	$^{56}11060$	(--)
S Kirburg/ E Bölsberg	$^{34}24500$	$^{56}15440$	(--)
S Nisterberg/ N Pfuhler Höhe	$^{34}28100$	$^{56}15440$	(+)

Anmerkungen:

Verstreute Quarzitblöcke (Ober- und Untermiozän).

H. Autschbach erwähnt, daß ca. 1 km W des Dorfes Hahn/ NE Marienberg in einem Steinbruch tertiärer Quarzit abgebaut worden ist (1922:29-31).

B. von Freyberg listet als Beispiel für die wichtigsten Lagerstätten des Westerwaldes u.a. Korb/NW Unnau und Erbach/NW Marienberg (1926:199-200).

Blatt Altenahr (5407)

Geologisch bearbeitet durch A. Ebert, Aufnahme abgeschlossen ? (hrsg. 1939)

Vorkommen	r	h	Findlingsquarzit
/	/	/	/

Blatt Ahrweiler (5408)

Geologisch bearbeitet durch A. Ebert, E. Kaiser und

A. Fuchs,
Aufnahme abgeschlossen 1929 (hrsg. 1939)

Vorkommen	r	h	Findlingsquarzit
/	/	/	/

Blatt Linz (5409)

Geologisch bearbeitet durch E. Kaiser und A. Hoffmann,
Aufnahme abgeschlossen 1934 (hrsg. 1937)

Vorkommen	r	h	Findlingsquarzit
NW Hargarten/ E Neu-Renneberg	$^{25}93820$	$^{56}07520$	(+)
N Hargarten	$^{25}94020$	$^{56}07040$	(-)

Anmerkungen:

Vereinzelte Quarzitblöcke in quartären Schuttbildungen, sowie durchgehende, wenn auch nicht sehr regelmäßige Bänke in oligozänen Schichten (Erläuterungen zu Blatt Linz, 1939:12).

Nach O. Burre (1930) sind auch hier die Quarzitvorkommen zum größten Teil industriell abgebaut worden (Gruppe I seiner Quarzitlagerstätten). Er erwähnt u.a. Findlinge am nördlichen Hang des Hummelsberges, die bis in das Tal hinunterstreuen (1930:15-16).

Blatt Waldbreitbach (5410)

Geologisch bearbeitet durch O. Burre,
Aufnahme abgeschlossen 1927 (hrsg. 1940)

Vorkommen	r	h	Findlingsquarzit
NW Hilkerscheid	$^{25}94500$	$^{56}07340$	(--)
NW Lorscheid	$^{25}95880$	$^{56}07500$	(--)
SE Lorscheid	$^{25}96100$	$^{56}07200$	(-)
SW Sengenau	$^{25}97380$	$^{56}07400$	(--)

Anmerkungen:

Findlingsquarzit in quartären Schuttbildungen.

Nach O. Burre (1930) handelt es sich in diesem Gebiet

nur noch um Blockstreuungen, die z.T. im Lehm und Gehängeschutt eingebettet sind. Die Vorkommen sind entweder noch unbekannt, bzw. schon vor 1930 abgebaut worden. Er nennt in diesem Zusammenhang tertiäre Quarzite am Waldsee, ca. 3,5 km W Waldbreitbach und in der Gegend von Rahms, die dort auf der Hochfläche liegen (1930:33).

Blatt Dierdorf (5411)

Geologisch bearbeitet durch H. Quiring,
Aufnahme abgeschlossen 1931 (hrsg. 1940)

Vorkommen	r	h	Findlingsquarzit
/	/	/	/

Anmerkungen:

B. von Freyberg listet unter den Beispielen für die wichtigsten Quarzitlagerstätten des Westerwaldes Raubach (1926:199-200).

Blatt Selters (5412)

Geologisch bearbeitet durch G. Angelbis,
Aufnahme abgeschlossen 1868 (hrsg. ?)

(Manuskriptvorlage W. Ahrens, 1936/37)

Vorkommen	r	h	Findlingsquarzit
NE Ellenhausen/ W Nordhofen	^{34}10300	^{55}98880	(--)
E Freirachdorf	^{34}10100	^{56}05900	(--)
NE Freirachdorf	^{34}10380	^{56}06480	(--)
SE Freirachdorf	^{34}09820	^{56}05540	(--)
NE Helferskirchen	^{34}16380	^{55}98740	(--)
W Herschbach	^{34}09800	^{56}05240	(--)
NW Maxsain	^{34}13520	^{56}01980	(+)
N Niederdorf	^{34}15680	^{55}98620	(--)
NE Nordhofen/ SE Selters	^{34}10900	^{55}99540	(--)
SW Selters	^{34}13040	^{55}98840	(--)

Anmerkungen:

Findlingsquarzit im Gehängelehm (Oligozän), daneben aber auch Quarzit in quartären Schottern NE Zürbach (nach G. Angelbis, 1868). Das Vorkommen erstreckt sich nach Osten (s. Blatt Westerburg).

Zwischen Herschbach und Freirachdorf liegen die weitaus mächtigsten aufgeschlossenen tertiären Quarzitablagerungen des Westerwaldes und somit wohl auch von ganz Deutschland (H. Autschbach, 1922:51). Zahlreiche große Steinbrüche haben in den letzten Jahrzehnten (vor 1922) die ausgedehnten kompakten Lager industriell abgebaut. Heute befindet sich bei Herschbach der einzige noch in Betrieb befindliche Steinbruch. Hinweise auf dieses Vorkommen finden sich auch bei K. Endell, einschließlich einer genauen mineralogisch-petrographischen Beschreibung des Gesteins (1913:676-680).

B. von Freyberg weist ebenfalls auf die mächtigen Quarzitbänke bei Herschbach hin und nennt unter den weiteren wichtigen Vorkommen des Westerwaldes Freirachdorf, Mariarachdorf und Selters (1926:199-200).

Blatt Westerburg (5413)

Geologisch bearbeitet durch G. Angelbis,
Aufnahme abgeschlossen 1868 (hrsg. ?)

(Manuskriptvorlage W. Ahrens, 1930)

Vorkommen	r	h	Findlingsquarzit
W Arnshöfen	$^{34}19000$	$^{56}01160$	(+)
N Rothenbach	$^{34}22400$	$^{56}04420$	(+)
SW Sainterholz/ S Breiter-Berg	$^{34}17300$	$^{56}97540$	(++)[1]
NW Wölferlingen/ N Freilingen	$^{34}17800$	$^{56}04300$	(++)[1]
NE Wölferlingen	$^{34}19860$	$^{56}04300$	(+)

Anmerkungen:

[1] Quarzitblöcke im Gehängelehm (Verwitterungs- und Schuttbildungen.

Blatt Hönningen (5507)

(Manuskriptvorlage A. Ebert, 1935,
geologische Aufnahme noch nicht abgeschlossen,
bislang ist erst ca. 8 km^2 kartiert)

Vorkommen	r	h	Findlingsquarzit
/	/	/	/

Blatt Kempenich (5508)

Geologisch bearbeitet durch A. Ebert (1965-67), A. Schnütgen (Eruptiva) (1968-70), Nachträge (1974) und Revision H.-G. Mittmeyer (1980), Aufnahme abgeschlossen 1980 (hrsg. 1982)

Vorkommen	r	h	Findlingsquarzit
/	/	/	/

Blatt Burgbrohl (5509)

Geologisch bearbeitet durch W. Ahrens, Aufnahme abgeschlossen 1928 (hrsg. 1936)

Vorkommen	r	h	Findlingsquarzit
E Bausen-Berg	$^{25}88800$	$^{55}93200$	(--)
SE Kloster-Ruine Buchholz	$^{25}89500$	$^{55}90960$	(--)
S Kunks-Kopf	$^{25}90960$	$^{55}90460$	(--)
S (Niederober)-Weiler/W Grennertal	$^{25}89400$	$^{55}91320$	(+)
SE Niederzissen/ "Auf Weltersborn"	$^{25}87400$	$^{55}91200$	(+)
E Niederzissen	$^{25}87940$	$^{55}91820$	(--)
N Veitskopf/ W Wassenach	$^{25}89800$	$^{55}89560$	(--)
SW Wassenach/ "Kürbüsch"	$^{25}91740$	$^{55}89800$	(--)
NE Wassenach	$^{25}91880$	$^{55}90200$	(--)
E Wehr	$^{25}87360$	$^{55}87840$	(--)

Anmerkungen:

Quarzit in einzelnen Blöcken (Untermiozän), sowie Quarzit in hellem Ton mit Lagen von Klebsand, Sand und feinem Kies (Untermiozän).

Das Quarzitvorkommen W des Herchenberges bis fast zum

Bausenberg ist fast restlos schon vor 1936 industriell abgebaut worden (W. Ahrens, 1936:11).

Blatt Neuwied (5510)

Geologisch bearbeitet durch W. Ahrens und H. Quiring, Aufnahme abgeschlossen 1929 (hrsg. 1936)

Vorkommen	r	h	Findlingsquarzit
/	/	/	/

Blatt Bendorf (5511)

Geologisch bearbeitet durch H. Quiring, Aufnahme abgeschlossen 1927 (hrsg. 1934)

Vorkommen	r	h	Findlingsquarzit
/	/	/	/

Blatt Montabaur (5512)

(Manuskriptvorlage W. Ahrens, 1935/36)

Vorkommen	r	h	Findlingsquarzit
NW Hillscheid	$^{34}06680$	$^{55}87260$	(-)
N Hillscheid/ SE Höhr(-Grenzhausen)	$^{34}07120$	$^{55}88240$	(--)
SW Hosten/ N Wirges	$^{34}15300$	$^{55}95440$	(--)
NW Leuterod	$^{34}14900$	$^{55}96440$	(--)
SE Mogendorf	$^{34}12640$	$^{55}95760$	(-)
NE Siershahn/ E Mogendorf	$^{34}13840$	$^{55}96280$	(--)

Anmerkungen:

Quarzitblöcke (Oberoligozän)

B. von Freyberg erwähnt Siershahn als wichtige Lagerstätte des Tertiärquarzites im Westerwald (1926:199-200).

Blatt Meudt (5513)

Geologisch bearbeitet durch G. Angelbis,
Aufnahme abgeschlossen ? (hrsg. 1890)

Vorkommen	r	h	Findlingsquarzit
SW Görgeshausen	$^{34}25780$	$^{55}85620$	(++)[1]
SE Görgeshausen	$^{34}26380$	$^{55}86260$	(++)[1]
W Reckenthal/ "Kehrfeld"	$^{34}19160$	$^{55}87260$	(++)[1]

Anmerkungen:

1 Quarzitblöcke in quartären Schottern.

Blatt Adenau (5607)

(Geologisch noch nicht aufgenommen)

Blatt Virneburg (5608)

(Manuskriptvorlage A. Ebert, 1970-74,
4 Karten im Maßstab 1:10.000)

Vorkommen	r	h	Findlingsquarzit
/	/	/	/

Blatt Mayen (5609)

Geologisch bearbeitet durch W. Ahrens,
Aufnahme abgeschlossen 1930 (hrsg. 1936)

Vorkommen	r	h	Findlingsquarzit
SW Berresheim	$^{25}86060$	$^{55}74420$	(--)
SE Berresheim	$^{25}87760$	$^{55}74520$	(--)
N Kottenheim/ S Raben-Berg	$^{25}89740$	$^{55}80680$	(--)
SE Kottenheim/ N Hausen	$^{25}90700$	$^{55}79060$	(--)
SW Obermendig	$^{25}88500$	$^{55}82100$	(--)
W Obermendig	$^{25}88500$	$^{55}82440$	(--)

Anmerkungen:

Einzelne Blöcke von Quarzit (Untermiozän).

Nach W. Ahrens ist u.a. das kleine Vorkommen W Berresheim auffällig. "Es liegt nur in geringer Mächtigkeit auf dem Devon und muß sehr reichlich Quarzit enthalten haben, der hier früher gewonnen wurde" (1936:13).

Blatt Bassenheim (5610)

Geologisch bearbeitet durch H. Quiring und E. Zimmermann, Aufnahme abgeschlossen 1930 (hrsg. 1936)

Vorkommen	r	h	Findlingsquarzit
/	/	/	/

Blatt Koblenz (5611)

Geologisch bearbeitet durch Th. Schmierer, Aufnahme abgeschlossen 1928 (hrsg. 1934)

Vorkommen	r	h	Findlingsquarzit
/	/	/	/

Anmerkungen:

1. Auflage: E. Kayser (1887, hrsg. 1891)

Blatt Bad Ems (5612)

Geologisch bearbeitet durch E. Kayser, Aufnahme abgeschlossen 1885 (hrsg. 1891)

Vorkommen	r	h	Findlingsquarzit
/	/	/	/

Blatt Schaumburg (5613)

Geologisch bearbeitet durch E. Kayser, Aufnahme abgeschlossen 1884 (hrsg. 1891)

Vorkommen	r	h	Findlingsquarzit
/	/	/	/

Blatt Kelberg (5707)

(Geologisch noch nicht aufgenommen)

Blatt Kaisersesch (5708)

(Geologisch noch nicht aufgenommen)

Blatt Kaifenheim (5709)

(Geologisch noch nicht aufgenommen)

Blatt Münstermaifeld (5710)

(Manuskriptvorlage H. Quiring, 1934)

Vorkommen	r	h	Findlingsquarzit
/	/	/	/

Blatt Boppard (5711)

(Manuskriptvorlage H. Quiring, 1932)

Vorkommen	r	h	Findlingsquarzit
/	/	/	/

Blatt Dachsenhausen (5712)

Geologisch bearbeitet durch E. Holzapfel,
Aufnahme abgeschlossen 1888 (hrsg. 1891)

Vorkommen	r	h	Findlingsquarzit
/	/	/	/

Blatt Katzenelnbogen (5713)

Geologisch bearbeitet durch E. Kayser,
Aufnahme abgeschlossen 1885 (hrsg. 1891)

Vorkommen	r	h	Findlingsquarzit
/	/	/	/

Blatt Gillenfeld (5807)

(Geologisch noch nicht aufgenommen)

Blatt Cochem (5809)

(Manuskriptvorlage F. Dahlgrün, Jahr ?)

Vorkommen	r	h	Findlingsquarzit
NE Alflen/ W Görgenkaul	25_{75820}	55_{61840}	(--)
W Brenn/ NW Schafstall	25_{78260}	55_{52420}	(--)
N Cochem/ N Jünkern Wald	25_{82300}	55_{59340}	(--)
S Cochem/ N Ellerberg	25_{83340}	55_{54760}	(--)
NE Dohr/ Cochemer Forst	25_{80740}	55_{55880}	(--)
E Dohr/ SW Laykirst	25_{80960}	55_{55240}	(--)
N Driesch	25_{73120}	55_{56020}	(--)
NW Georgweiler/ W Büchel	25_{76600}	55_{60460}	(--)
NE Gevenich/ westl. Teil des Cochemer Forst	25_{79520}	55_{59460}	(--)
S Greimersburg	25_{81540}	55_{61340}	(--)
SW Kliding	25_{74840}	55_{52080}	(--)
SE Kliding	25_{76720}	55_{52100}	(--)
S Lutzerath/ "Thonhügel"	25_{72360}	55_{53700}	(--)
E Lutzerath	25_{72680}	55_{55280}	(--)
N Urschmitt/ "Hahn"	25_{76280}	55_{54700}	(--)

Anmerkungen:

Verstreute Quarzitfindlinge auf Hochflächen (Tertiär).

Blatt Treis (5809)

(Manuskriptvorlage H. Quiring, 1935)

Vorkommen	r	h	Findlingsquarzit
/	/	/	/

Blatt Dommershausen (5810)

(Manuskriptvorlage H. Quiring, 1935)

Vorkommen	r	h	Findlingsquarzit
/	/	/	/

Blatt Kestert (5811)

(Manuskriptvorlage A. Fuchs, 1932/33)

Vorkommen	r	h	Findlingsquarzit
/	/	/	/

Blatt St. Goarshausen (5812)

Geologisch bearbeitet durch E. Holzapfel,
Aufnahme abgeschlossen 1901 (hrsg. 1903)

Vorkommen	r	h	Findlingsquarzit
/	/	/	/

Blatt Nastätten (5813)

Geologisch bearbeitet durch H.-G. Mittmeyer,
Aufnahme abgeschlossen 1975 (hrsg. 1978)

Vorkommen	r	h	Findlingsquarzit
/	/	/	/

Anmerkungen:

1. Auflage: E. Holzapfel und A. Leppla (1901, hrsg. 1903)

Anhang 2:

Verteilung der Quarzkorngrößenklassen

2.1

KORNVERTEILUNG

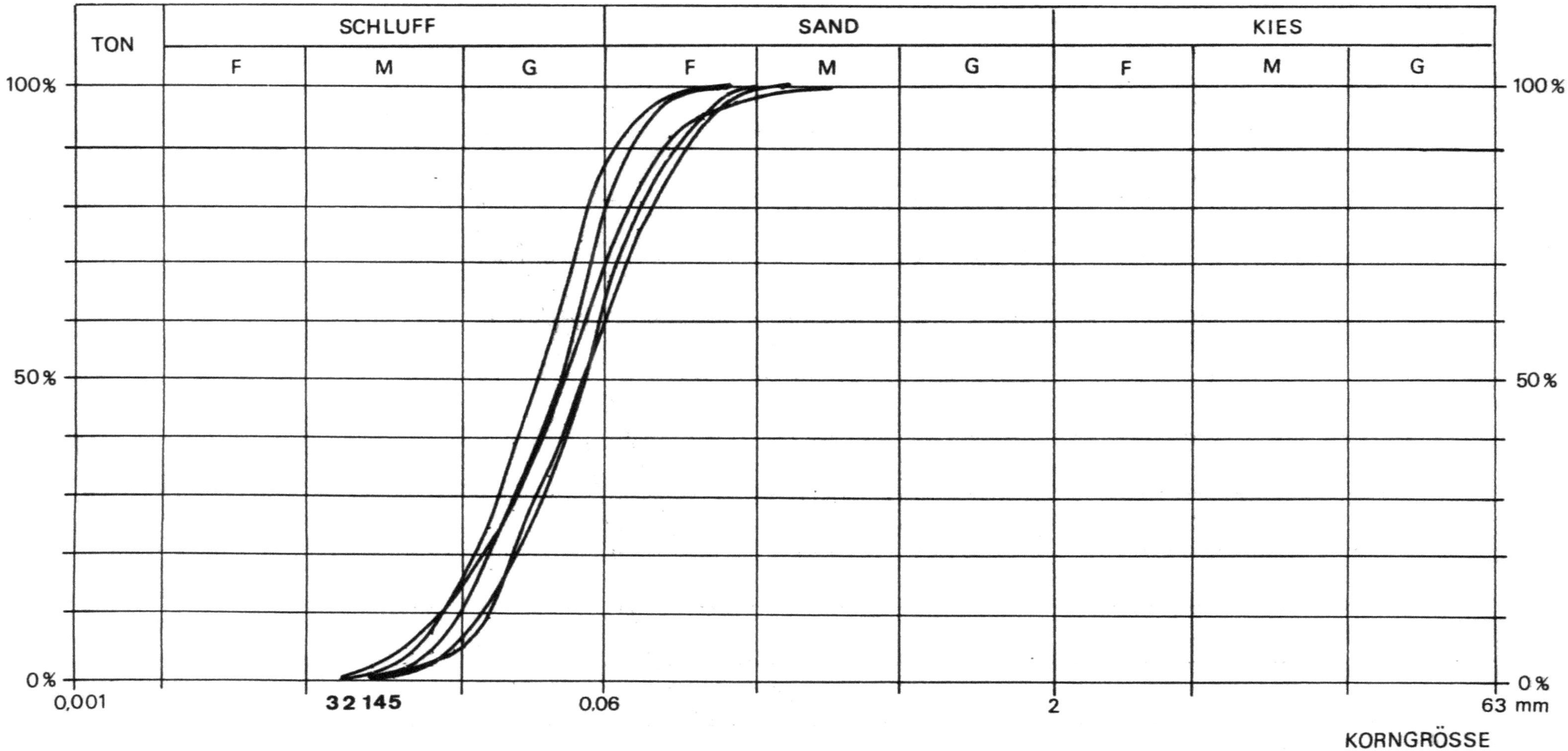

Andernach

1 Q 1(a)/M

2 Q 1(b)/M

3 Q 1(c)/M

4 Q 1(d)/M

5 Q 1(e)/M

2.2 KORNVERTEILUNG

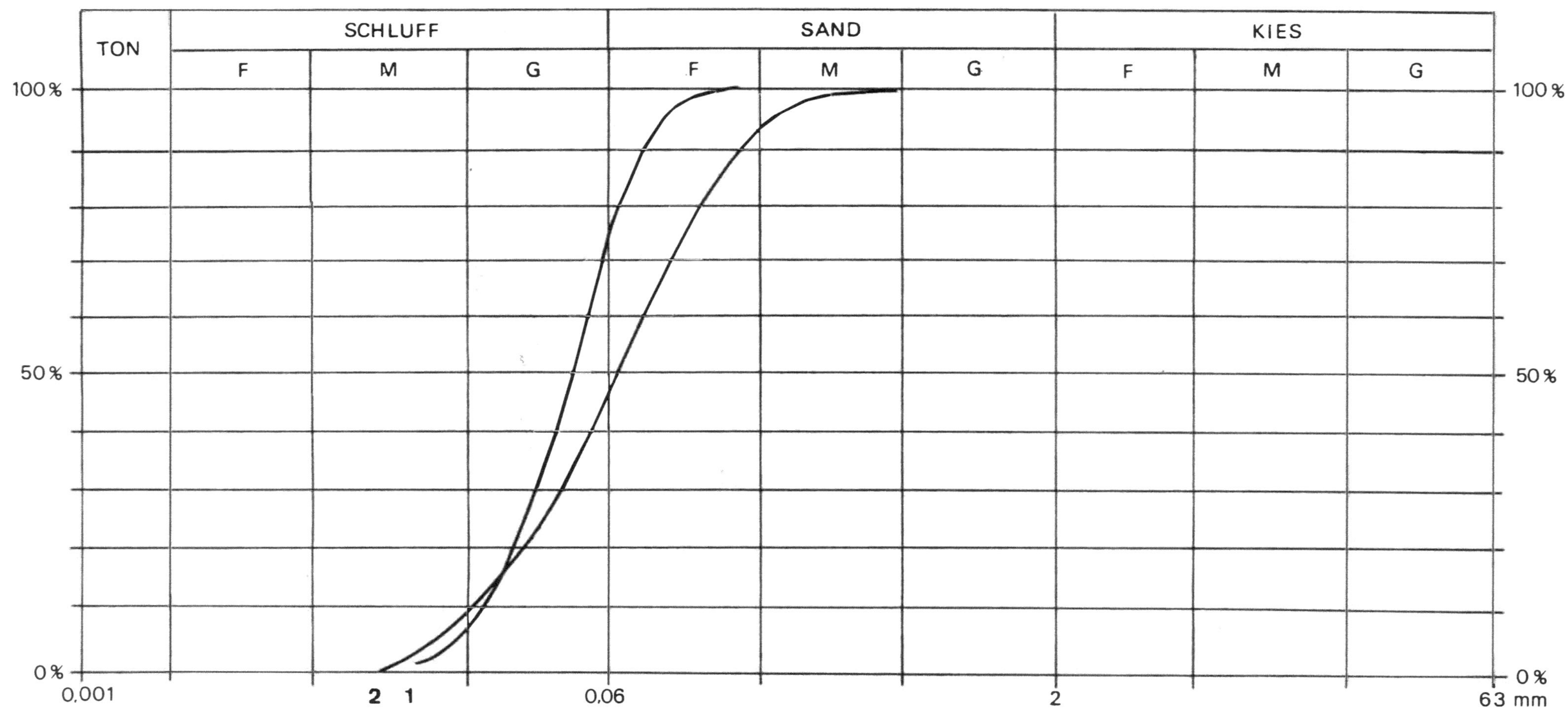

F - FEIN
M - MITTEL
G - GROB

Andernach
1 Q 2/M
2 Q 3/M

2.3 KORNVERTEILUNG

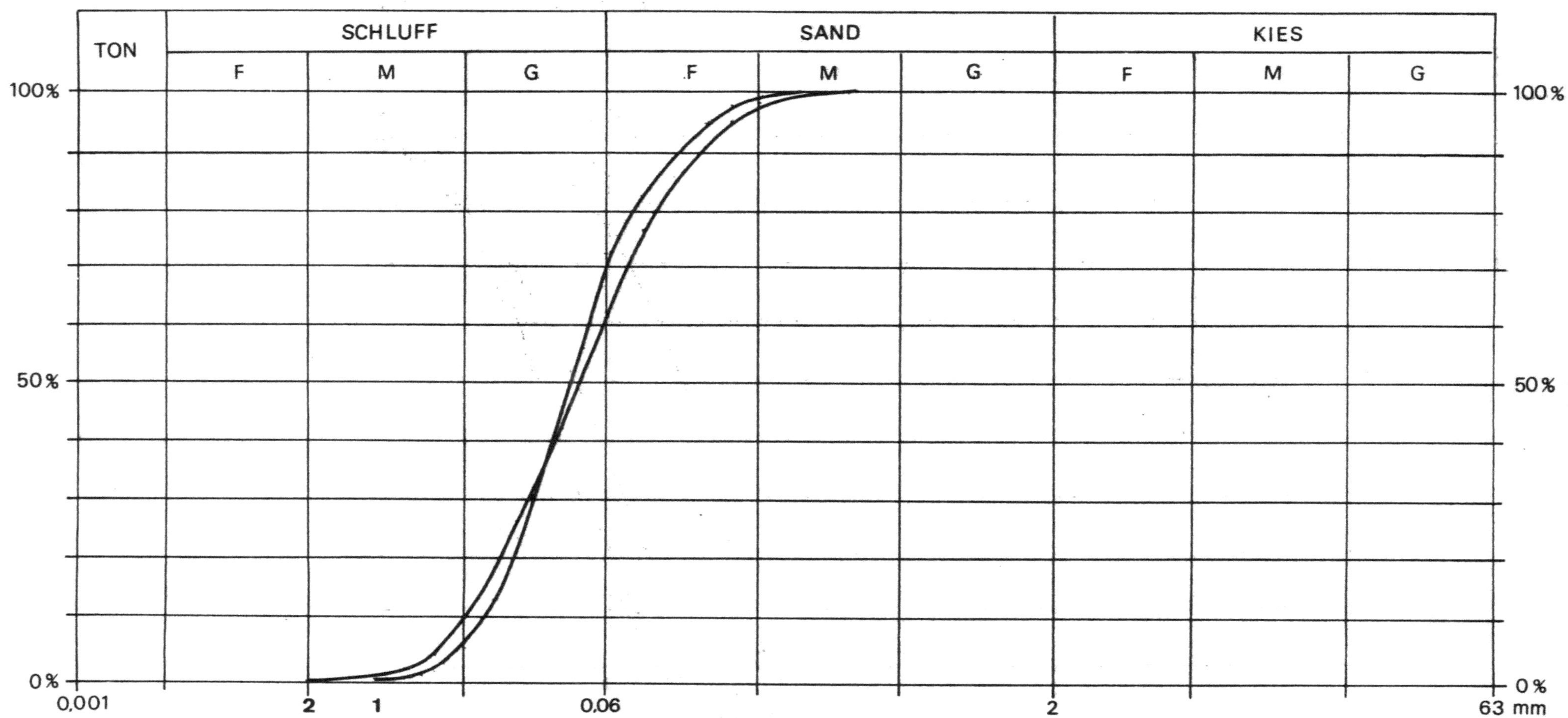

KORNGRÖSSE

F – FEIN
M – MITTEL
G – GROB

Andernach
1 Q 1/EP
2 Q 2/EP

2.4 KORNVERTEILUNG

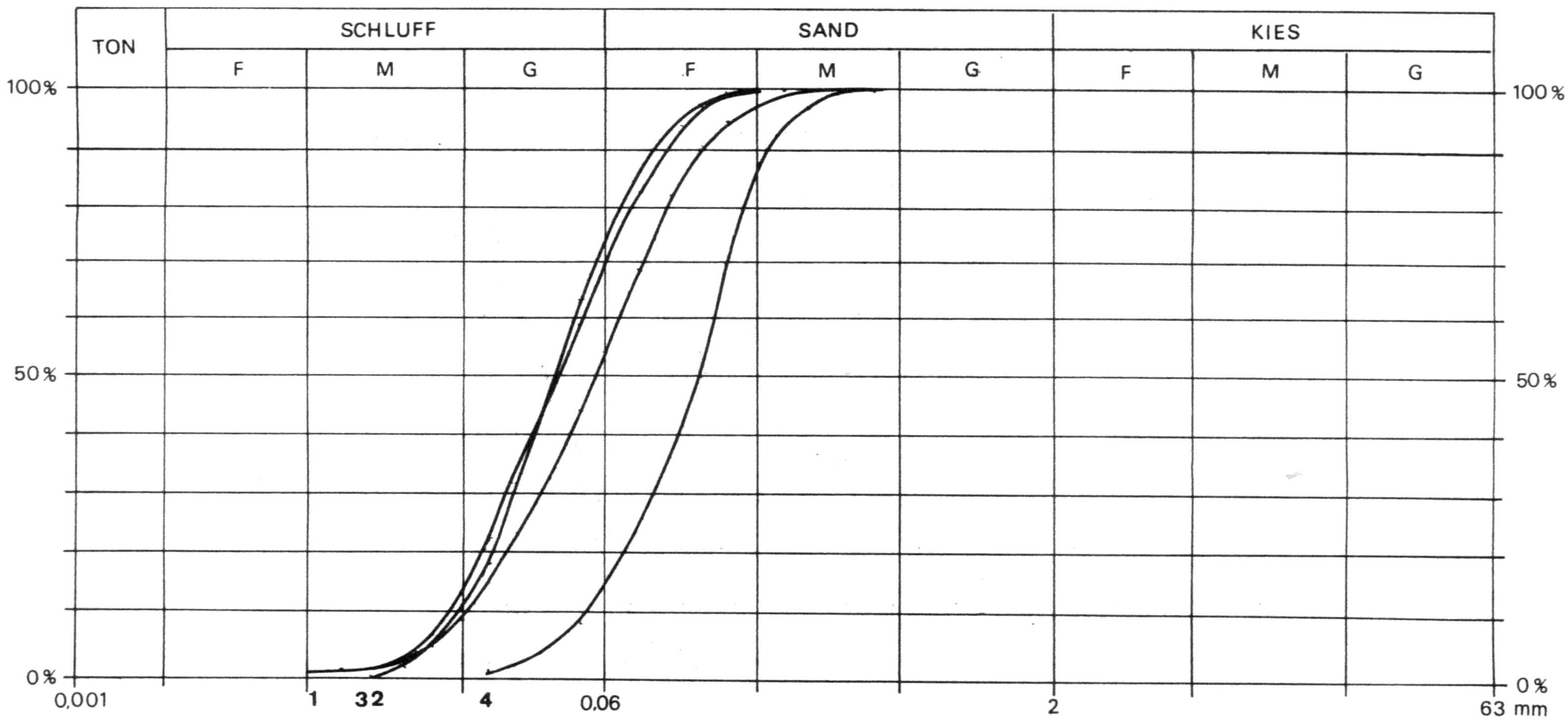

F – FEIN
M – MITTEL
G – GROB

Tertiär-Quarzit (Siebengebirge/Westerwald)

1 Eudenbach
2 Herschbach
3 Muffendorf
4 Wintermühlenhof

2.5

KORNVERTEILUNG

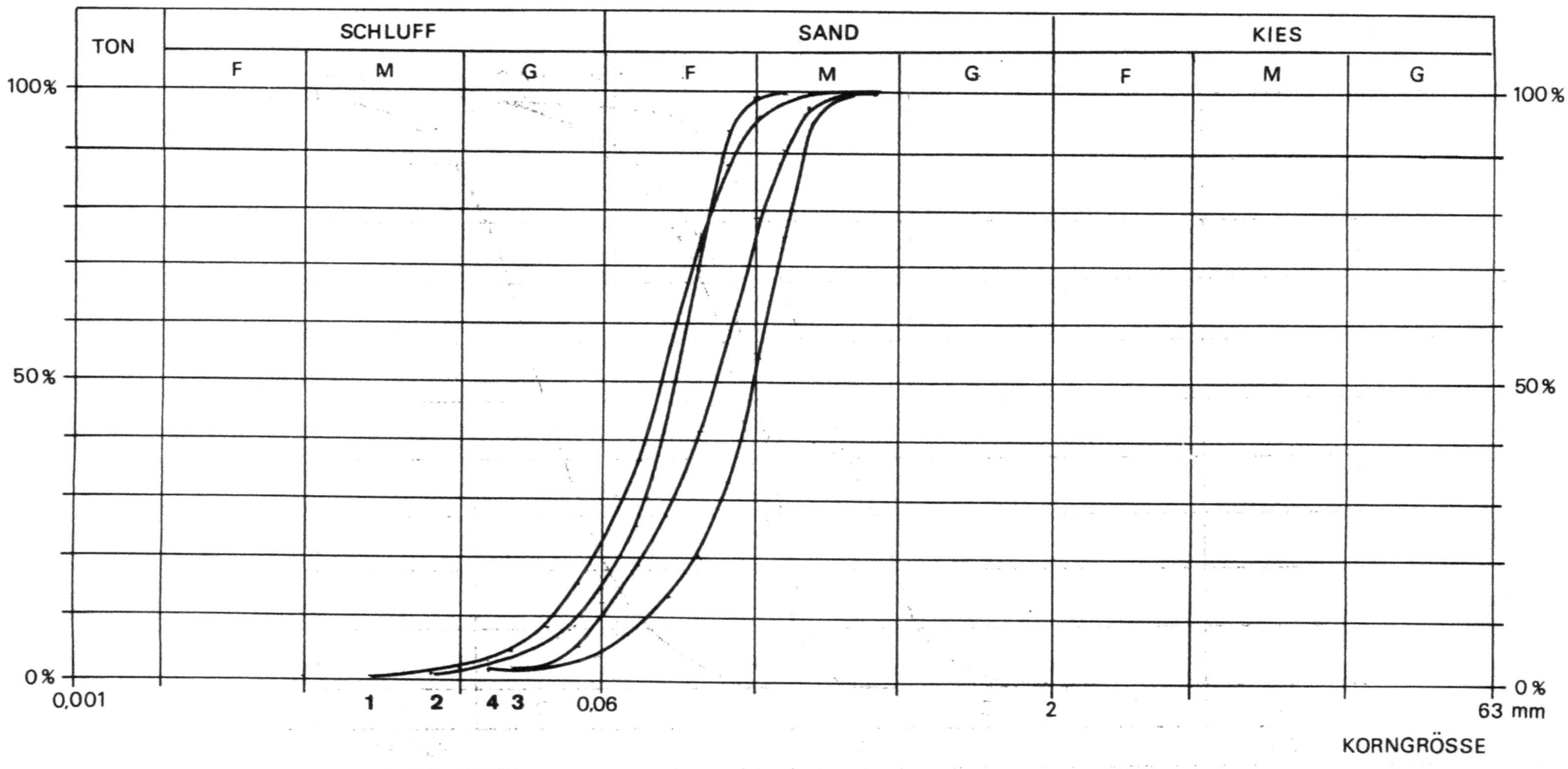

Tertiär-Quarzit (Hessen)

1 Hausen
2 Lenderscheid
3 Rörshain
4 Ziegenhain

2.6 KORNVERTEILUNG

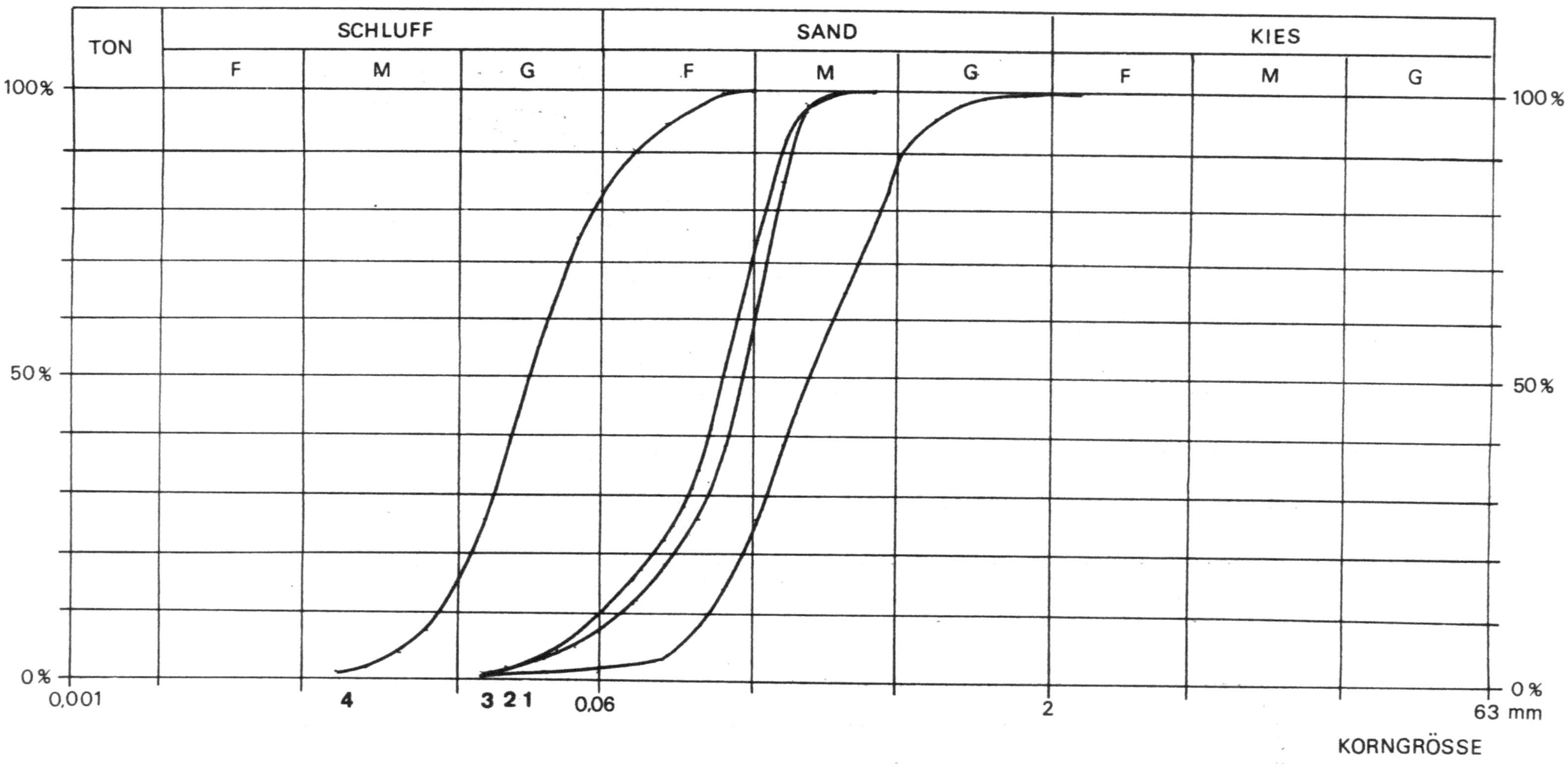

Tertiär- und Kreide-Quarzit

1 Liedberg (Kr. Neuss)

2 Scheden (b. Jühnde)

3 Teufelsmauer (b. Quedlingburg)

4 Wommersom (b. Tienen/Tirlemont)

2.7

KORNVERTEILUNG

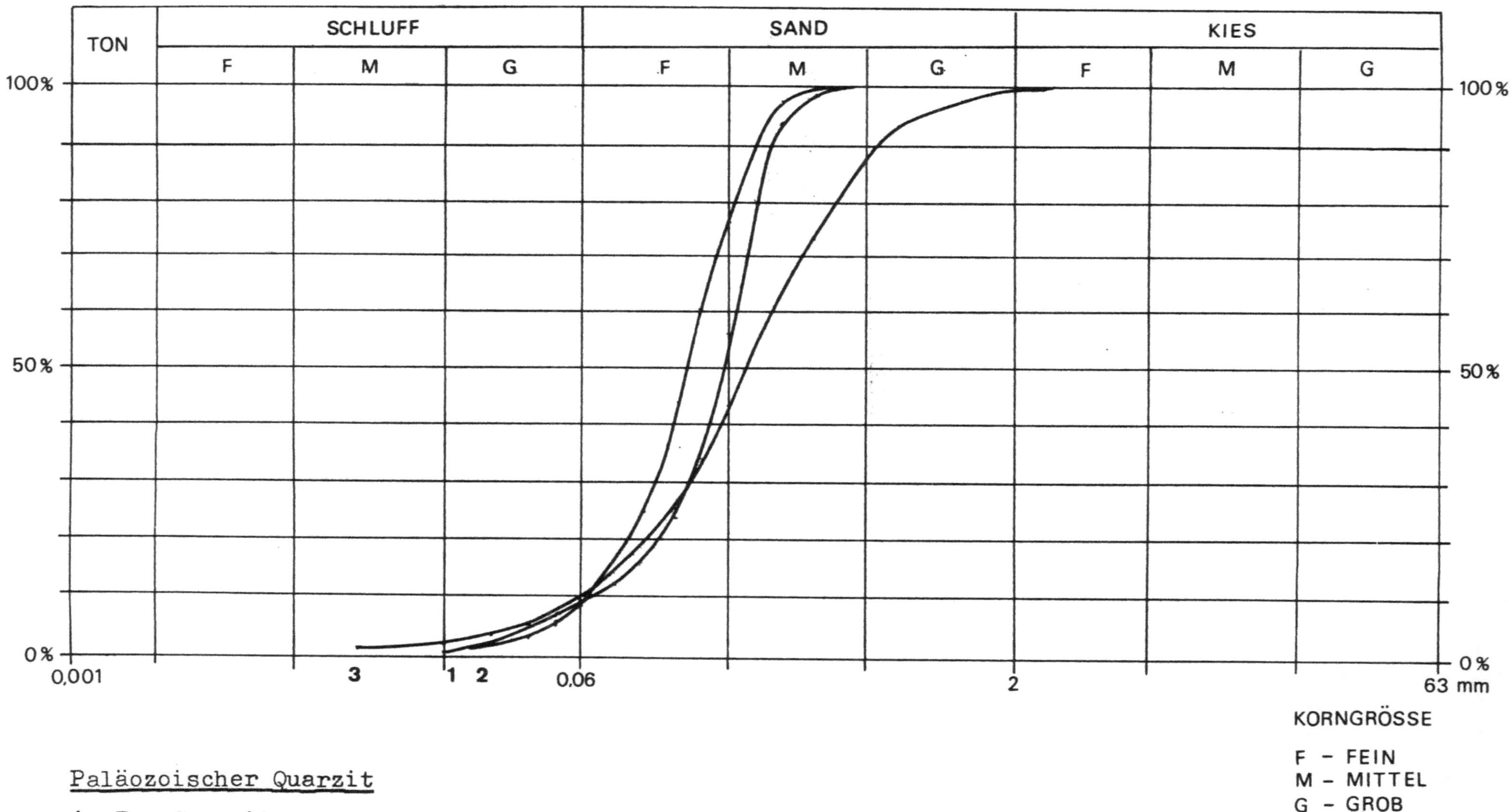

Paläozoischer Quarzit

1 Ems-Quarzit
2 Taunus-Quarzit
3 Ardennen-Quarzit

Anhang 3:

Ergebnisse der XRD-Analysen
(Röntgendiffraktometer-Aufnahmen)

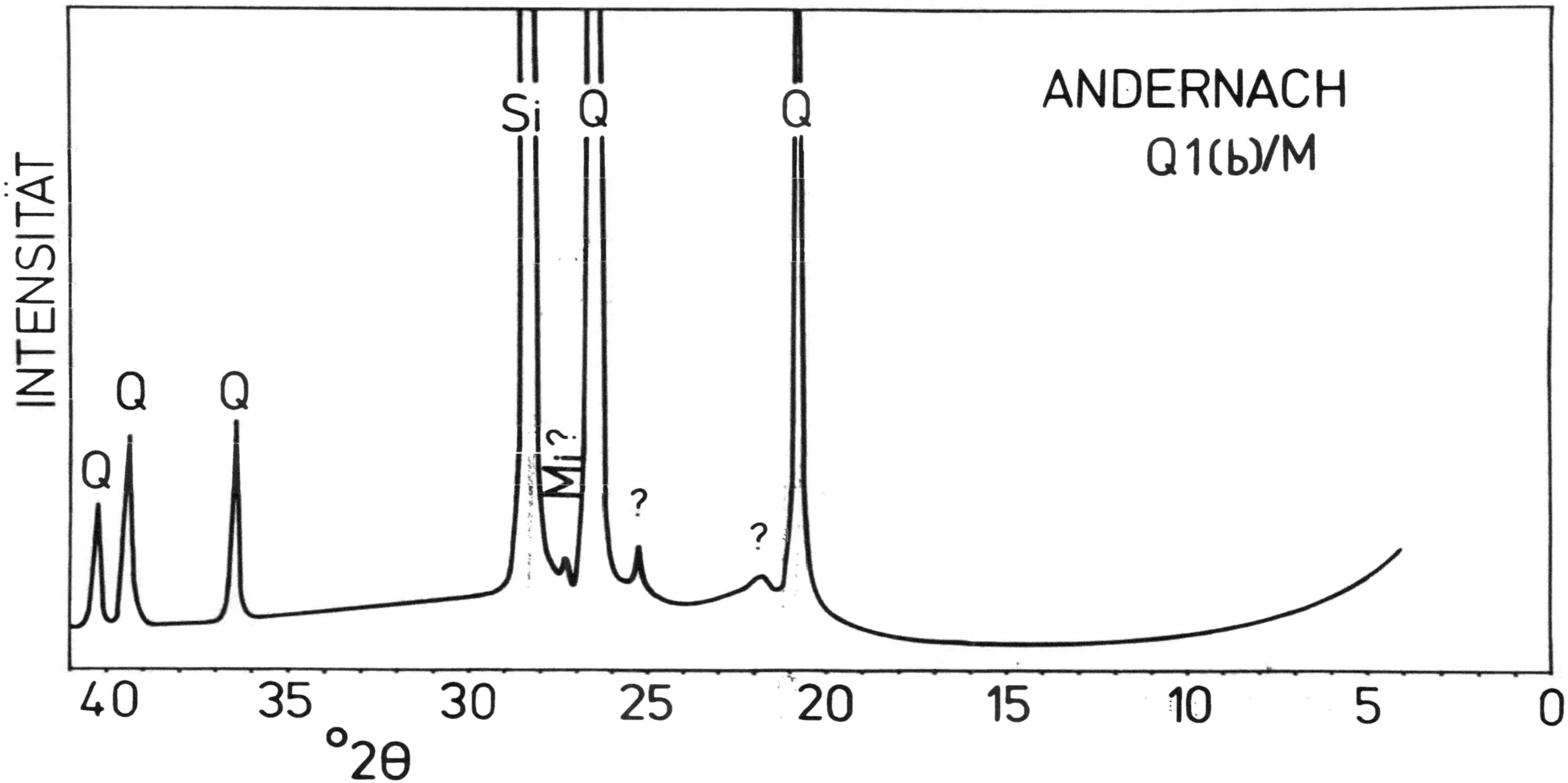

XRD-Aufnahme 1

Andernach Q 1(b)/M

Legende:

Q - Quarz

Si - Silizium

Mi - Mikroklin

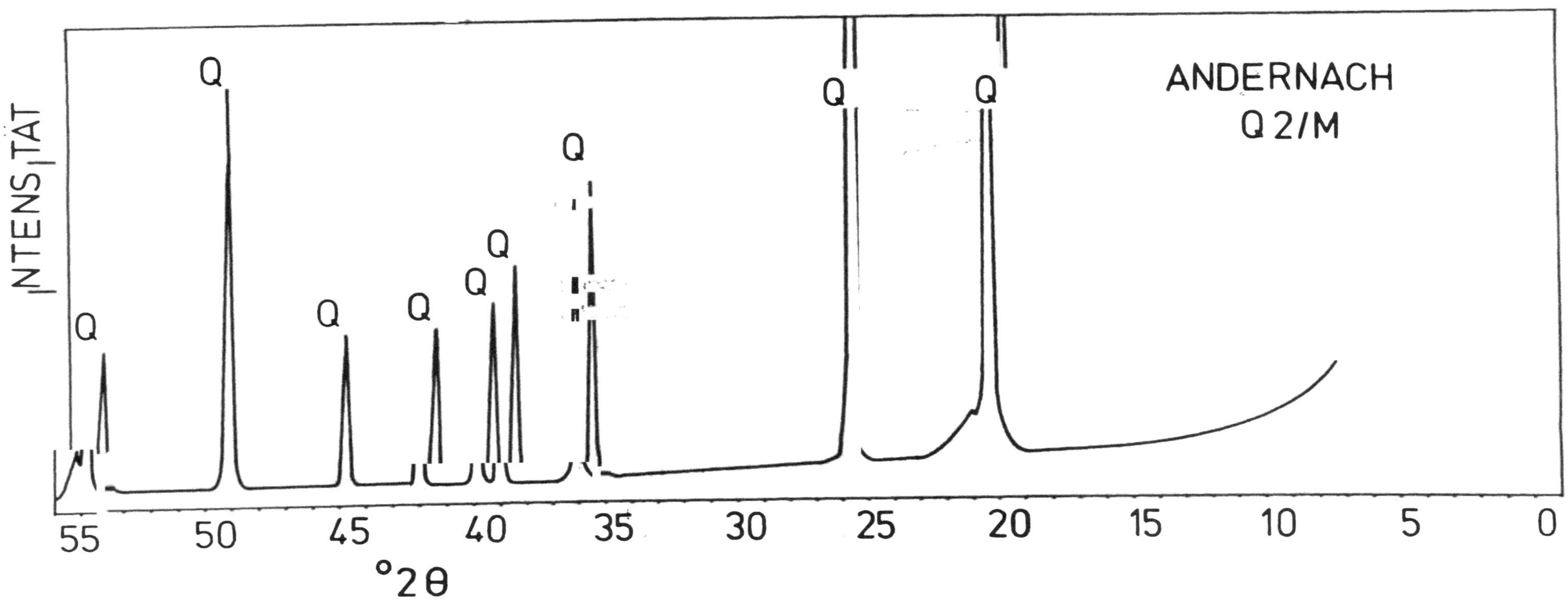

<u>XRD-Aufnahme 2</u>
Andernach Q 2/M

<u>Legende:</u>
Q - Quarz

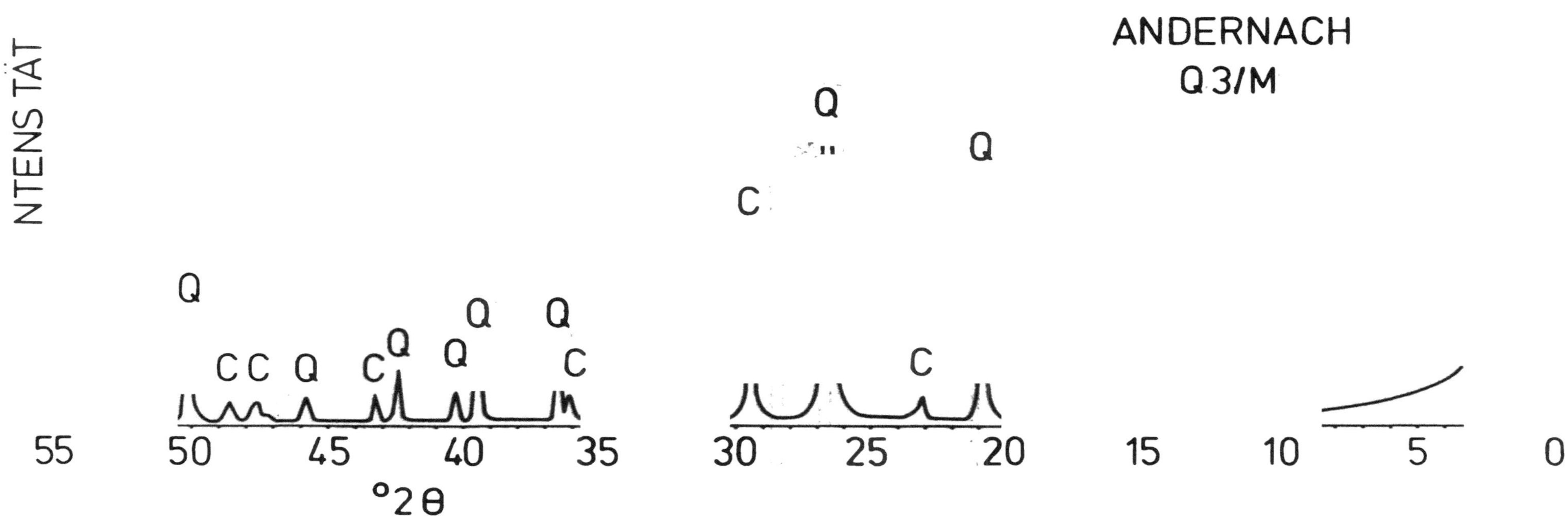

<u>XRD-Aufnahme 3</u>
Andernach Q 3/M

<u>Legende:</u>
Q - Quarz
C - $CaCO_3$ (Kalzit)

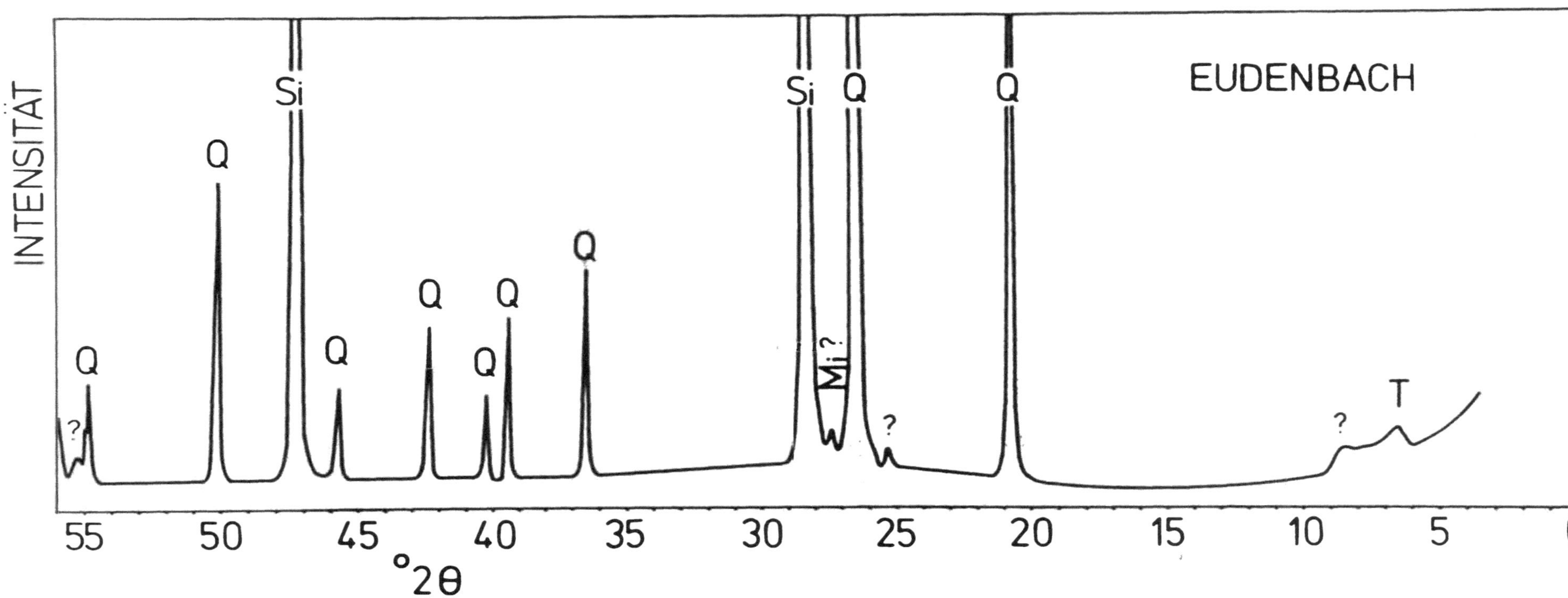

<u>XRD-Aufnahme 4</u>
Tertiärquarzit aus Eudenbach

<u>Legende:</u>
Q - Quarz
Si - Silizium
Mi - Mikroklin
T - Tonminerale

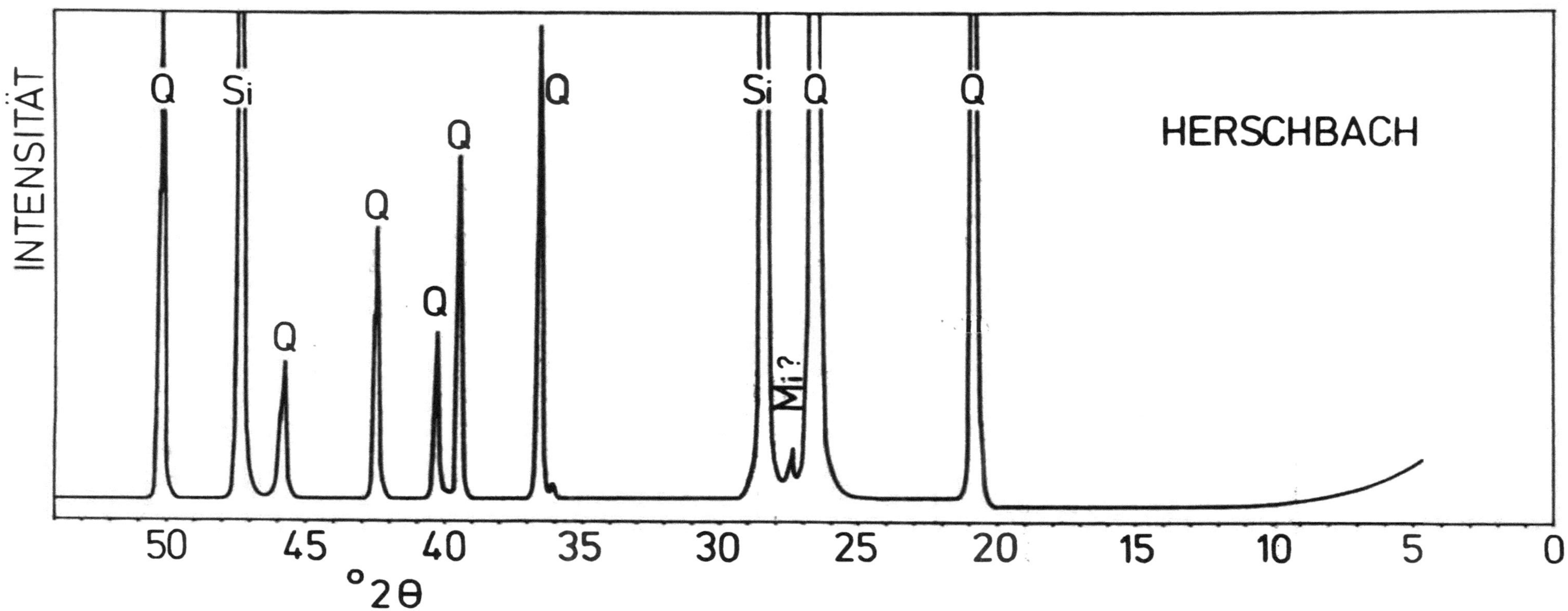

XRD-Aufnahme 5
Tertiärquarzit aus Herschbach

Legende:
Q - Quarz
Si - Silizium
Mi - Mikroklin

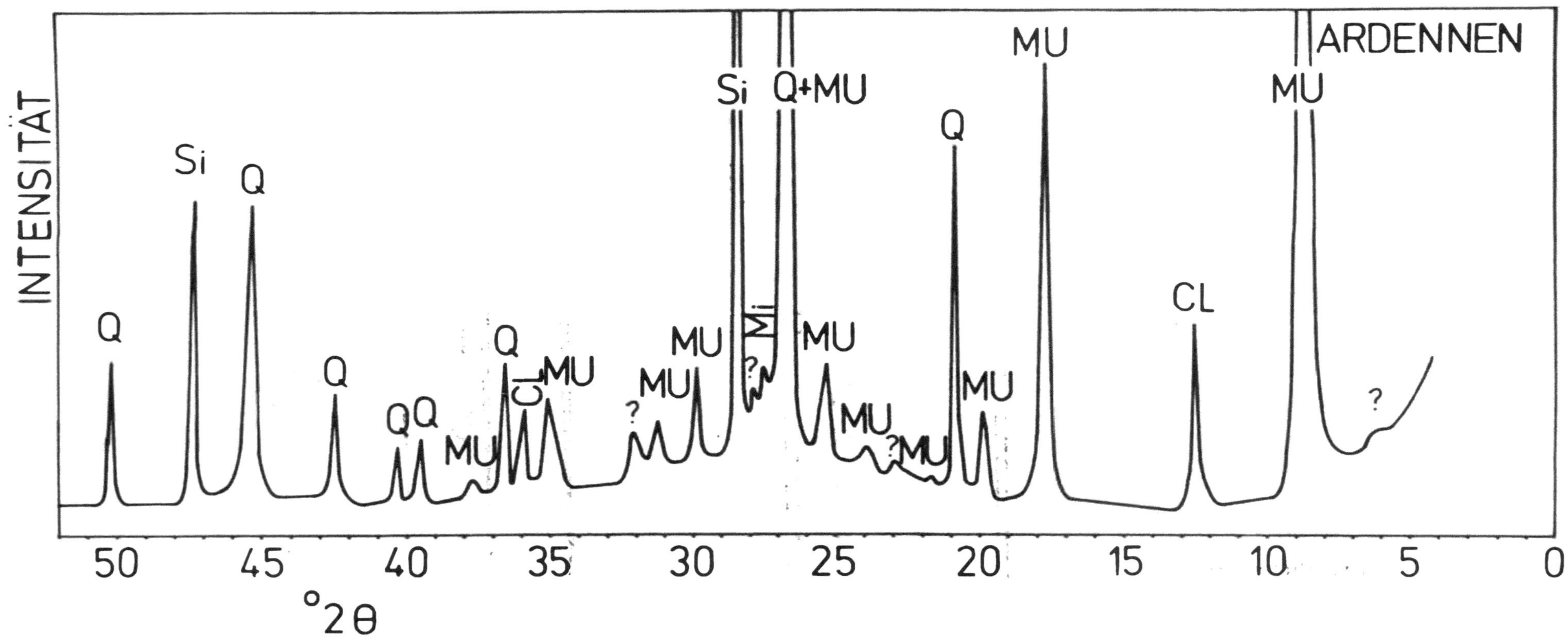

XRD-Aufnahme 6

Paläozoischer Quarzit aus den Ardennen

Legende:

Q - Quarz

Si - Silizium

Mi - Mikroklin

MU - Muskowit

CL - Chlorit

Anhang 4:

Ergebnisse der energiedispersiven Röntgenmikroanalyse (EDAX)

M A G D A L É N I E N																													
Gruppen-Bezeichnung	Q 2/M	Q 3/M	Q 1(e)/M	Q 1(b)/M	Q 1(d)/M	Q 1(d)/M	Q 1(d)/M	Q 1(d)/M	Q 1(e)/M	Q 1(c)/M	Q 1(f)/M	Q 1(a)/M	Q 1(c)/M	Q 1(a)/M	Q 1(c)/M	CH/M	CH/M	CH/M	CH/M	CH/M	CH/M	CH/M	CH/M	F 3/M	F 2/M	F 2/M	F 2/M	F 1/M	F 3/M
Proben-Nr.	11	2	1	5	9	10	12	13	17	40	41	4	7	6	8	34	35	36	37	38	42	43	44	3	26	27	29	39	46
Elementgehalt (Energie in keV)																													
Ti (452)	x																												
Al (1486)																x													
Si (1739)	x	x	x	x	x	x	x	x	x	x	x	x	x	x	x	x	x	x	x	x	x	x	x	x	x	x	x	x	x
S (2307)																													
Cl (2621)																													
K (3312)																													
Ca (3690)		x														x													
Ca (3698)																													
Ca (4012)		x																											
Ti (4508)	x		x	x	x	x	x	x	x	x	x	x	x																
Ti (4931)																													
Mn (5894)														x															
Fe (6398)	x										x	x	x	x	x	x						x	x						
Mn (6484)																													
Fe (7057)	x													x															

ENDPALÄOLITHIKUM

Gruppen-Bezeichnung	Q 2/EP	Q 1/EP	CH/EP	F 1/EP	F 4/EP	F 2/EP	F 5/EP	F 3/EP	F 3/EP	F 3/EP	F 1/EP	F 1/EP	F 1/EP	L 1/EP	L 2/EP	L 2/EP	KO/EP
Proben-Nr.	53	18	33	15	19	20	21	24	25	28	22	16	23	30	32	31	14
Elementgehalt (Energie in keV)																	
Ti (452)																	
Al (1486)				x											x	x	
Si (1739)	x	x	x	x	x	x	x	x	x	x	x	x	x	x	x	x	x
S (2307)															x		
Cl (2621)															x		
K (3312)															x	x	
Ca (3690)																	
Ca (3698)															x	x	
Ca (4012)															x		
Ti (4508)											x				x		
Ti (4931)																	
Mn (5894)																	
Fe (6398)				x							x	x	x		x	x	
Mn (6484)																	
Fe (7057)															x	x	

Anmerkung:

Es wurden keine Proben von den Gruppen F 6/EP und VK/EP für die Edax-Analysen zur Verfügung gestellt.

Anhang 5:

Ergebnisse der Neutronenaktivierungs-analyse (NAA)

Anmerkungen zu Anhang 5:

Bei Fe, Co, Eu, Tb, Lu und Hf sind zwei verschiedene Isotope gemessen und hieraus der Gehalt der Elemente berechnet worden. In den Tabellen I - VIII ist der Mittelwert aus beiden Messungen eingetragen. Sind in den Gesteinsproben nur so geringe Konzentrationen vorhanden gewesen, daß kein ppm-Wert angegeben werden kann, ist dies in den Tabellen mit "S" gekennzeichnet. In den Fällen, wo ein Spurenelement nicht nachgewiesen werden konnte, ist dies mit einem "-" dargestellt.

Von den verschiedenen archäologischen Fundplätzen wurden folgende Proben in die Untersuchungen einbezogen:

1. Andernach-Martinsberg (Stadt Andernach, Kr. Mayen-Koblenz)

Q 1b/M	(Probe 15)	AN2 Gr.2-Pl.50-77
	(Probe 21)	AN2 Gr.3-Pl.30-26
	(Probe 114)	AN2 17/87-4-Pl.5B-399
	(Probe 117)	AN2 Gr.24-Pl.80-2194
Q 1c/M	(Probe 27)	AN2 25/87-1-N7
	(Probe 28)	AN2 Gr.26-Pl.20-37
	(Probe 121)	AN2 33/87-2-N6-44
	(Probe 122)	AN2 26/86-3-N3-2107
	(Probe 123)	AN2 19/85-2-Pl.6C-545
Q 1d/M	(Probe 81)	AN2 Str. Abraum Scheck
	(Probe 82)	AN2 22/87-4-N2
	(Probe 85)	AN2 '82 Abraum Scheck
Q 1e/M	(Probe 2)	AN2 Gr.3-Pl.80-118
	(Probe 109)	AN2 17/89-2-N6A-294
	(Probe 112)	AN2 16/89-2-Pl.4A-15
Q 1f/M	(Probe 47)	AN2 21/82-1-N1-22
Q 2/M	(Probe 51)	AN2 17/87-2-N7-456
	(Probe 53)	AN2 16/85-1-Pl.4A-79

	(Probe 124)	AN2 17/85-1-Pl.5B-121
Q 3/M	(Probe 12)	AN2 26/86-4-Pl.1A-61
	(Probe 106)	AN2 25/83-2-Pl.21-121
	(Probe 108)	AN2 28/85-4-2101
	(Probe 199)	AN2 24/85-3-Pl.7A-101
	(Probe 201)	AN2 BF 31-3
	(Probe 205)	AN2 Gr.38-Pl.30-40
Q 1/EP	(Probe 98)	AN2 27/83-3-N1
	(Probe 102)	AN2 23/82-1-N1
	(Probe 105)	AN2 unleserlich
	(Probe 145)	AN2 21/85-3-N3-50
	(Probe 150)	AN2 22/88-1-N3-22
Q 2/EP	(Probe 140)	AN2 27/89-4-N2-88
	(Probe 143)	AN2 22/86-3-N2-23
F 2/M	(Probe 190)	AN2 keine FNr.
	(Probe 191)	AN2 17/90-3-N7B-290
	(Probe 192)	AN2 19/87-3-N5
	(Probe 193)	AN2 18/85-4-N4-37
F 3/M	(Probe 127)	AN2 25/83-2-Pl.10-32
	(Probe 128)	AN2 Gr.38-Pl.20-28
	(Probe 131)	AN2 27/85-3-Pl.11-39
F 1/EP	(Probe 90)	AN2 18/85-2-N3-13
	(Probe 91)	AN2 keine FNr.
	(Probe 94)	AN2 Str.
	(Probe 159)	AN2 20/84-3-N2
	(Probe 160)	AN2 20/86-4-N2
F 2/EP	(Probe 162)	AN2 24/83-1-N3-3
	(Probe 163)	AN2 17/86-3-N3-54
	(Probe 164)	AN2 20/86-4-N3-95
F 3/EP	(Probe 167)	AN2 18/89-3-N2-31
	(Probe 169)	AN2 20/87-1-N3-50
	(Probe 170)	AN2 19/88-2-Pl.2-35

F 4/EP	(Probe 172)	AN2 17/90-3-N4-72
	(Probe 173)	AN2 17/89-4-N4-147
	(Probe 175)	AN2 17/89-4-N5-236
F 5/EP	(Probe 178)	AN2 20/85-1-N4-49
	(Probe 180)	AN2 19/87-3-N3-71
	(Probe 181)	AN2 20/88-3-N1
F 6/EP	(Probe 187)	AN2 keine FNr.
	(Probe 188)	AN2 20/54-4-Pl.2-38
CH/M	(Probe 55)	AN2 25/88-3-N1-14
	(Probe 58)	AN2 24/90-3-Pl.5A-37
	(Probe 59)	AN2 27/89-4-Pl.1A-49
	(Probe 62)	AN2 20/64-4-N1-21
	(Probe 194)	AN2 17/89-3-N6A
	(Probe 196)	AN2 17/89-2-N6A
	(Probe 197)	AN2 23/84-3-N2-8
CH/EP	(Probe 153)	AN2 20/64-1-Pl.2-31
	(Probe 155)	AN2 20/64-4-Pl.2-72
	(Probe 156)	AN2 20/64-3-N1
L 1/EP	(Probe 66)	AN2 keine FNr.
	(Probe 66a)	AN2 " "
	(Probe 137)	AN2 26/84-1-N2-133
	(Probe 139)	AN2 20/85-1-N4-37
L 2/EP	(Probe 70)	AN2 21/28-2-Pl.3-45
	(Probe 74)	AN2 21/87-1-N4
	(Probe 132)	AN2 21/88-4-Pl.1-6
	(Probe 134)	AN2 24/88-1-N1-12
KO/EP	(Probe 182)	AN2 19/86-2-Pl.4A
	(Probe 183)	AN2 20/86-1-Pl.3-101
	(Probe 185)	AN2 20/86-3-N3-82
VK/EP	(Probe 76)	AN2 20/88-4-N2-48
	(Probe 152)	AN2 26/87-3-N2 } Zusammen-
		AN2 19/85-2-N4-49 } setzung

2. Feldkirchen-Gönnersdorf (Stadt Neuwied, Kr. Neuwied)

Q 1/M	(Probe 2)	Gö 534 St.74d
	(Probe 4)	Gö 503 St.70NI/295
	(Probe 5)	Gö 524 St.78d
Q 2/M	(Probe 10)	Gö 7° St.33Z
	(Probe 11)	Gö 10 St.9-1034
	(Probe 12)	Gö 655-3-b/2
Q 3/M	(Probe 14)	Gö 430:/355a-63 Niv.5
	(Probe 18)	Gö 522 St.83E
Q 4/M	(Probe 26)	Gö 521 St.77N
	(Probe 29)	Gö Str.B
	(Probe 31)	Gö 521 St.87-N3-608
CH/M	(Probe 32)	Gö 14-4-St.4
	(Probe 34)	Gö 667-2-b/2
	(Probe 36)	Gö 681-1-b/5

3. Niederbieber (Stadt Neuwied, Kr. Neuwied)

Q 1/EP	(Probe 2)	56/14-4-c5
	(Probe 3)	52/14-4-a15
	(Probe 4)	56/14-2-Niv.I/1

4. Sweikhuizen (Süd-Limburg, Niederlande)

Q 1/M	(Probe 1)	533-043-921
	(Probe 2)	533-044-275
	(Probe 3)	532-044-560
Q 2/M	(Probe 7)	SW'54
Q 3/M	(Probe 8)	S'54
	(Probe 9)	S'54

5. Griendtsveen (Nord-Brabant, Niederlande)

Q 1/M (Probe 1)	keine FNr.
(Probe 2)	keine FNr.
Q 2/M (Probe 3)	Gr.'58

6. Vessem (Kempen, Niederlande)

Q 1/EP (Probe 1)	keine FNr.

I. Spurenelement-Konzentrationen der Quarzit-Proben (in ppm)

Gruppen-Bezeichnung	Proben-Nr.	Na	K	La	Sm	Sc	Cr	Fe	Co	Rb	Cs	Ce	Eu	Ta	Th	Tb	Sb	Lu	Hf
ANDERNACH-MARTINSBERG																			
Q 1(b)/M	15	125,5	262,2	12,68	1,798	2,003	102,2	22995,0	5,371	-	-	23,93	0,886	1,205	3,885	0,428	S	0,3458	10,71
"	21	91,41	215,8	10,74	1,707	2,012	108,1	9549,5	2,2125	-	-	24,03	0,8567	1,378	3,444	0,3697	S	0,3168	10,52
"	114	99,2	255,8	8,18	1,22	1,506	83,0	1950,5	0,76	-	-	15,72	0,56	1,33	2,74	0,3	S	0,19	8,55
"	117	100,0	280,0	6,04	1,02	1,62	113,0	838,0	0,775	-	-	11,8	0,25	0,87	2,65	0,32	0,62	0,25	9,8
Q 1(c)/M	27	134,3	304,0	30,32	3,739	3,396	122,4	823,1	1,0464	-	-	68,09	1,3761	2,502	7,461	0,467	S	0,544	13,99
"	28	95,0	197,3	4,204	0,723	2,404	32,29	359,2	0,4031	-	-	9,442	0,9962	1,451	2,522	0,117	S	0,6718	15,825
"	121	S	S	S	S	S	108,0	1010,5	0,78	-	0,15	36,8	0,54	1,94	5,76	0,3	S	0,41	11,3
"	122	117,8	230,0	8,3	1,2	1,63	99,67	21025,0	4,43	-	-	13,6	0,65	1,05	2,7	0,43	S	0,21	10,45
"	123	S	S	22,6	3,4	2,2	121,0	3652,5	1,6	-	-	31,9	0,45	1,48	4,49	0,44	S	0,4	12,15
Q 1(d)/M	81	105,9	337,3	16,12	2,432	2,584	116,8	736,4	0,6445	-	-	35,58	0,9334	2,222	4,633	0,2755	S	0,4045	10,925
"	82	188,9	-	6,998	1,121	0,9235	34,82	2070,5	-	-	-	15,53	1,302	0,9245	2,521	0,4512	-	0,3981	12,185
"	85	94,77	345,2	8,577	1,299	1,312	98,67	2600,5	1,1785	-	-	17,58	0,6936	0,9323	2,544	0,4726	S	0,2559	8,672
Q 1(e)/M	2	133,1	747,9	9,246	1,337	1,918	110,0	855,7	0,7633	13,8	0,5965	23,36	1,5	0,9955	3,495	0,3803	S	0,2888	12,03
"	109	160,1	926,4	11,44	1,47	1,79	138,5	934,6	1,715	7,69	0,51	25,2	0,84	1,02	3,65	0,41	S	0,2	11,875
"	112	174,0	835,0	12,2	1,64	2,08	158,0	946,0	1,1	6,36	0,42	21,7	0,38	0,93	3,9	0,44	0,57	0,27	12,4
Q 1(f)/M	47	165,3	297,9	20,82	2,501	2,678	83,69	5464,5	1,565	-	-	43,29	1,1589	1,654	5,286	0,3253	S	0,4364	14,02
Q 2/M	51	91,78	422,6	8,255	1,33	1,201	21,23	5543,0	0,7106	0,2527	0,2527	13,02	0,464	0,6936	2,572	0,2626	-	0,2471	7,02
"	53	139,0	613,0	7,7	1,2	1,2	23,6	6907,0	0,765	6,2	0,18	14,7	0,26	0,62	2,9	0,33	0,69	0,23	8,3
"	124	112,9	420,6	9,09	1,34	S	S	S	S	S	S	S	S	S	S	S	S	S	S
Q 3/M	12	989,4	4807,0	11,6	1,8	1,398	28,32	7251,0	1,5615	22,19	0,86622	19,92	0,3919	0,2895	2,497	0,2651	S	0,1189	1,457
"	106	754,0	187,2	5,46	0,66	1,068	15,12	3207,0	0,56	7,08	0,41	8,31	0,19	0,17	1,58	0,13	-	0,048	1,055
"	108	642,0	2298,0	4,9	0,62	1,05	17,5	3981,5	0,56	-	0,47	8,5	0,21	-	1,7	-	-	0,06	1,13
"	199	837,0	2012,0	6,1	0,82	0,78	29,0	3466,0	0,615	18,1	-	7,7	0,24	0,16	1,69	0,13	-	0,5	1,02
"	201	S	S	S	S	0,43	32,57	1555,0	0,365	3,33	0,21	2,53	0,075	0,11	0,96	0,14	-	0,022	0,525
"	205	716,0	2323,0	4,4	0,6	0,73	39,0	2988,5	0,61	10,8	0,35	5,3	0,12	0,15	1,4	0,11	-	0,04	0,99
Q 1/EP	98	155,2	401,8	34,94	4,701	3,37	83,61	818,0	1,334	-	-	58,73	1,3072	2,417	8,047	0,5041	S	0,4704	12,24
"	102	192,7	429,8	23,61	3,149	2,966	102,7	15295,0	1,47	42,46	-	42,46	1,0383	1,792	5,574	0,3648	S	0,5549	13,74
"	105	194,0	483,2	66,3	8,43	4,459	90,51	880,2	0,928	112,9	-	112,9	1,854	3,095	13,54	0,5792	S	0,7668	14,685
"	145	S	S	42,1	5,9	3,9	112,0	969,5	0,965	-	-	93,0	1,1	2,47	10,7	0,38	S	0,54	15,4
"	150	209,8	653,4	37,2	4,35	3,6	80,05	4096,0	2,885	-	-	77,9	1,385	2,5	10,23	0,36	S	0,37	14,25
Q 2/EP	140	S	S	S	S	1,43	110,4	599,9	0,64	-	-	15,46	0,7	1,11	2,75	0,38	S	0,23	11,52
"	143	155,0	272,0	6,24	0,89	0,98	28,6	858,5	0,36	-	-	13,4	0,23	0,61	2,76	0,18	S	0,33	13,6

II. Spurenelement-Konzentrationen der Feuerstein-Proben (in ppm)

Gruppen-Bezeichnung	Proben-Nr.	Na	K	La	Sm	Sc	Cr	Fe	Co	Rb	Cs	Ce	Eu	Ta	Th	Tb	Sb	Lu	Hf
ANDERNACH-MARTINSBERG																			
F 2/M	190	282,0	421,0	1,3	0,2	0,3	23,0	165,0	0,07	1,15	-	1,1	0,07	-	0,12	0,05	0,21	0,02	0,05
"	191	S	S	2,35	0,31	0,19	15,26	101,09	0,575	-	-	1,14	0,06	-	0,056	0,033	0,05	0,455	0,049
"	192	338,0	388,0	1,9	0,3	0,2	11,0	168,0	-	-	-	1,24	0,05	-	-	-	-	0,02	-
"	193	245,0	242,0	1,4	0,2	0,16	17,2	47,5	0,07	0,5	0,03	1,13	0,08	-	0,06	0,05	0,07	0,03	0,02
F 3/M	127	333,4	474,5	1,32	0,22	0,19	2,05	279,25	0,17	2,42	1,28	1,48	0,06	-	0,15	0,05	-	0,019	0,065
"	128	242,0	443,0	1,64	0,27	0,17	2,4	356,0	-	-	-	1,9	0,04	S	0,13	-	-	0,02	-
"	131	290,0	459,0	1,8	0,24	0,18	2,4	541,0	0,2	-	-	1,2	0,08	-	0,13	0,06	0,12	0,01	0,11
F 1/EP	90	308,6	530,9	4,177	0,5115	0,3834	3,902	2285,0	0,3116	0,1401	0,1401	3,237	0,1245	-	0,1963	0,08066	S	0,08079	0,1173
"	91	406,9	649,0	7,29	1,082	0,4119	3,776	4559,0	0,594	4,414	-	4,414	0,1965	-	0,194	0,2384	S	0,1369	-
"	94	296,6	410,9	5,886	0,8401	0,4533	3,594	697,6	0,297	-	-	4,561	0,2482	-	0,1926	0,1465	S	0,1579	0,1679
"	159	413,0	728,0	2,6	0,45	0,42	35,5	822,0	0,225	2,8	0,22	1,9	0,13	-	0,29	0,06	0,34	0,09	0,16
"	160	S	S	12,4	1,44	0,56	3,99	1033,0	0,34	6,2	-	6,51	0,3	-	0,26	S	S	0,22	-
F 2/EP	162	392,0	626,0	1,58	0,37	0,42	19,9	549,5	-	-	-	2,1	0,08	-	0,26	-	-	0,03	-
"	163	410,0	757,0	3,9	0,6	0,44	36,6	337,0	0,33	2,9	-	2,6	0,18	-	0,21	0,09	0,55	0,05	0,17
"	164	384,7	472,7	2,85	0,42	0,46	26,5	431,8	0,18	-	-	2,81	0,09	-	0,19	0,09	S	0,0315	0,09
F 3/EP	167	328,0	767,0	0,88	0,19	0,29	24,0	1367,0	0,43	-	-	1,34	0,04	-	0,33	0,21	-	0,01	0,19
"	169	289,6	535,4	0,59	0,1	0,2	24,38	721,0	0,185	-	0,09	0,82	0,03	0,05	0,24	0,5	-	0,0115	0,125
"	170	310,0	781,0	0,7	0,14	0,26	31,0	771,0	0,195	2,5	0,18	0,95	0,01	-	0,25	0,05	0,16	0,01	0,17
F 4/EP	172	434,0	695,0	0,83	0,3	0,29	15,7	882,0	0,51	-	-	1,53	-	-	0,31	0,48	-	0,01	0,14
"	173	498,0	888,0	1,8	0,35	0,34	36,4	1255,0	0,81	3,9	0,17	2,5	0,08	0,04	0,33	0,19	0,19	0,02	0,21
"	175	493,6	800,6	1,02	0,68	0,33	23,3	1007,7	0,81	5,66	0,13	1,48	0,043	-	0,31	0,45	-	0,01	0,19
F 5/EP	178	198,0	402,0	0,82	0,28	0,35	37,0	758,5	0,38	-	-	2,4	-	-	-	-	-	-	-
"	180	149,0	451,0	4,4	0,6	0,26	39,0	1078,5	0,7	2,17	0,08	7,2	0,1	-	0,18	0,34	0,21	0,02	0,14
"	181	243,5	387,5	5,42	0,74	0,3	-	772,8	0,815	-	-	11,73	0,185	-	0,087	0,22	-	0,74	-
F 6/EP	187	480,0	1153,0	1,4	0,25	0,38	40,3	227,0	0,14	2,8	0,17	1,4	0,06	-	0,22	-	0,2	0,01	0,07
"	188	S	S	S	S	0,25	48,9	-	-	-	-	1,7	-	-	-	-	-	-	-

III. Spurenelement-Konzentrationen der Chalzedon-Proben (in ppm)

Gruppen-Bezeichnung	Proben-Nr.	Na	K	La	Sm	Sc	Cr	Fe	Co	Rb	Cs	Ce	Eu	Ta	Th	Tb	Sb	Lu	Hf
ANDERNACH-MARTINSBERG																			
CH/M	55	49,74	159,4	0,5495	0,2166	0,1889	0,9005	418,2	-	-	-	1,132	0,05851	-	0,07296	0,03101	-	0,02755	0,06191
"	58	84,17	277,4	0,7127	0,2544	0,189	-	526,4	0,2988	-	-	2,367	0,10913	-	-	-	-	-	-
"	59	73,39	351,8	1,662	0,7562	0,3078	2,965	2832,5	0,7548	-	-	3,118	0,2282	-	0,1243	0,1503	-	0,03074	0,02
"	62	83,08	174,7	0,1365	0,06716	0,07711	7,697	339,9	0,3341	-	0,1010	-	-	-	-	-	-	-	-
"	194	S	S	S	0,28	0,12	13,2	935,0	0,97	-	-	0,99	0,06	-	-	-	-	-	-
"	196	92,72	357,9	0,55	0,11	1,23	32,7	1091,5	2,63	3,44	-	1,62	0,04	-	0,21	-	S	0,055	0,115
"	197	174,0	-	0,2	0,07	0,07	48,0	802,5	0,19	-	0,08	0,35	-	-	-	-	0,21	-	0,05
CH/EP	153	119,0	210,0	-	0,1	0,04	32,2	879,0	0,16	1,01	0,05	S	S	S	0,02	0,01	0,11	0,01	-
"	155	207,0	447,0	1,0	0,17	0,1	32,1	466,0	0,22	-	0,11	0,97	0,05	-	0,07	-	0,31	0,01	0,1
"	156	S	S	2,2	0,47	0,21	29,67	4196,0	1,055	-	0,13	1,02	0,045	-	0,08	0,035	0,11	0,0185	0,075

IV. Spurenelement-Konzentrationen der Kieselschiefer-Proben (in ppm)

Gruppen-Bezeichnung	Proben-Nr.	Na	K	La	Sm	Sc	Cr	Fe	Co	Rb	Cs	Ce	Eu	Ta	Th	Tb	Sb	Lu	Hf
ANDERNACH-MARTINSBERG																			
L 1/EP	66	794,9	2768,0	5,855	0,8351	2,378	13,96	2703,0	1,4415	24,9	0,6831	4,017	0,6684	0,1667	1,313	0,3505	-	0,4004	0,6008
"	66a	782,0	2781,0	6,0	0,88	2,918	15,74	2962,0	2,349	22,55	1,277	14,2	0,3102	0,1916	0,1449	0,2342	-	0,0742	0,5232
"	137	1259,0	3847,0	7,4	1,4	3,1	15,9	8319,5	3,9	21,1	1,2	16,2	0,33	0,21	2,1	0,57	0,23	0,1	0,81
"	139	892,8	3628,0	7,64	1,21	2,93	15,2	6289,0	3,29	22,64	1,25	16,55	0,26	0,22	1,64	0,28	-	0,0715	0,54
L 2/EP	70	2439,0	22300,0	36,62	4,119	25,27	153,8	45900,0	18,05	238,7	17,34	83,75	1,519	1,435	21,65	1,2945	S	0,5677	3,561
"	74	3731,0	33470,0	54,0	9,8	31,6	186,0	56940,0	24,55	244,0	21,8	109,0	2,2	1,2	27,0	2,5	6,1	0,6	5,5
"	132	S	S	45,7	7,2	23,6	136,0	41875,5	20,75	199,0	16,5	79,0	1,5	1,5	23,1	0,67	6,1	0,32	2,8
"	134	S	S	43,7	8,2	30,03	164,4	52885,0	23,49	150,3	17,22	91,96	1,89	1,32	24,33	2,4	S	0,51	5,165

V. Spurenelement-Konzentrationen der Kieseloolith-Proben (in ppm)

Gruppen-Bezeichnung	Proben-Nr.	Na	K	La	Sm	Sc	Cr	Fe	Co	Rb	Cs	Ce	Eu	Ta	Th	Tb	Sb	Lu	Hf
ANDERNACH-MARTINSBERG																			
KO/EP	182	311,6	320,6	0,39	0,25	0,068	34,15	294,0	-	-	-	0,78	-	-	0,09	-	S	0,013	-
"	183	219,0	229,0	2,0	0,21	0,05	12,6	197,5	-	- -	-	0,7	-	S	-	-	S	S	-
"	185	296,0	383,0	0,6	0,1	0,1	23,0	517,5	0,245	2,3	0,1	0,84	0,02	-	0,13	0,04	0,32	0,01	0,09

VI. Spurenelement-Konzentrationen der verkieselten Kalk-Proben (in ppm)

Gruppen-Bezeichnung	Proben-Nr.	Na	K	La	Sm	Sc	Cr	Fe	Co	Rb	Cs	Ce	Eu	Ta	Th	Tb	Sb	Lu	Hf
ANDERNACH-MARTINSBERG																			
VK/EP	76	97,0	339,0	2,9	0,66	1,131	32,56	27585,0	3,457	0,1658	-	5,7	0,1439	-	0,7043	0,3982	S	-	-
"	152	227,0	751,0	61,0	4,1	7,6	190,0	88920,0	17,5	12,0	-	55,2	1,1	-	1,83	1,3	1,75	0,14	0,64

VII. Spurenelement-Konzentrationen von Proben anderer archäologischer Fundplätze (in ppm)

Gruppen-Bezeichnung	Proben-Nr.	Na	K	La	Sm	Sc	Cr	Fe	Co	Rb	Cs	Ce	Eu	Ta	Th	Tb	Sb	Lu	Hf
FELDKIRCHEN-GÖNNERSDORF																			
Q 1/M	2	118,0	223,0	2,55	0,62	2,42	50,7	426,0	0,16	-	0,25	4,7	0,15	1,48	2,41	0,21	S	0,29	16,2
"	4	S	S	S	2,45	2,68	65,17	585,8	0,34	-	-	6,48	1,03	1,66	2,94	0,16	0,38	0,26	17,82
"	5	101,0	174,0	2,48	0,86	2,6	46,0	-	-	-	-	6,8	1,47	1,85	2,86	-	S	0,35	16,1
Q 2/M	10	S	S	19,13	4,02	2,04	155,8	1088,5	1,13	-	-	30,6	0,95	1,38	4,0	0,41	0,51	0,26	12,5
"	11	110,0	202,0	6,9	1,07	1,33	118,0	1078,5	0,7	2,8	-	12,0	0,24	0,9	2,3	0,3	S	0,26	9,9
"	12	99,2	249,0	7,4	1,09	1,34	112,0	671,0	0,56	-	-	19,0	0,25	0,8	2,6	0,4	S	0,26	9,5
Q 3/M	14	201,0	529,0	9,4	1,7	1,5	45,4	6970,0	0,65	-	-	19,0	0,32	0,91	3,5	0,32	S	0,3	8,8
"	18	110,0	517,0	10,7	1,76	1,4	42,3	7763,0	1,02	11,0	0,37	17,0	0,37	0,75	3,5	0,4	0,5	0,28	8,7
Q 4/M	26	S	S	82,77	11,84	11,68	159,8	1996,0	0,81	-	1,01	189,9	3,35	7,47	28,43	1,68	2,3	1,22	25,55
"	29	214,0	994,0	48,2	5,3	4,9	100,0	1122,0	0,98	-	0,97	144,0	1,64	2,6	14,6	0,5	S	0,6	14,3
"	31	344,0	1297,0	55,5	7,3	7,8	104,0	1453,0	0,68	8,4	0,6	89,0	2,5	4,5	18,2	1,5	S	1,03	17,1
CH/M	32	S	S	S	0,15	0,21	26,42	129,9	0,12	-	-	0,71	0,04	-	0,08	-	0,1	0,01	-
"	34	140,0	318,0	-	0,21	0,14	21,0	143,0	0,07	1,93	0,08	0,4	0,01	-	0,13	-	0,09	0,01	0,07
"	36	60,9	134,0	P	0,1	0,39	43,0	554,0	-	-	-	-	-	-	-	-	-	-	-
NIEDERBIEBER																			
Q 1/EP	2	186,0	726,0	56,0	7,9	5,4	133,0	2082,5	1,9	-	-	164,0	1,89	3,3	16,3	0,56	S	0,71	18,1
"	3	S	S	23,9	3,35	3,0	131,1	1070,0	1,15	-	0,35	54,8	1,23	1,8	6,05	0,39	0,67	0,31	15,07
"	4	355,0	3304,0	44,0	5,6	5,3	139,0	1616,0	1,05	36,1	5,8	73,5	1,11	2,2	10,3	0,71	S	0,55	15,2

(Fortsetzung Tabelle VII)

Gruppen-Bezeichnung	Proben-Nr.	Na	K	La	Sm	Sc	Cr	Fe	Co	Rb	Cs	Ce	Eu	Ta	Th	Tb	Sb	Lu	Hf
SWEIKHUIZEN																			
Q 1/M	1	S	S	S	0,68	0,49	34,11	927,2	0,45	-	-	4,19	0,35	0,29	0,92	0,33	0,24	0,072	5,16
"	2	63,2	106,0	1,2	0,34	0,5	17,2	-	-	-	-	-	0,7	-	0,84	-	-	-	6,6
"	3	154,0	-	7,4	1,2	1,8	14,8	1271,0	0,6	10,1	0,34	12,4	0,56	0,55	2,3	0,19	S	0,13	3,55
Q 2/M	7	90,5	-	2,47	0,04	1,35	198,0	644,0	0,27	-	-	6,3	0,17	1,02	2,8	0,15	0,58	0,32	11,5
Q 3/M	8	51,1	-	0,51	0,09	0,15	2,34	514,5	0,14	-	-	1,66	0,05	0,06	0,57	-	0,3	0,03	0,45
"	9	46,1	-	0,53	0,1	0,14	3,62	718,0	0,22	-	-	1,86	0,04	-	0,78	-	-	0,03	0,37
GRIENDTSVEEN																			
Q 1/M	1	51,5	149,0	1,3	0,16	0,02	7,93	231,5	0,14	-	0,06	2,7	0,05	0,17	0,7	0,04	0,26	0,04	0,81
"	2	54,9	150,0	1,2	0,15	0,02	7,79	248,5	0,09	1,63	0,09	3,2	0,07	0,2	0,7	0,07	0,26	0,05	1,02
Q 2/M	3	36,1	833,0	14,0	2,04	0,38	17,4	631,5	0,44	4,01	0,14	42,0	0,52	0,24	6,0	0,17	0,95	0,11	5,6
VESSEM																			
Q 1/EP	1	377,0	-	-	-	0,5	-	234,5	-	-	0,07	0,5	-	-	0,07	0,04	-	-	-

VIII. Spurenelement-Konzentrationen von Proben geologischer Vorkommen (in ppm)

Gruppen-Bezeichnung	Proben-Nr.	Na	K	La	Sm	Sc	Cr	Fe	Co	Rb	Cs	Ce	Eu	Ta	Th	Tb	Sb	Lu	Hf
BERGHEIM-KENTEN																			
Q 1/Findling	2	S	S	11,47	S	2,9	61,8	875,9	1,71	-	-	20,53	1,23	2,33	4,78	0,25	0,5	0,31	20,47
"	3	131,0	-	11,6	1,6	3,2	38,0	915,0	0,35	-	-	18,5	0,38	3,1	5,8	0,34	S	0,5	23,6
"	7	119,0	100,0	8,2	1,3	3,2	54,0	453,0	0,63	-	-	20,7	2,35	2,7	4,9	-	S	0,45	21,6
MUFFENDORF																			
Q 1/Findling	3	101,0	-	13,2	1,67	3,2	92,0	750,5	0,3	-	-	21,0	0,31	1,9	3,8	0,38	S	0,44	17,2
"	4	96,1	163,0	12,9	1,97	3,5	87,0	269,0	0,87	-	-	30,3	0,44	2,1	4,4	0,29	S	0,54	17,2
"	6	S	S	15,61	S	3,14	89,15	807,0	0,56	-	-	28,47	1,09	1,84	3,99	0,32	0,41	0,35	15,85
CH 1/Blockstreuung	1	46,5	-	-	0,15	0,06	22,0	226,5	0,07	0,75	0,08	0,23	-	-	0,05	-	S	0,006	0,03
"	2	50,6	63,0	0,11	0,1	0,02	20,0	188,0	-	-	-	-	-	-	-	-	-	-	-
"	6	S	S	S	S	0,022	26,07	161,9	0,4	-	-	0,25	-	-	-	-	-	-	-
LIEDBERG																			
Q 1/Quarzitkuppe	1	25,9	52,8	0,43	0,07	0,06	1,36	96,5	0,45	0,4	0,04	1,04	0,03	0,3	0,03	0,02	0,13	0,02	0,5
ARDENNENQUARZIT																			
Q 1/Quarzitbank	4	528,0	1031,0	5,8	0,08	0,5	27,5	4140,5	0,49	-	-	2,2	0,17	-	0,9	0,12	-	0,04	0,57
"	5	S	S	6,01	0,76	0,54	39,73	4118,0	0,55	3,54	-	3,77	0,16	0,073	1,21	0,21	-	0,036	0,92
"	7	643,0	1268,0	4,8	0,8	0,5	44,4	4095,5	0,55	8,7	0,27	2,5	0,19	0,1	1,0	0,16	0,12	0,05	0,61

Anhang 6:

Ergebnisse der Mikrofossilbestimmung

Verzeichnis der identifizierten Dinoflagellaten-Zysten

GRUPPEN-BEZEICHNUNG:	F 3/EP	F 4/EP
DINOFLAGELLATEN-GATTUNG/ -ART		
Achomosphaera sp. (Evitt 1963)		x
Batiacasphaera sp. (Drugg 1970, emend. Morgan 1975)	x	x
Cassiculosphaeridia reticulata (Davey 1969)		x
Chlamydophorella discreta (Clarke & Verdier 1967)	x	x
Coronifera sp. (Cookson & Eisenack 1958, emend. Davey 1974)	x	
Cribroperidinium sp. (Neale & Sarjeant 1962, emend. Davey 1969)	x	
Cyclonephelium sp. (Deflandre & Cookson 1955, emend. Ioannis, Stavrinos & Downie 1976)		x
Exochosphaeridium bifidum (Clarke & Verdier 1967, Clarke, Davey, Sarjeant & Verdier 1968)	x	x
Exochosphaeridium phragmites (Davey, Downie, Sarjeant & Williams 1966)		x
Fromea sp. (Cookson & Eisenack 1958, emend. Yun 1981)		x
Hystrichosphaeridium tubiferum (Ehrenberg 1838, Davey & Williams 1966)	x	x
Micrhystridium sp. (Acritarch) (Deflandre 1937, emend. Downie & Sarjeant 1963)		x
Microdinium sp. (Davey, Downie, Sarjeant & Williams 1966)		x
Oligosphaeridium (poculum) (Davey & Williams 1966)		x
Oligosphaeridium ?complex (White 1842, Davey & Williams 1966)		x
Palaeoperidinium pyrophorum (Ehrenberg 1838, Deflandre 1935, emend. Sarjeant 1967)		x

<u>Protoellipsodinium sp.</u> (?) (Davey & Verdier 1971)	x	
<u>Spiniferites ?cingulatus</u> (O. Wetzel 1933, Lentin & Williams 1973)	x	
<u>Spiniferites ramosus</u> (Ehrenberg 1838, Loeblich & Loeblich 1966)	x	x

<u>Außerdem:</u>

Pollen		x
Grünalge <u>Palambages morulosa</u> (O.Wetzel)	x	x
nicht identifizierbare Reste	x	x

<u>Anmerkung:</u> Die ausführlichen Literaturzitate sind zu finden bei

EISENACK, A. (1964–1981). Katalog der fossilen Dinoflagellaten, Hystrichosphaerideen und verwandten Mikrofossilien. Stuttgart.

T E I L   IV

Tafeln

Anmerkungen zu Teil IV:

Tafel 1 bis 26 zeigen jeweils drei Fotos für jede der untersuchten Andernacher Rohmaterialvarietäten (mit Ausnahme der Gruppen CH(b)/M und VK/EP). Foto 1 und 2 sind polarisationsmikroskopische Aufnahmen der petrografischen Dünnschliffe, Foto 1 mit gekreutzen Polarisatoren und Foto 2 ohne Analysator. Foto 3 ist eine Rasterelektronenmikroskopaufnahme von Gesteinsbruchstücken.

Von Tafel 27 bis 31 sind Dünnschliffaufnahmen der untersuchten geologischen Vergleichsproben aus Quarzit aufgeführt.

Tafel 32 bis 34 gibt eine Auswahl der wichtigsten Mikrofossilien der Andernacher Feuersteinvarietäten.

Tafel 1

Q 1(a)/M

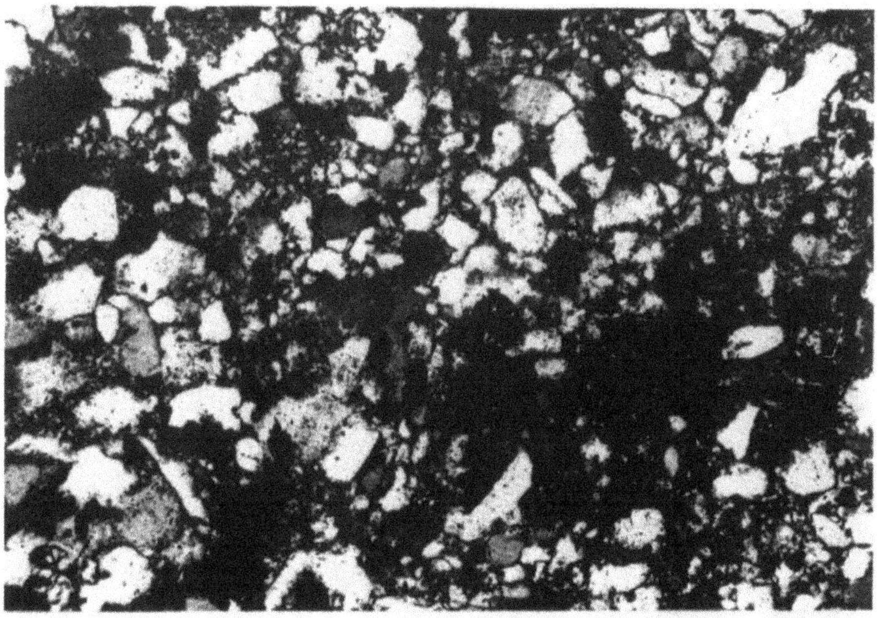

Polarisiertes Licht mit Analysator (= gekreuzte Polarisatoren)

LB Kante+ = 1.11 mm Natur

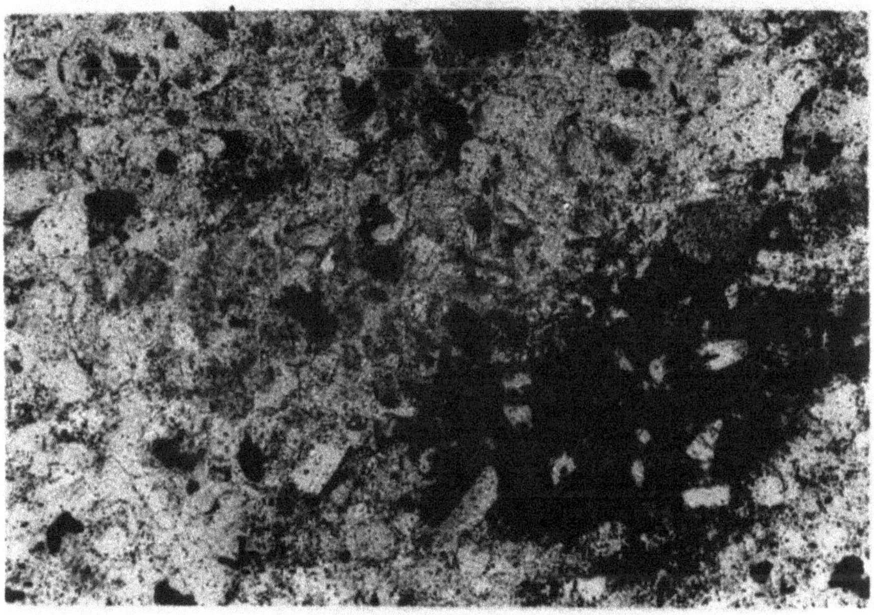

Polarisiertes Licht ohne Analysator

LB Kante = 1.11 mm Natur

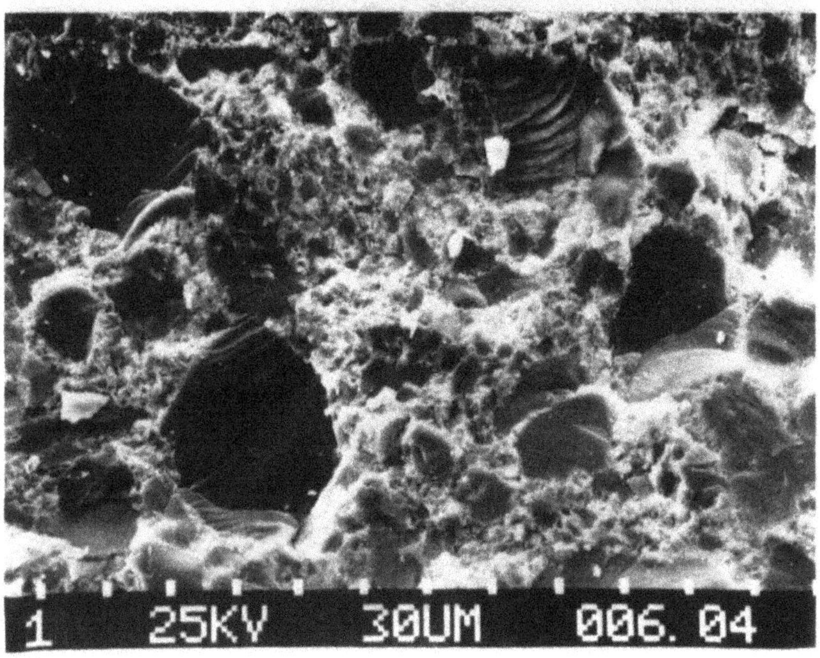

+ LB Kante = lange Bildkante

Tafel 2

Q 1(b)/M

Polarisiertes Licht mit Analysator (= gekreuzte Polarisatoren)

LB Kante = 1.11 mm Natur

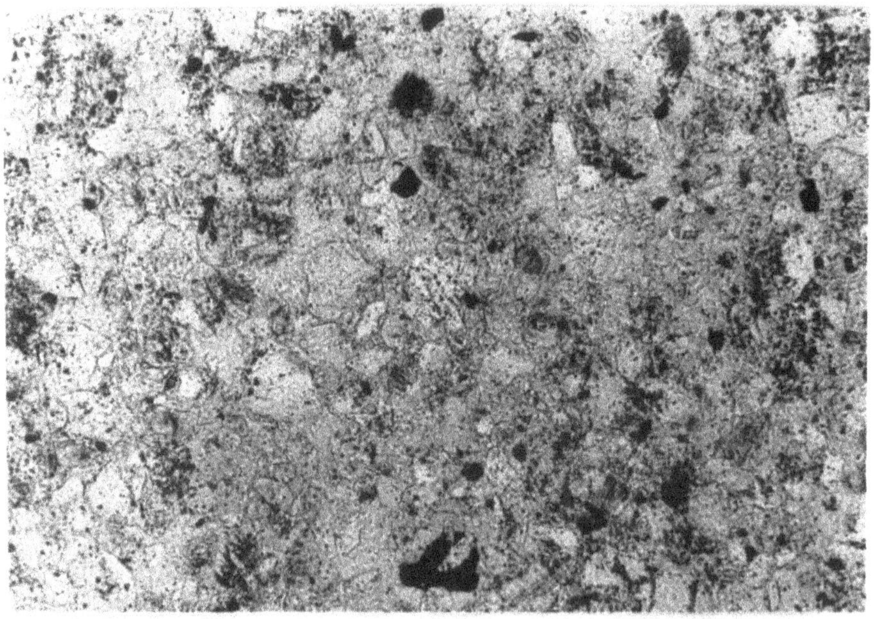

Polarisiertes Licht ohne Analysator

LB Kante = 1.11 mm Natur

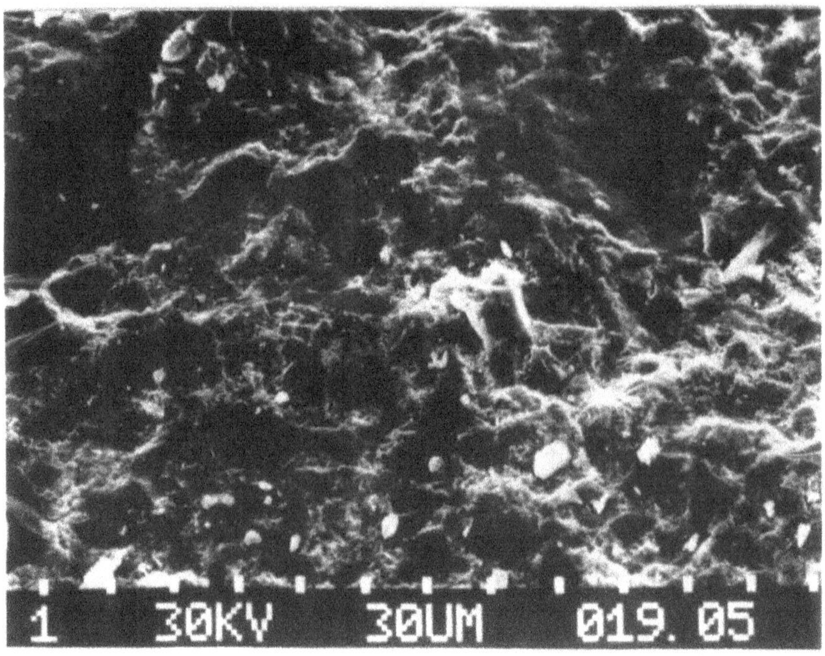

Tafel 3

Q 1(c)/M

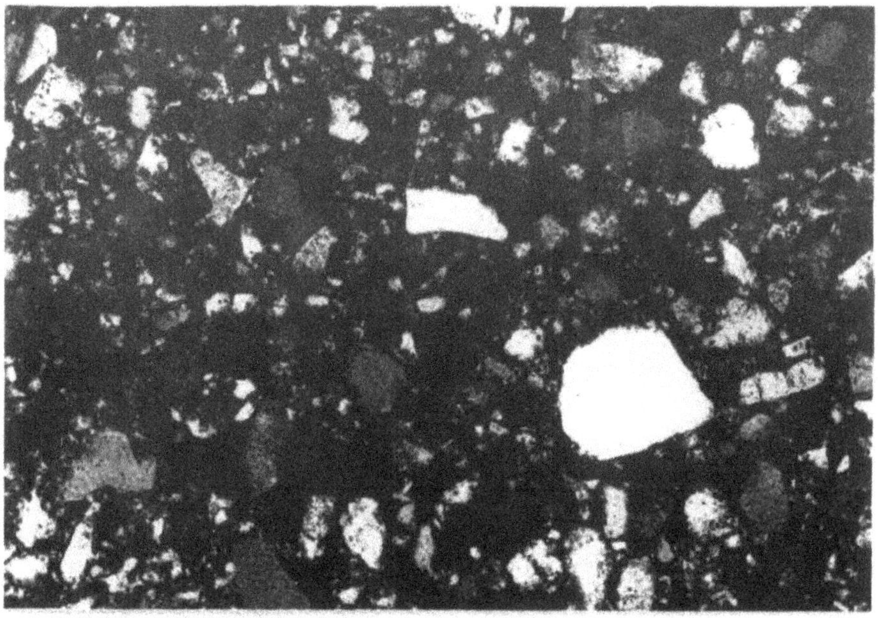

Polarisiertes Licht mit Analysator (= gekreuzte Polarisatoren)

LB Kante = 1.11 mm Natur

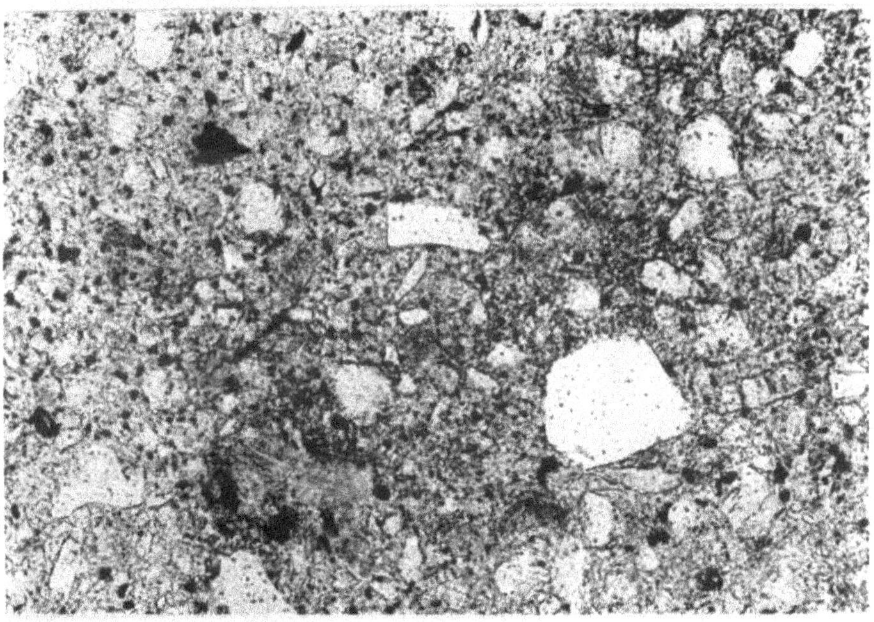

Polarisiertes Licht ohne Analysator

LB Kante = 1.11 mm Natur

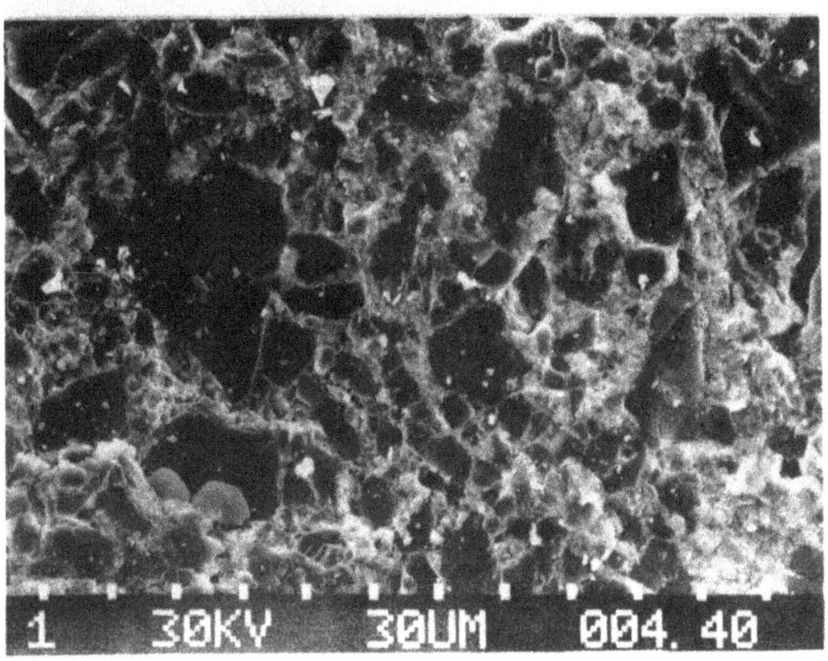

<u>Tafel 4</u>

Q 1(d)/M

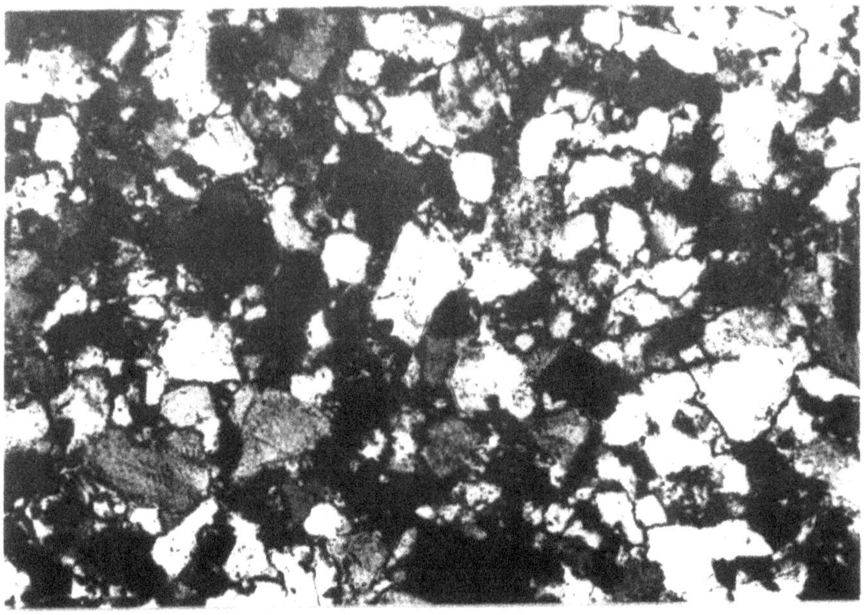

Polarisiertes
Licht mit
Analysator
(= gekreuzte
Polarisatoren)

LB Kante =
1.11 mm Natur

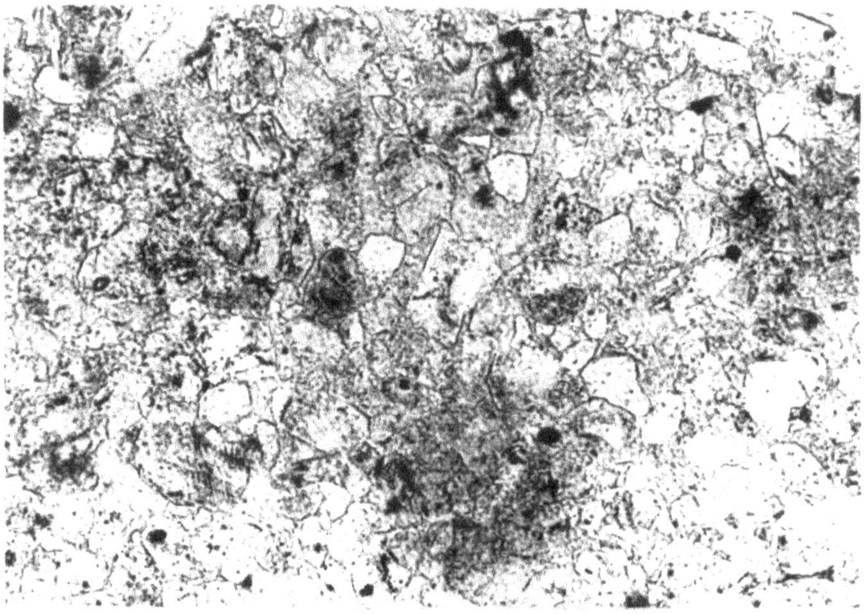

Polarisiertes
Licht ohne
Analysator

LB Kante =
1.11 mm Natur

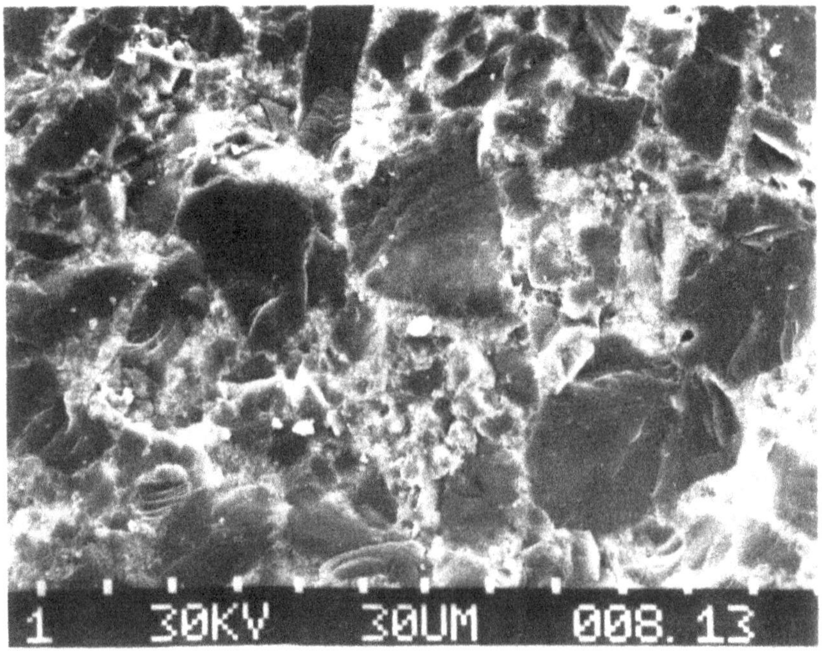

Tafel 5

Q 1(e)/M

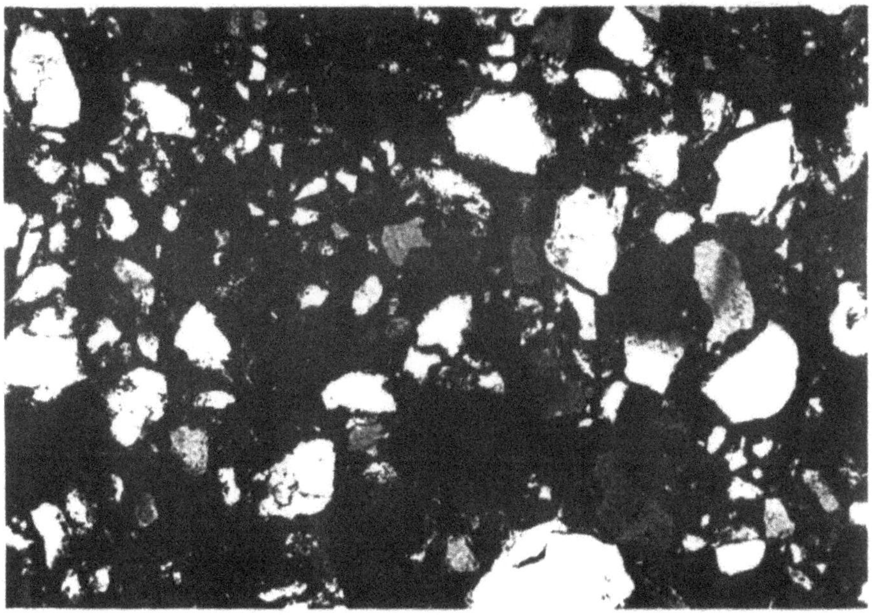

Polarisiertes Licht mit Analysator (= gekreuzte Polarisatoren)

LB Kante = 1.11 mm Natur

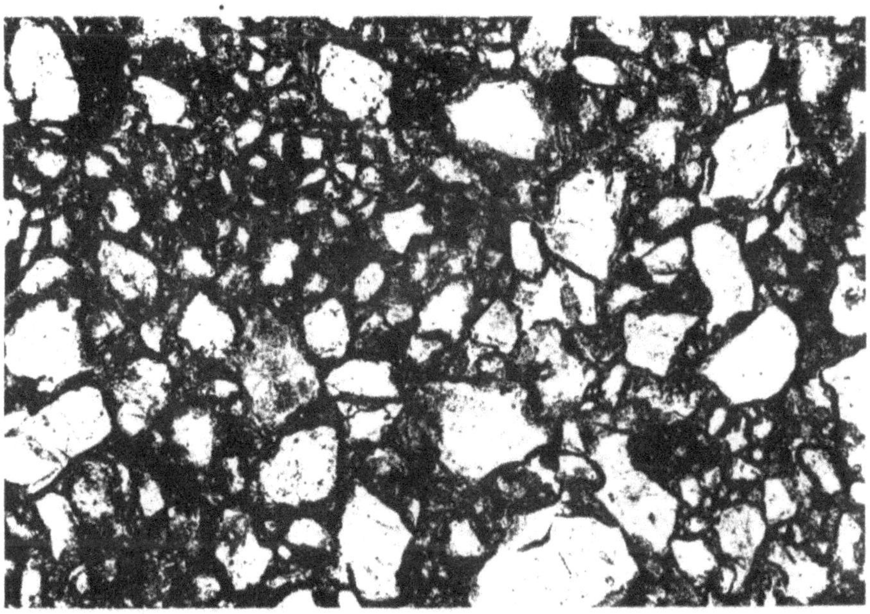

Polarisiertes Licht ohne Analysator

LB Kante = 1.11 mm Natur

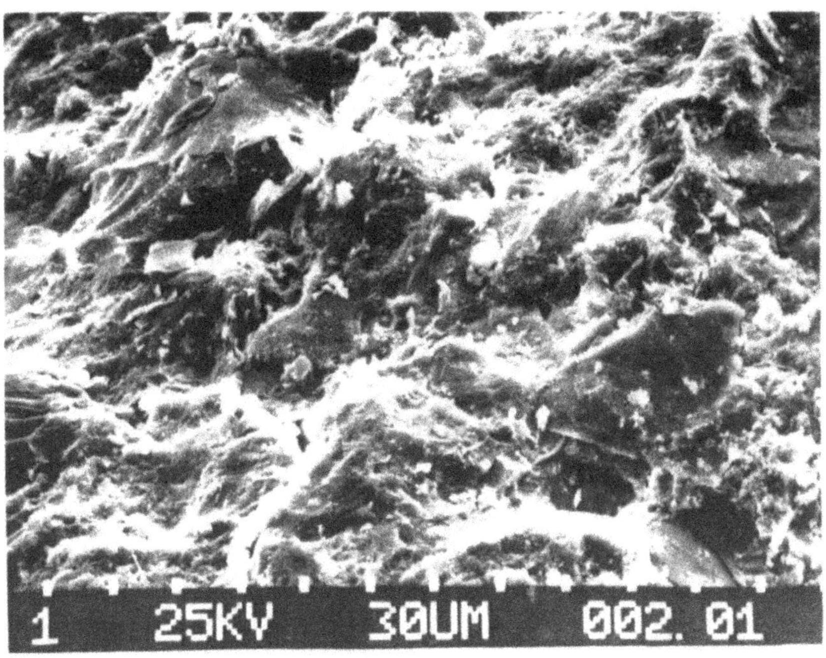

Tafel 6

Q 1(f)/M

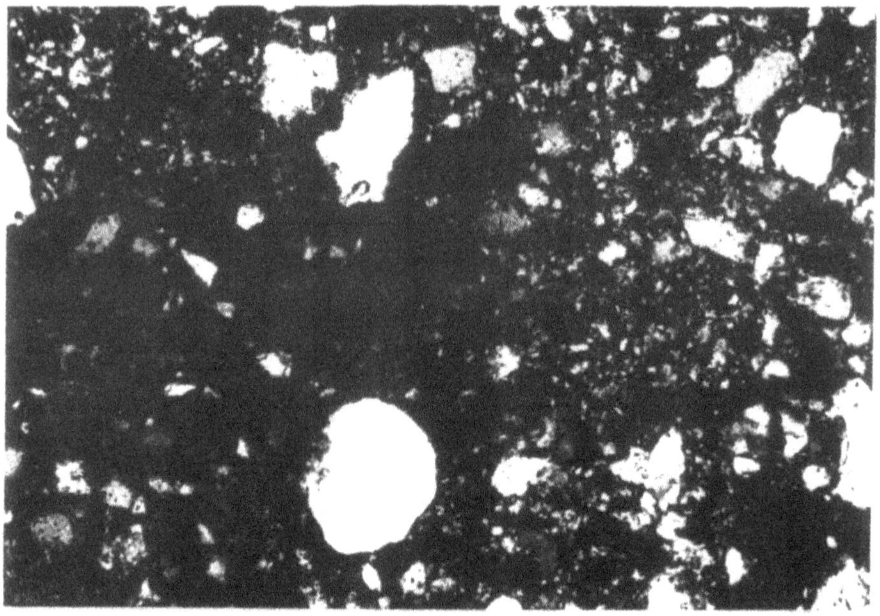

Polarisiertes Licht mit Analysator (= gekreuzte Polarisatoren)

LB Kante = 1.11 mm Natur

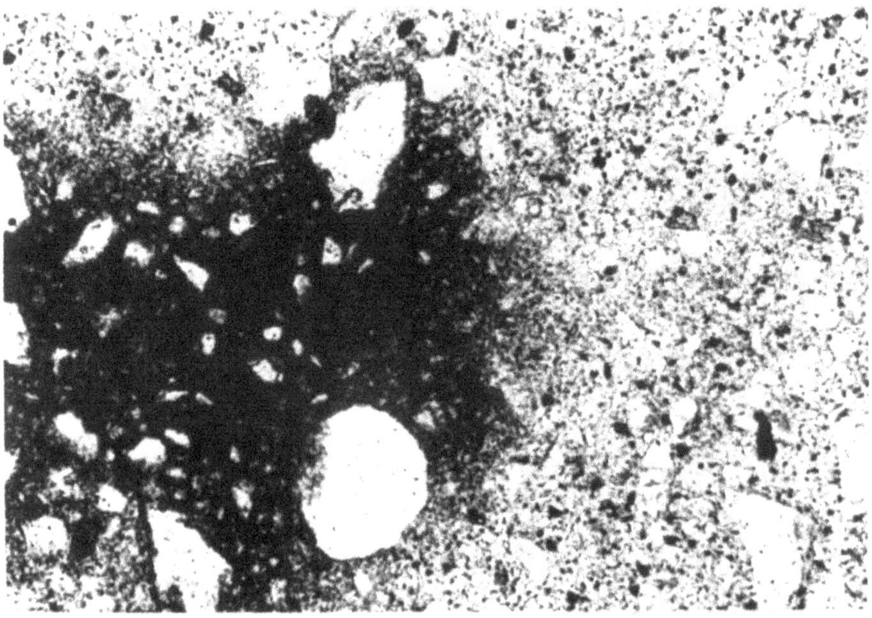

Polarisiertes Licht ohne Analysator

LB Kante = 1.11 mm Natur

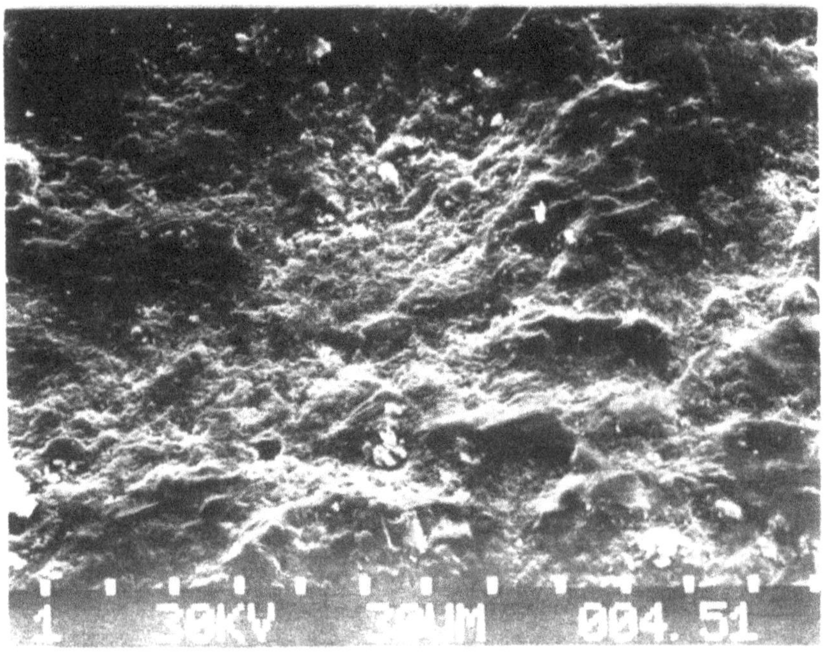

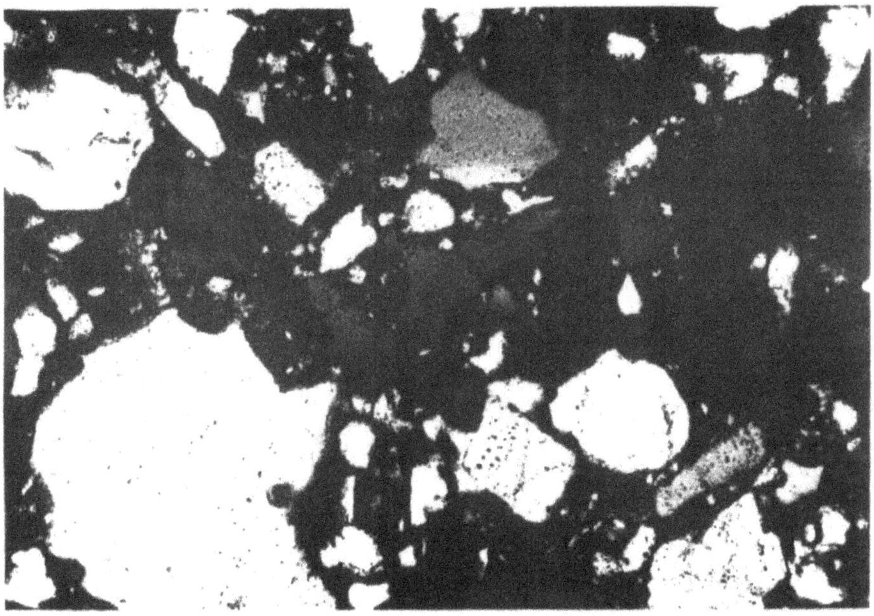

Tafel 7

Q 2/M

Polarisiertes Licht mit Analysator (= gekreuzte Polarisatoren)

LB Kante = 1.11 mm Natur

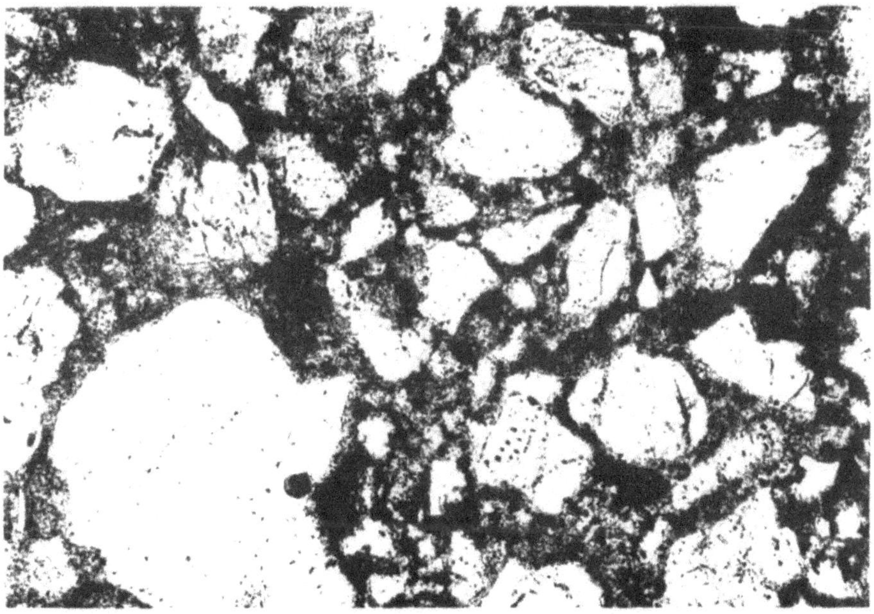

Polarisiertes Licht ohne Analysator

LB Kante = 1.11 mm Natur

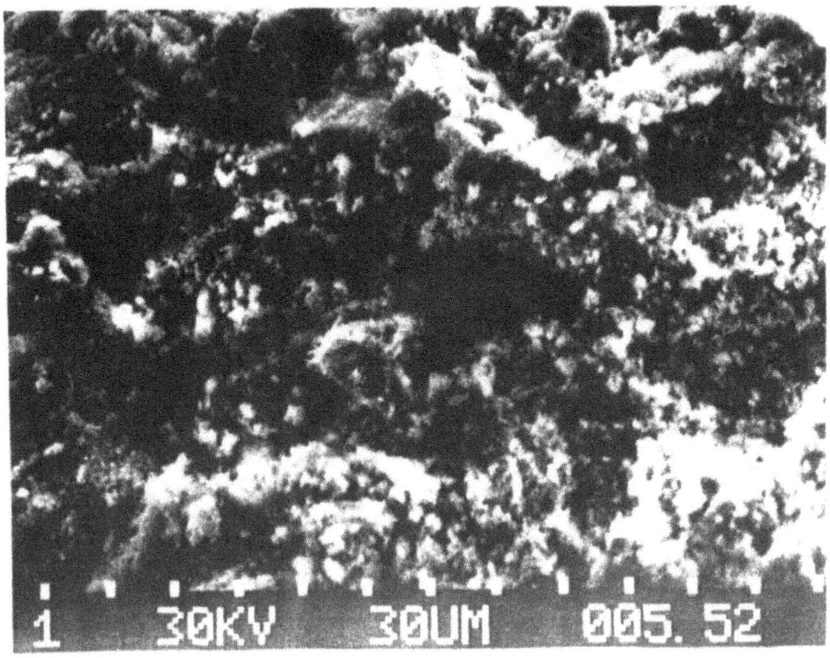

Tafel 8

Q 3/M

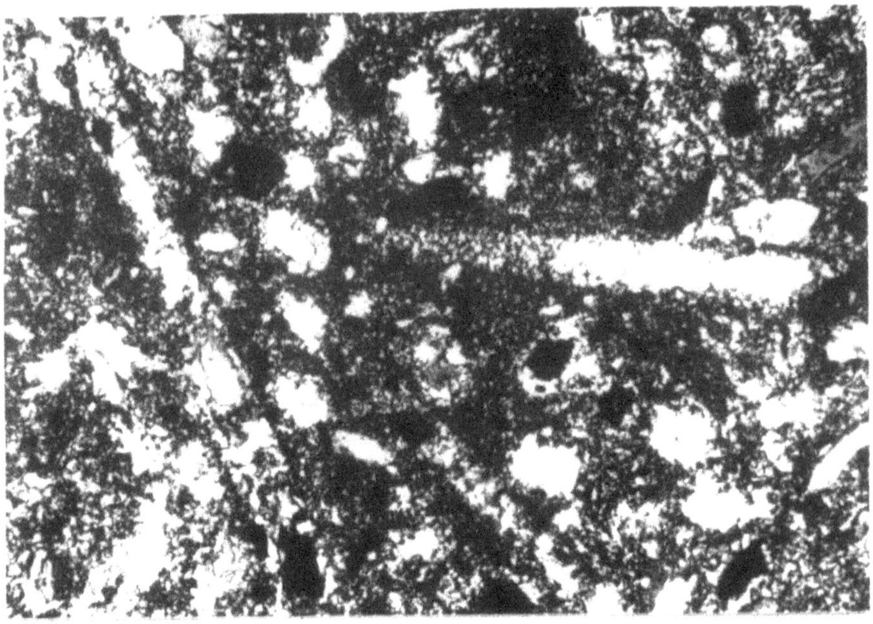

Polarisiertes Licht mit Analysator (= gekreuzte Polarisatoren)

LB Kante = 1.11 mm Natur

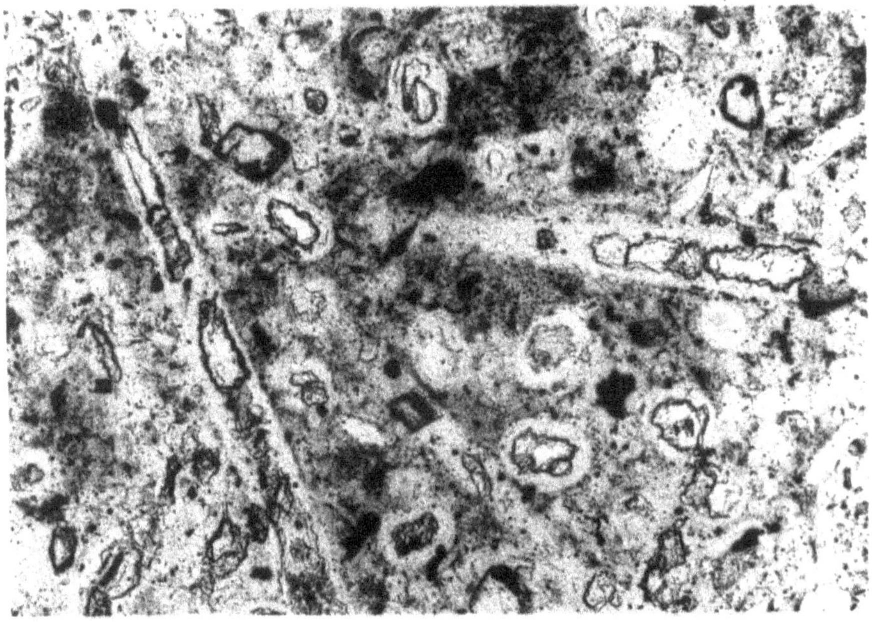

Polarisiertes Licht ohne Analysator

LB Kante = 1.11 mm Natur

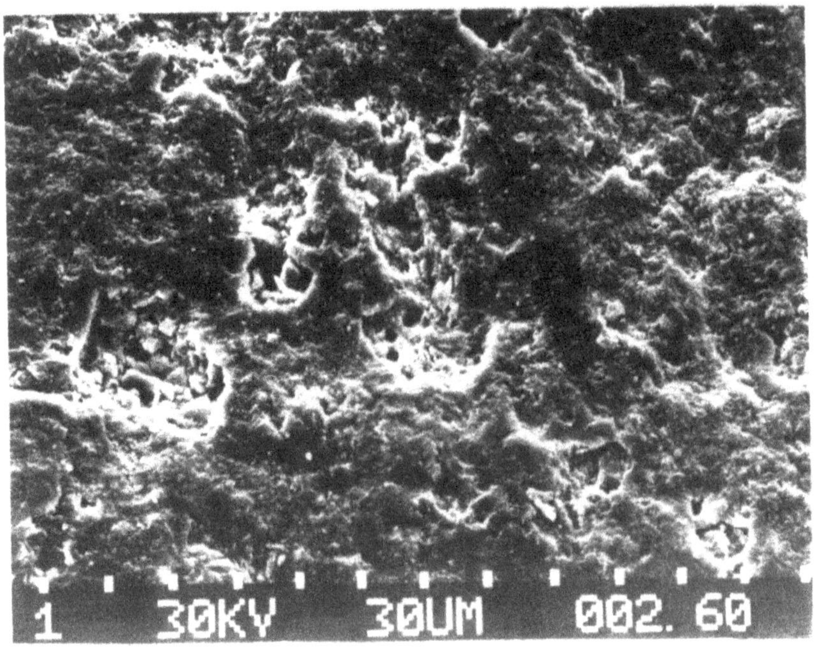

Tafel 9

CH(a)/M

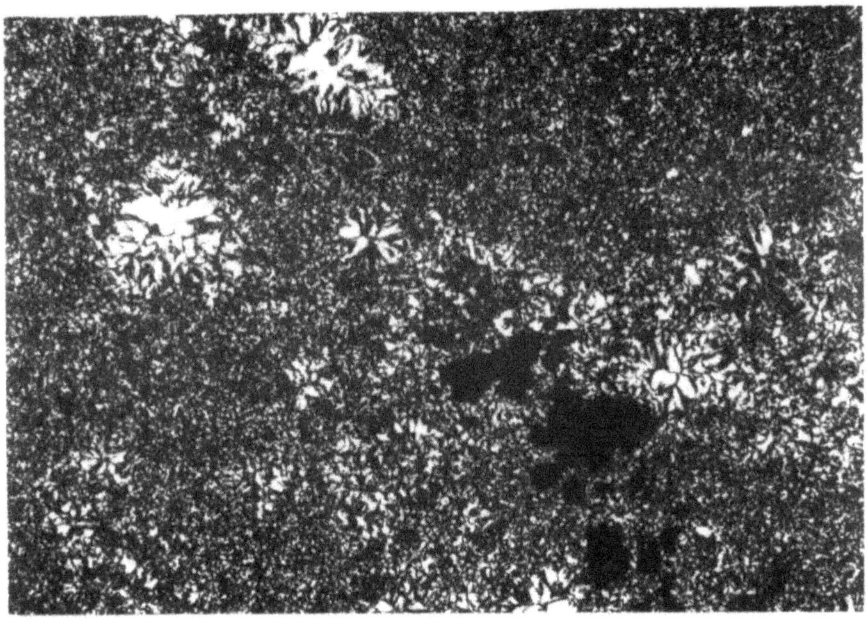

Polarisiertes Licht mit Analysator (= gekreuzte Polarisatoren)

LB Kante = 1.11 mm Natur

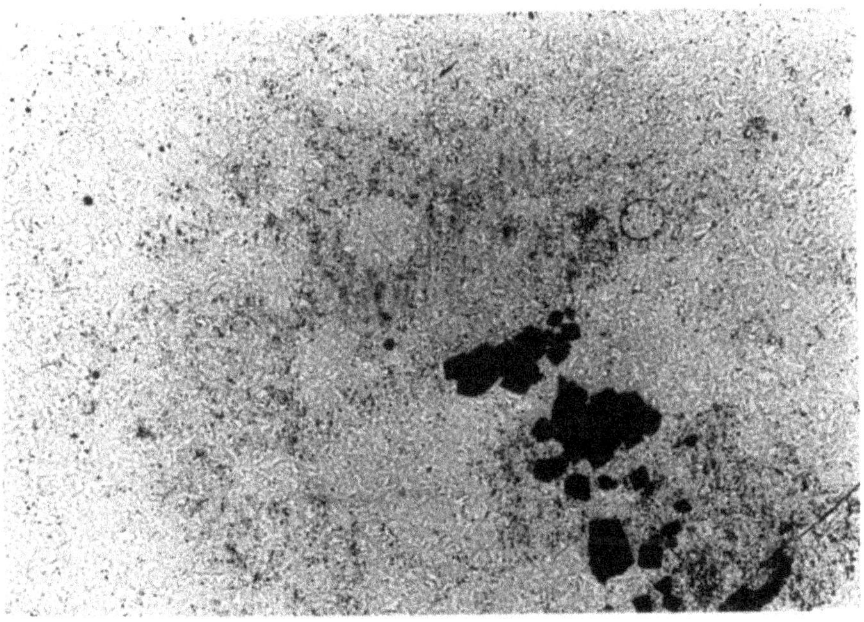

Polarisiertes Licht ohne Analysator

LB Kante = 1.11 mm Natur

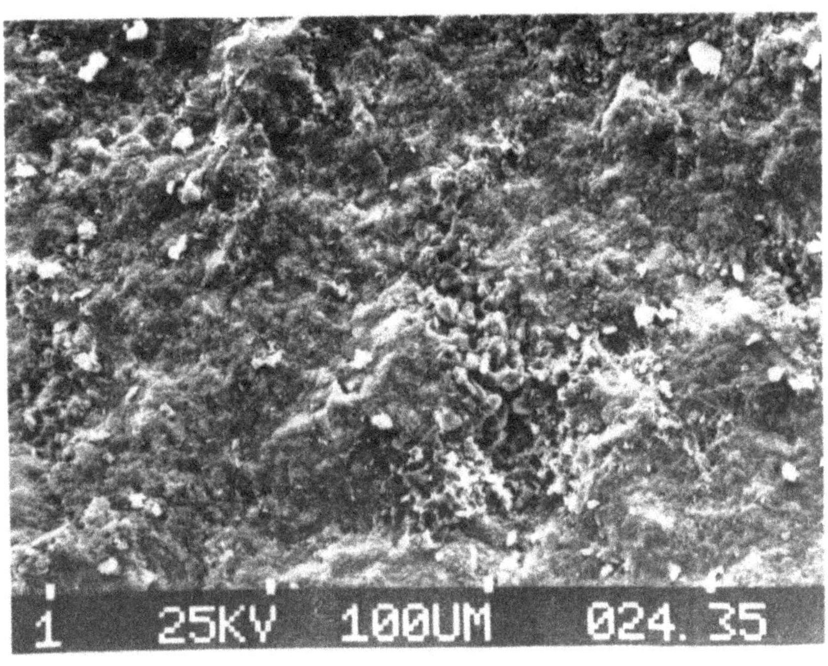

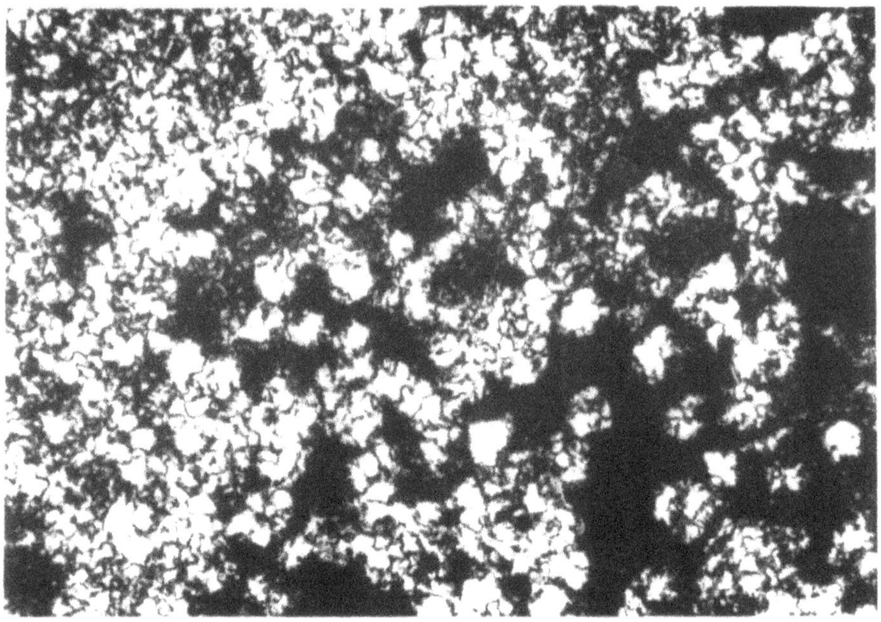

Tafel 10

CH(b)/M

Polarisiertes Licht mit Analysator (= gekreuzte Polarisatoren)

LB Kante = 1.11 mm Natur

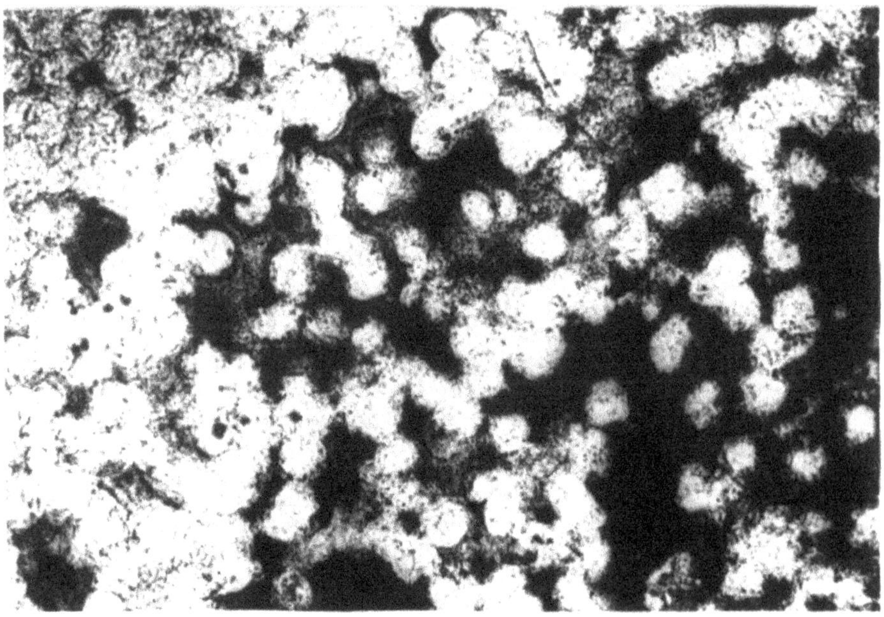

Polarisiertes Licht ohne Analysator

LB Kante = 1.11 mm Natur

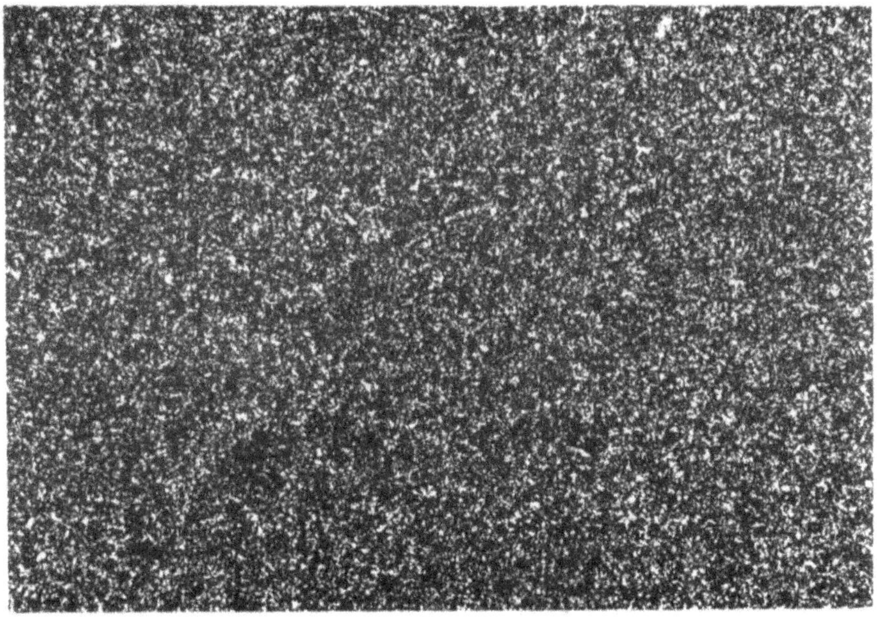

Tafel 11

F 1/M

Polarisiertes
Licht mit
Analysator
(= gekreuzte
Polarisatoren)

LB Kante =
1.11 mm Natur

Polarisiertes
Licht ohne
Analysator

LB Kante =
1.11 mm Natur

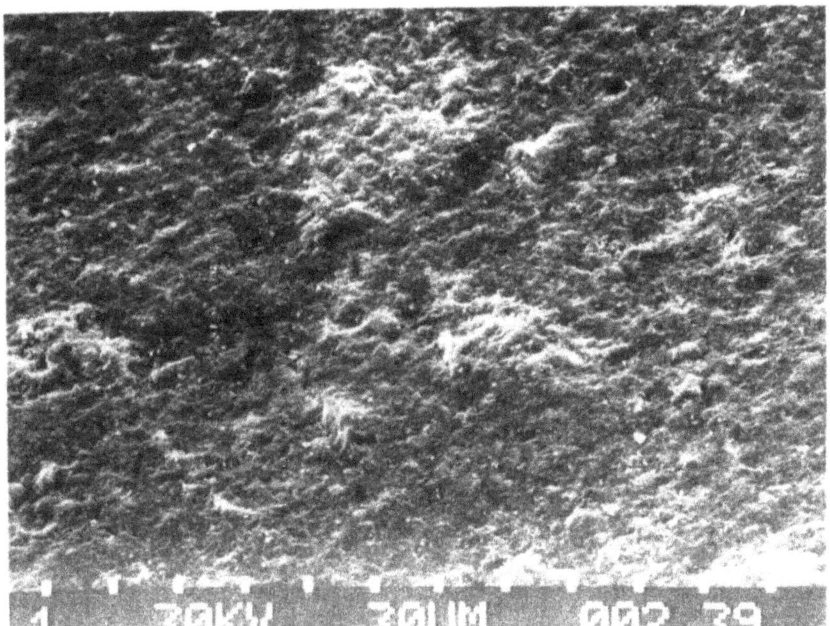

Tafel 12

F 2/M

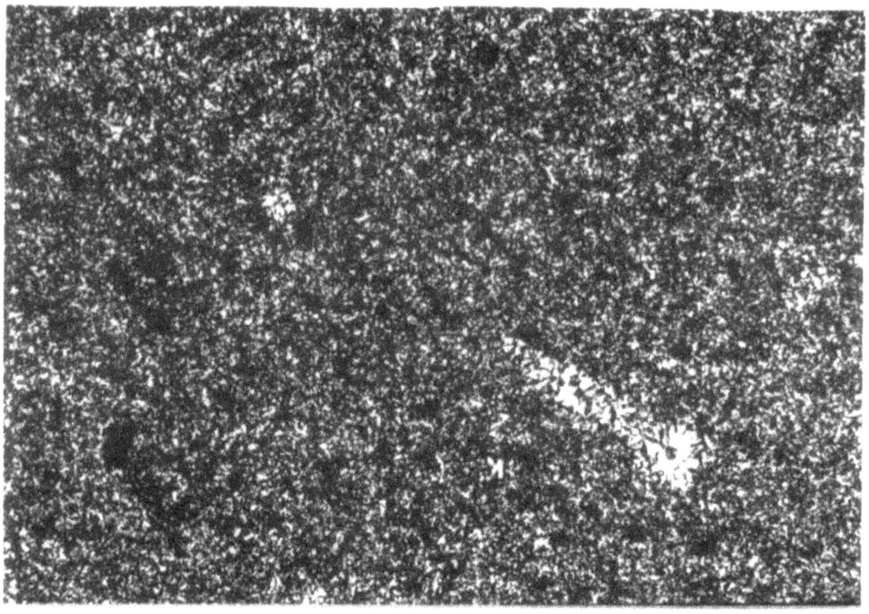

Polarisiertes Licht mit Analysator (= gekreuzte Polarisatoren)

LB Kante = 1.11 mm Natur

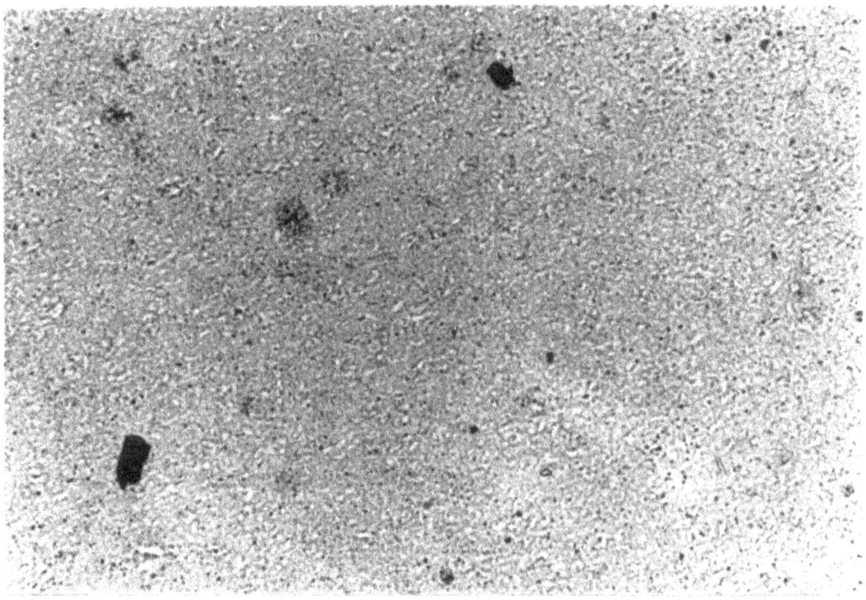

Polarisiertes Licht ohne Analysator

LB Kante = 1.11 mm Natur

Tafel 13

F 3/M

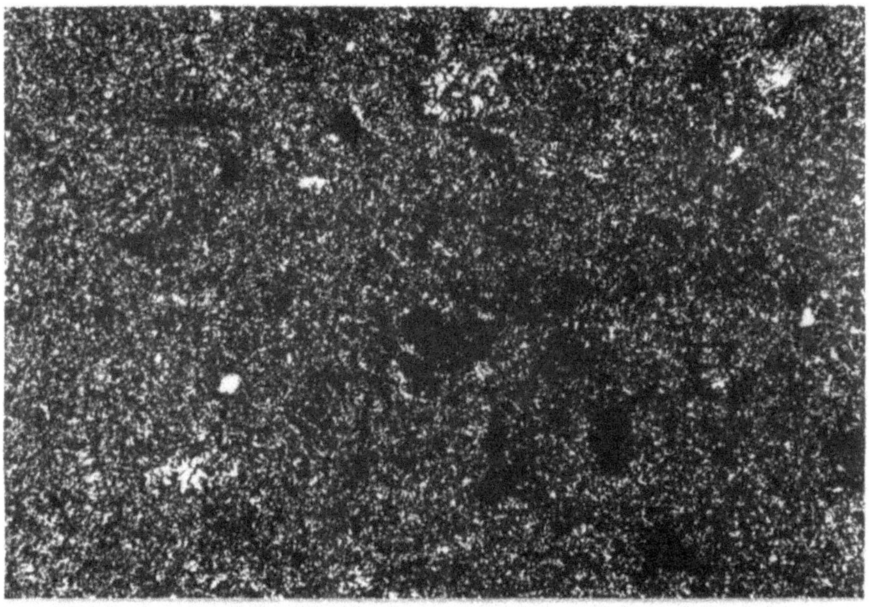

Polarisiertes Licht mit Analysator (= gekreuzte Polarisatoren)

LB Kante = 1.11 mm Natur

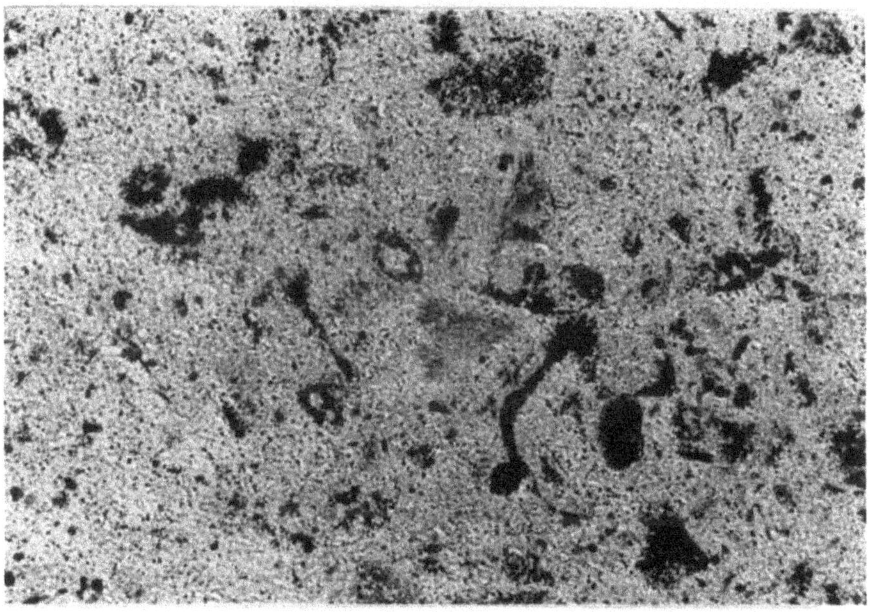

Polarisiertes Licht ohne Analysator

LB Kante = 1.11 mm Natur

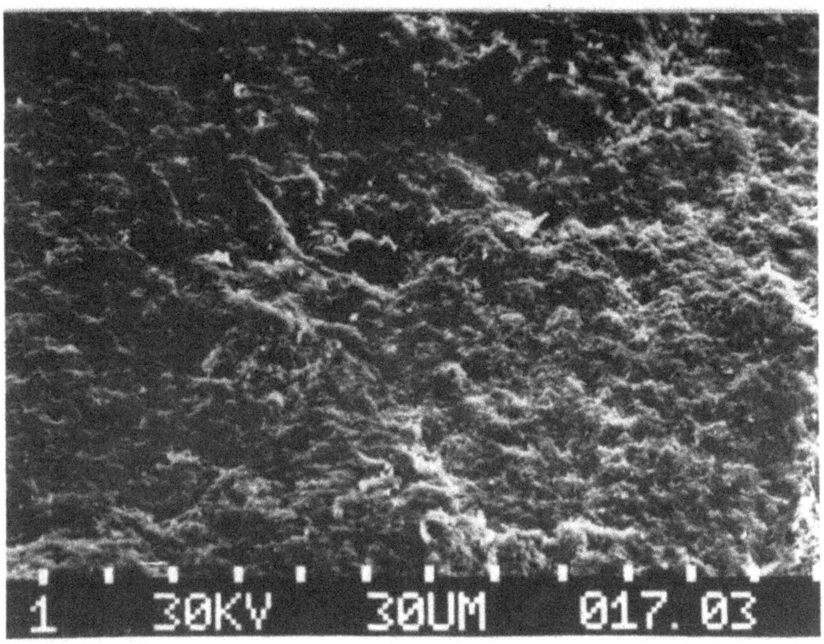

Tafel 14

Q 1/EP

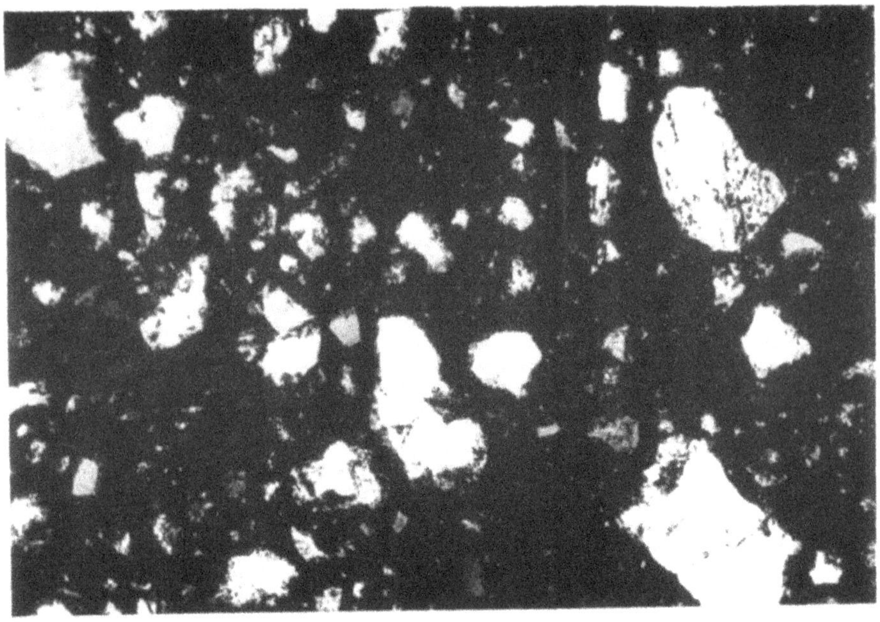

Polarisiertes Licht mit Analysator (= gekreuzte Polarisatoren)

LB Kante = 1.11 mm Natur

Polarisiertes Licht ohne Analysator

LB Kante = 1.11 mm Natur

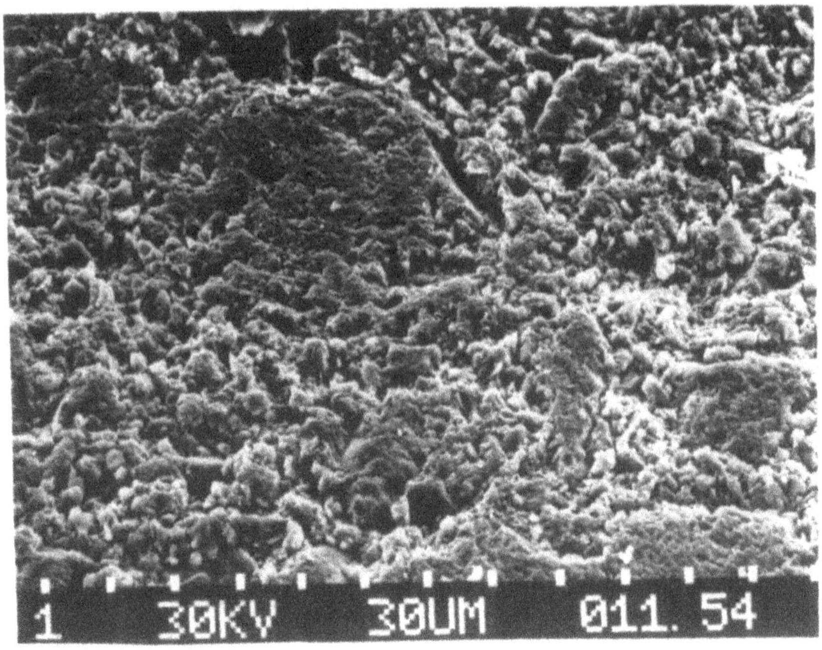

Tafel 15

Q 2/EP

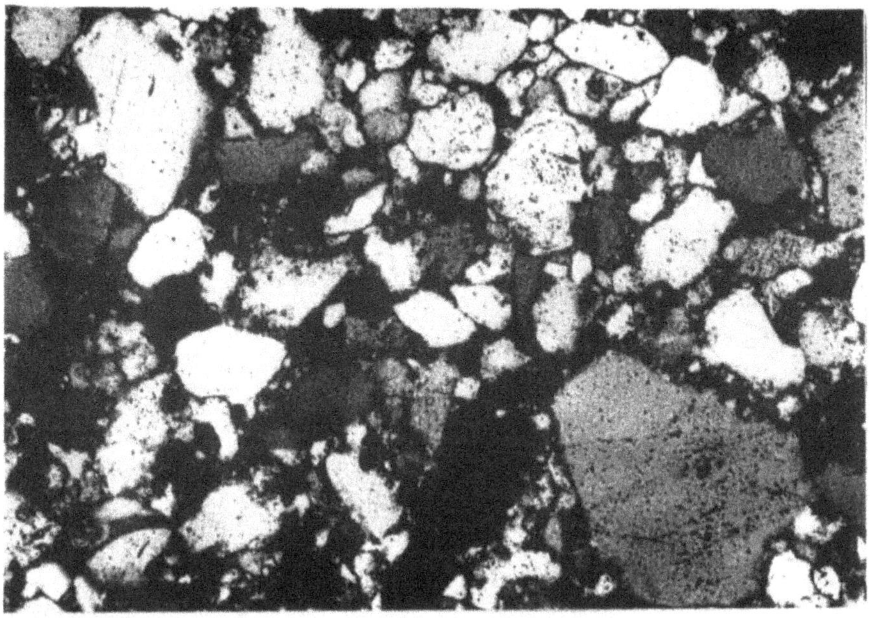

Polarisiertes Licht mit Analysator (= gekreuzte Polarisatoren)

LB Kante = 1.11 mm Natur

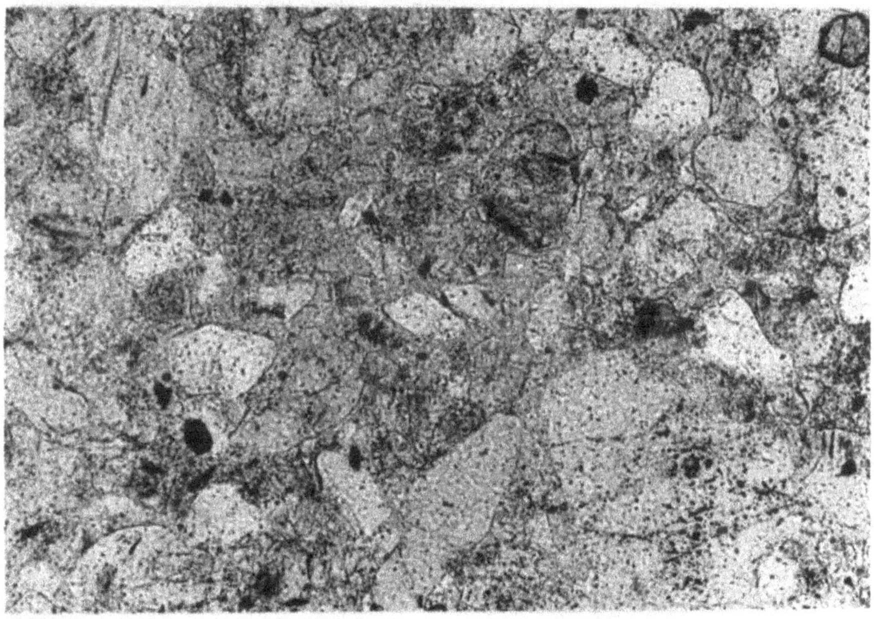

Polarisiertes Licht ohne Analysator

LB Kante = 1.11 mm Natur

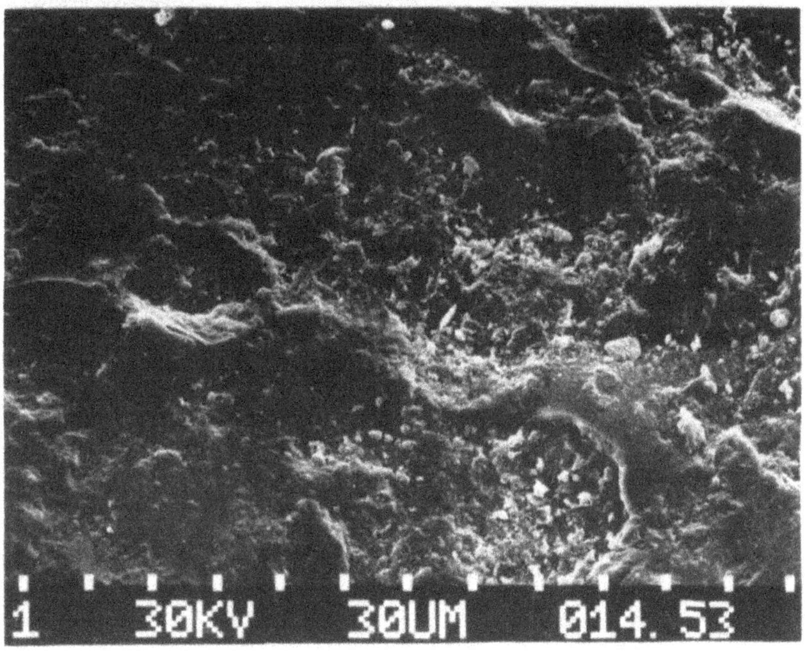

Tafel 16

CH/EP

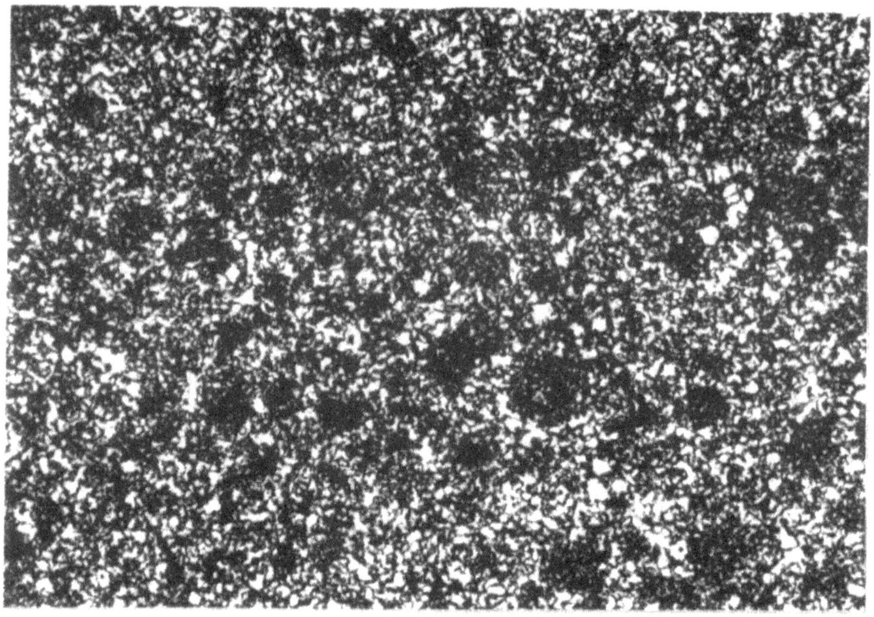

Polarisiertes Licht mit Analysator (= gekreuzte Polarisatoren)

LB Kante = 1.11 mm Natur

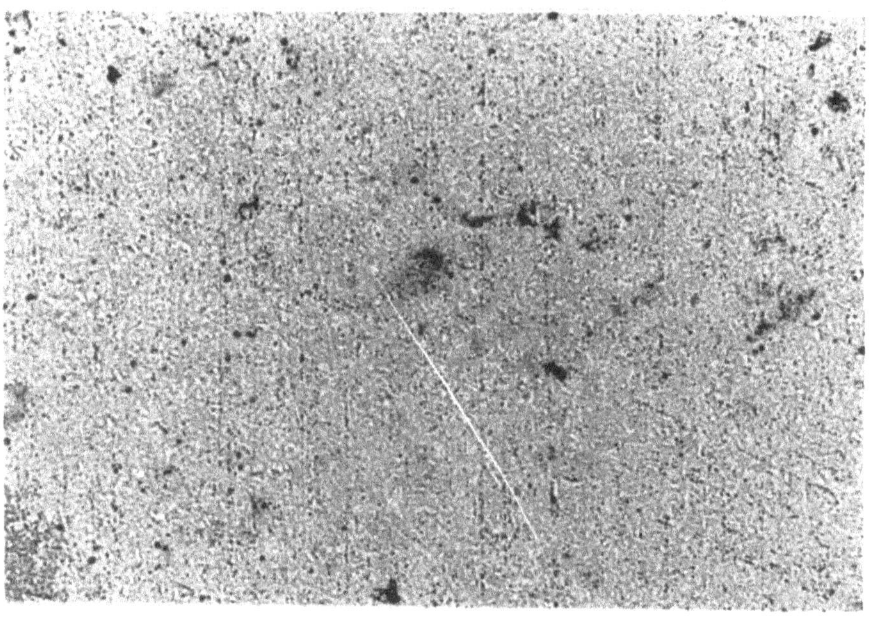

Polarisiertes Licht ohne Analysator

LB Kante = 1.11 mm Natur

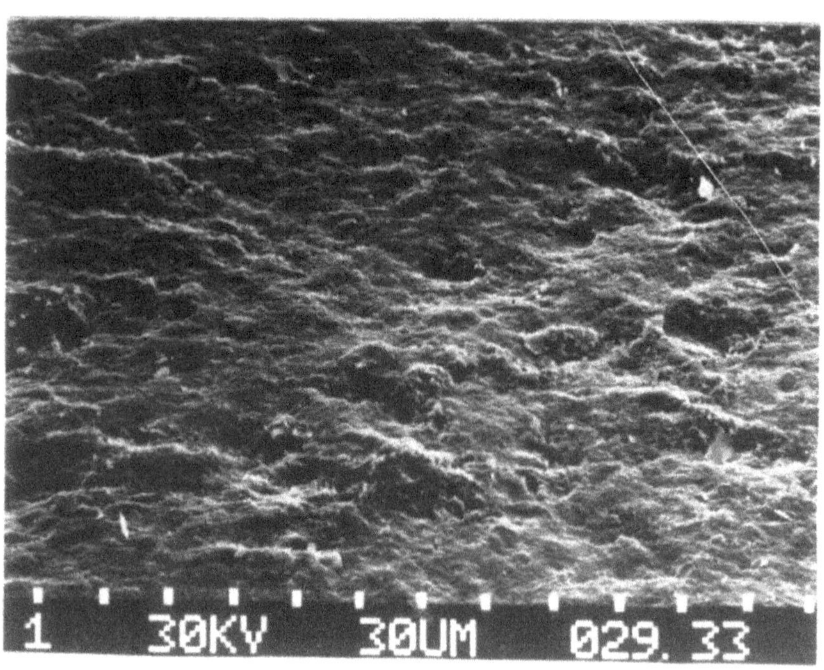

Tafel 17

F 1/EP

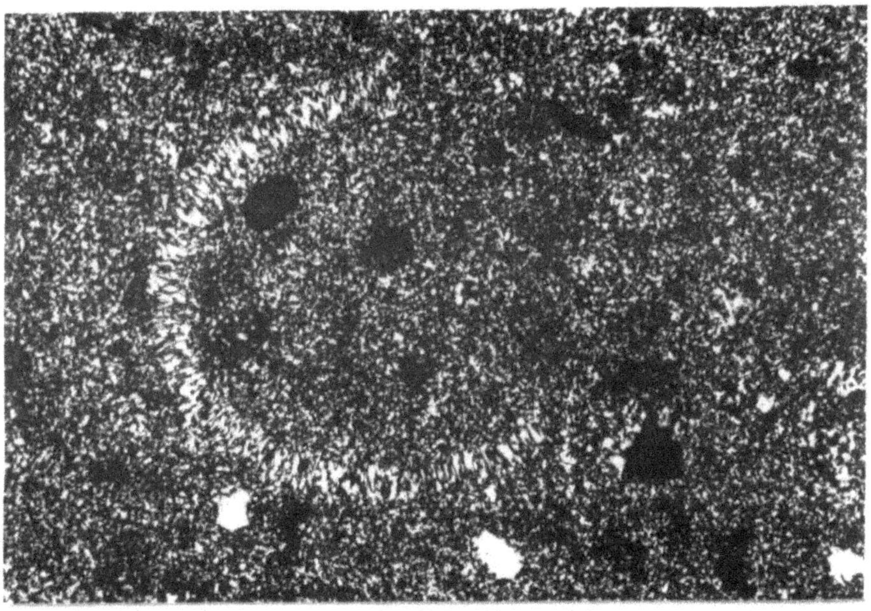

Polarisiertes Licht mit Analysator (= gekreuzte Polarisatoren)

LB Kante = 1.11 mm Natur

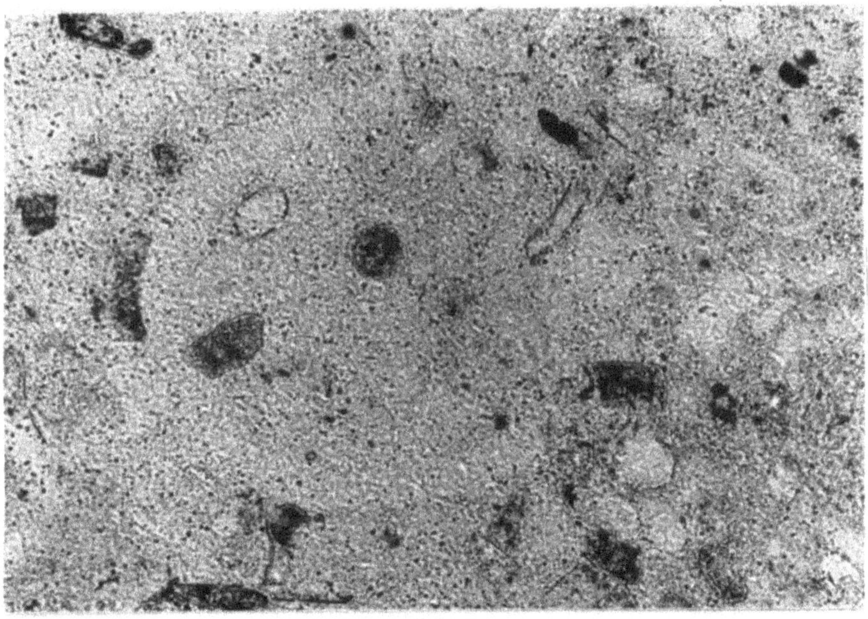

Polarisiertes Licht ohne Analysator

LB Kante = 1.11 mm Natur

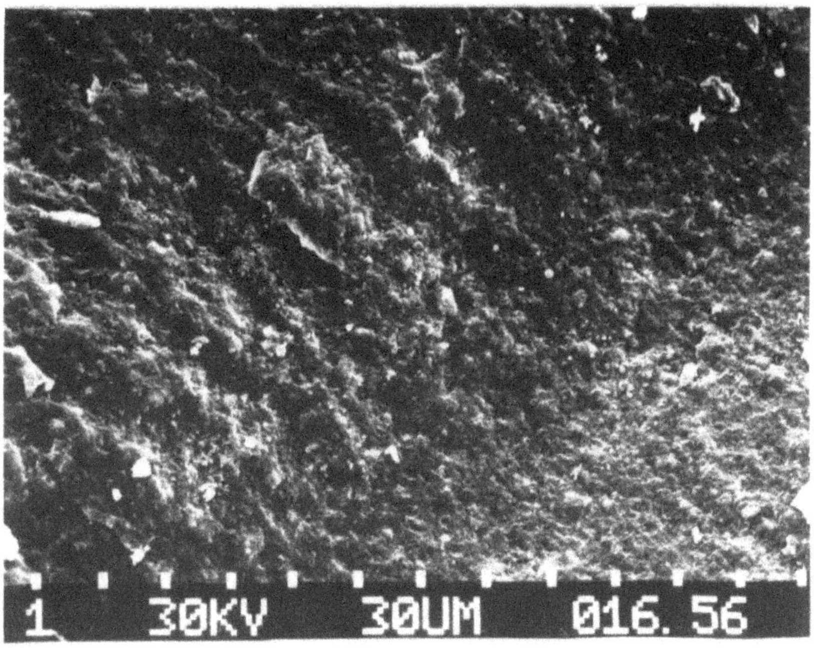

Tafel 18

F 2/EP

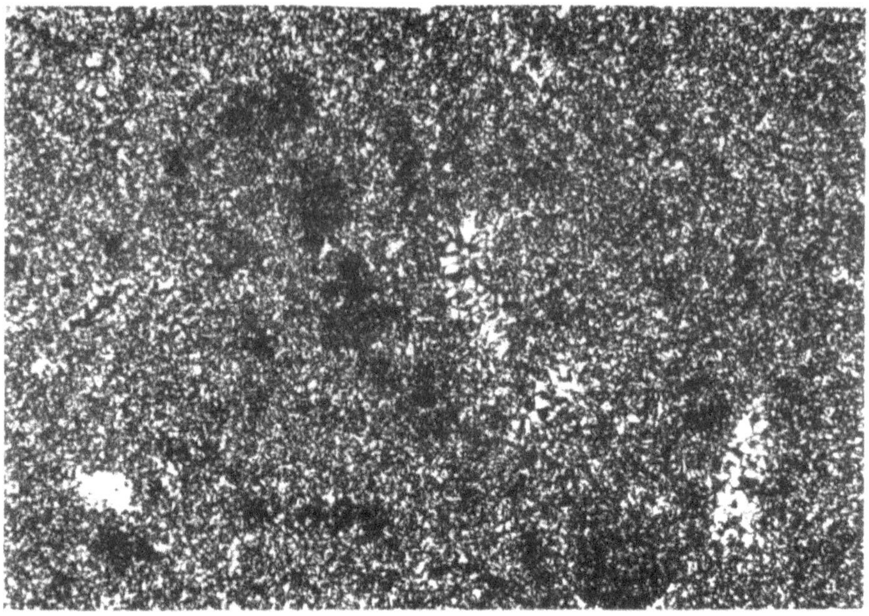

Polarisiertes Licht mit Analysator (= gekreuzte Polarisatoren)

LB Kante = 1.11 mm Natur

Polarisiertes Licht ohne Analysator

LB Kante = 1.11 mm Natur

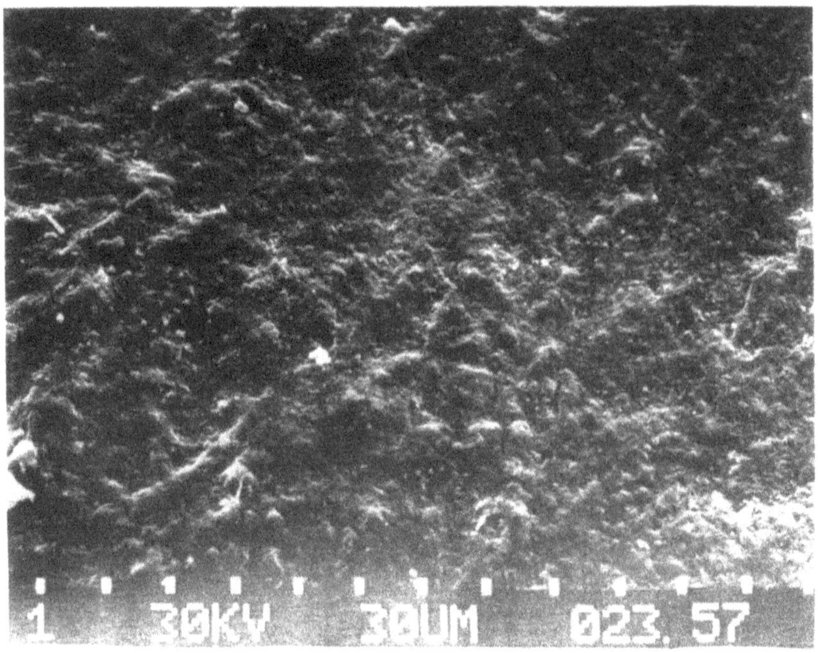

Tafel 19

F 3/EP

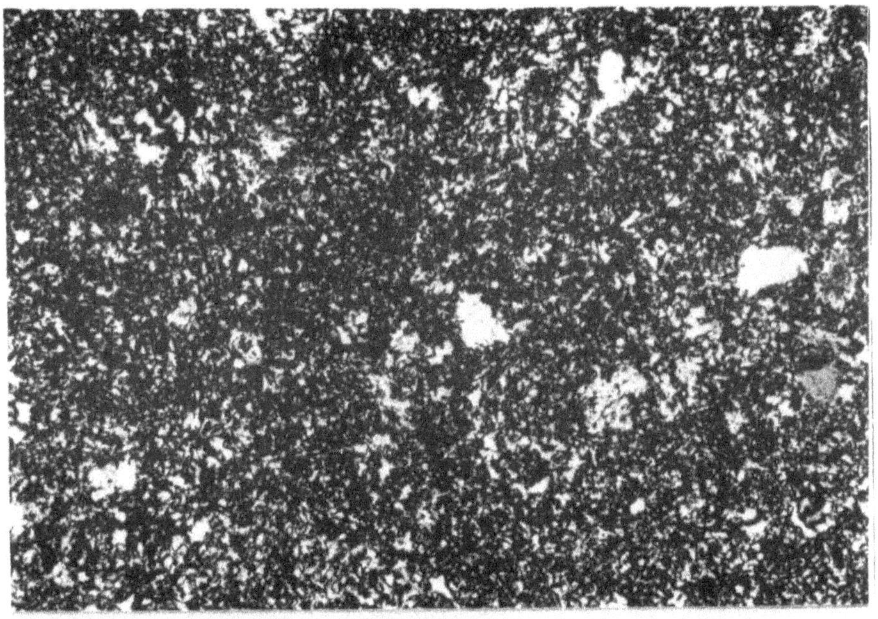

Polarisiertes Licht mit Analysator (= gekreuzte Polarisatoren)

LB Kante = 1.11 mm Natur

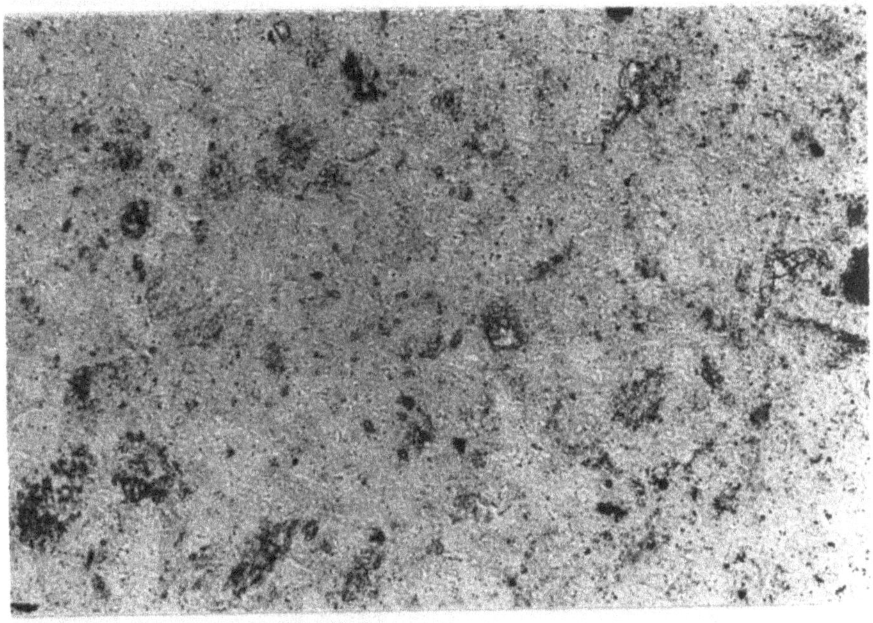

Polarisiertes Licht ohne Analysator

LB Kante = 1.11 mm Natur

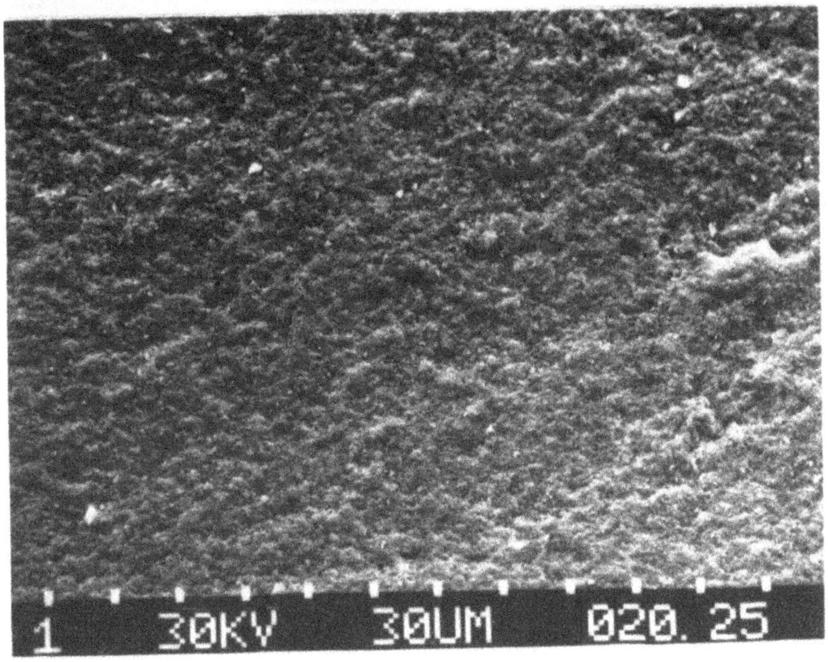

<u>Tafel 20</u>

F 4/EP

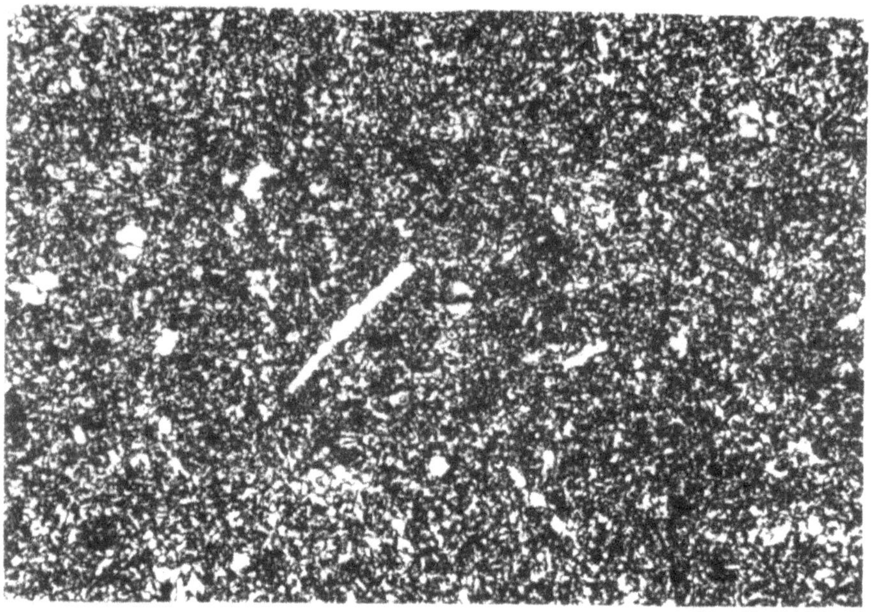

Polarisiertes Licht mit Analysator (= gekreuzte Polarisatoren)

LB Kante = 1.11 mm Natur

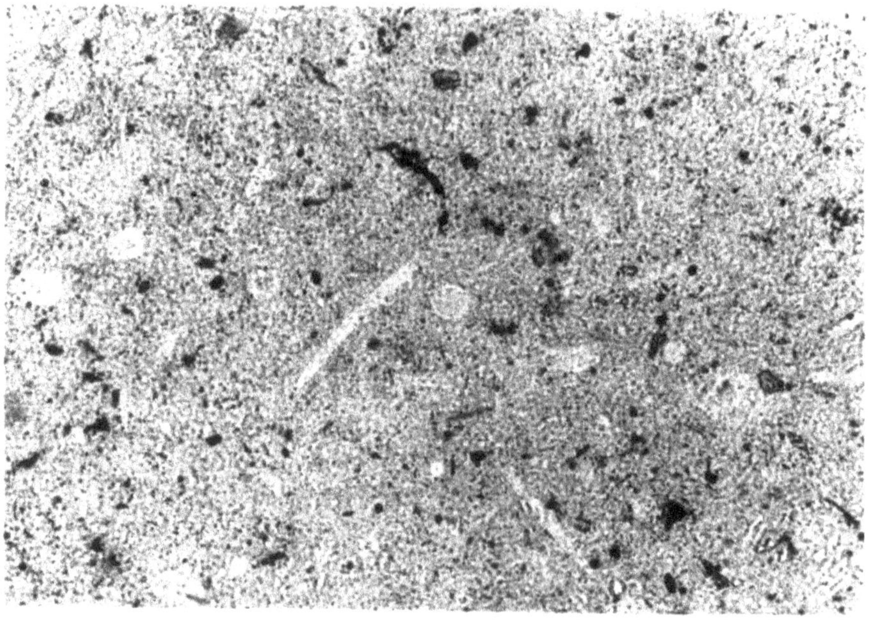

Polarisiertes Licht ohne Analysator

LB Kante = 1.11 mm Natur

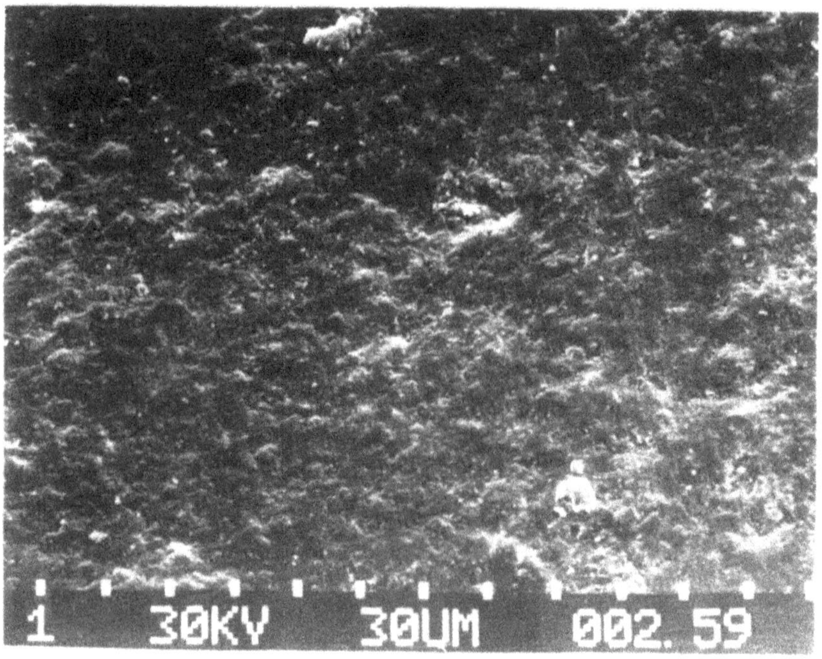

Tafel 21

F 5/EP

Polarisiertes Licht mit Analysator (= gekreuzte Polarisatoren)

LB Kante = 1.11 mm Natur

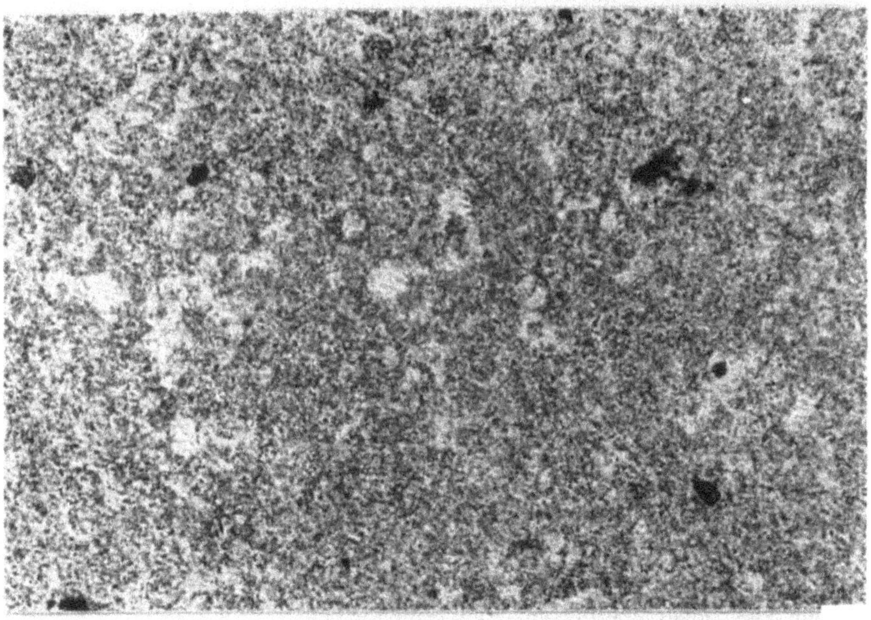

Polarisiertes Licht ohne Analysator

LB Kante = 1.11 mm Natur

Tafel 22

F 6/EP

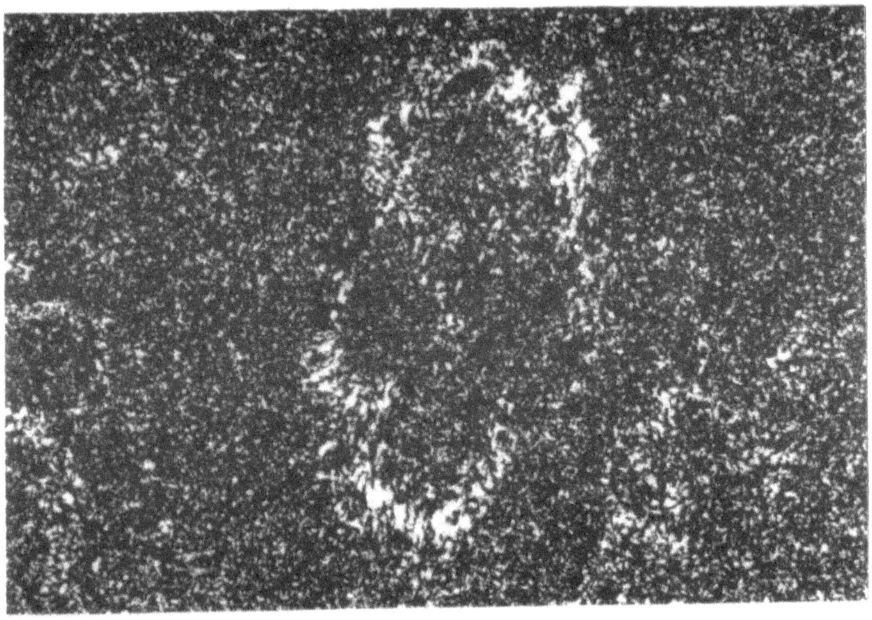

Polarisiertes Licht mit Analysator (= gekreuzte Polarisatoren)

LB Kante = 1.11 mm Natur

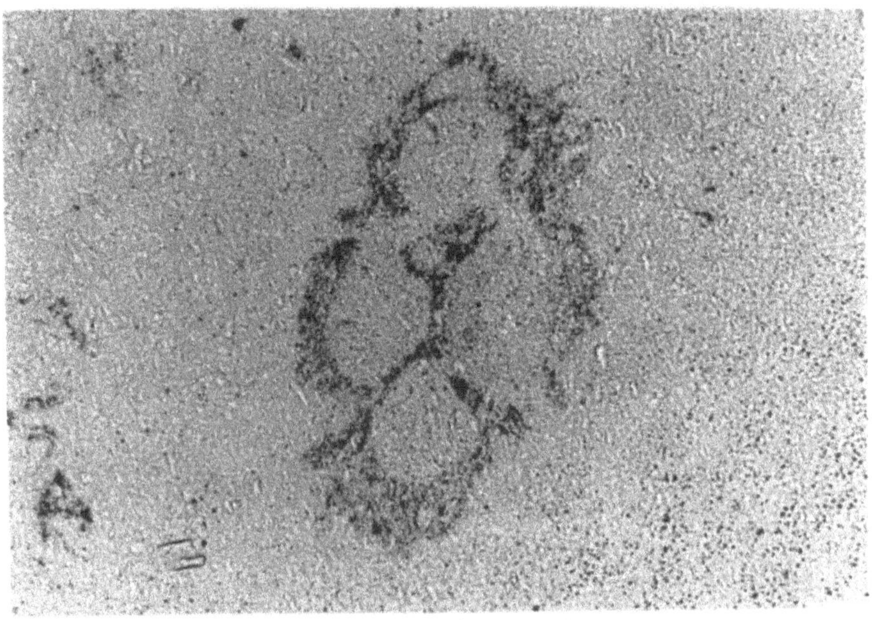

Polarisiertes Licht ohne Analysator

LB Kante = 1.11 mm Natur

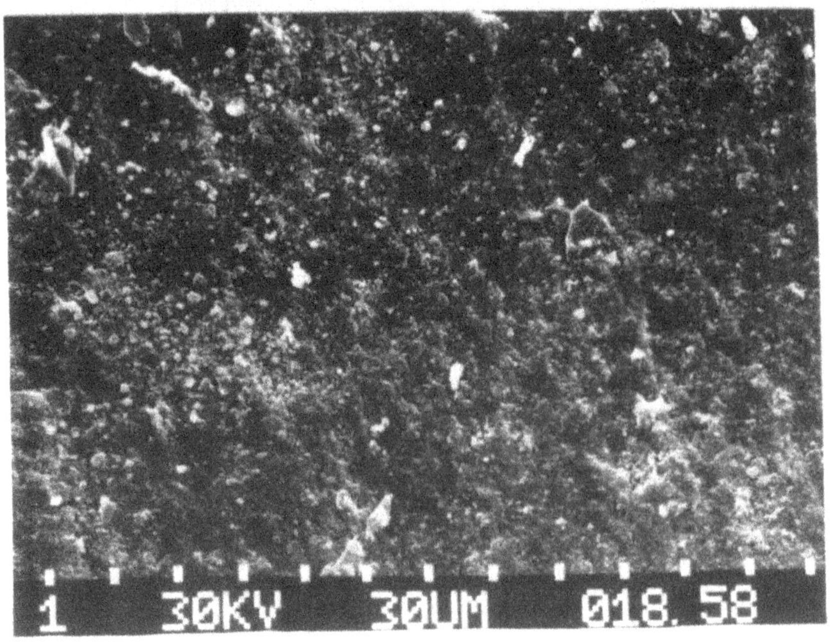

Tafel 23

L 1/EP

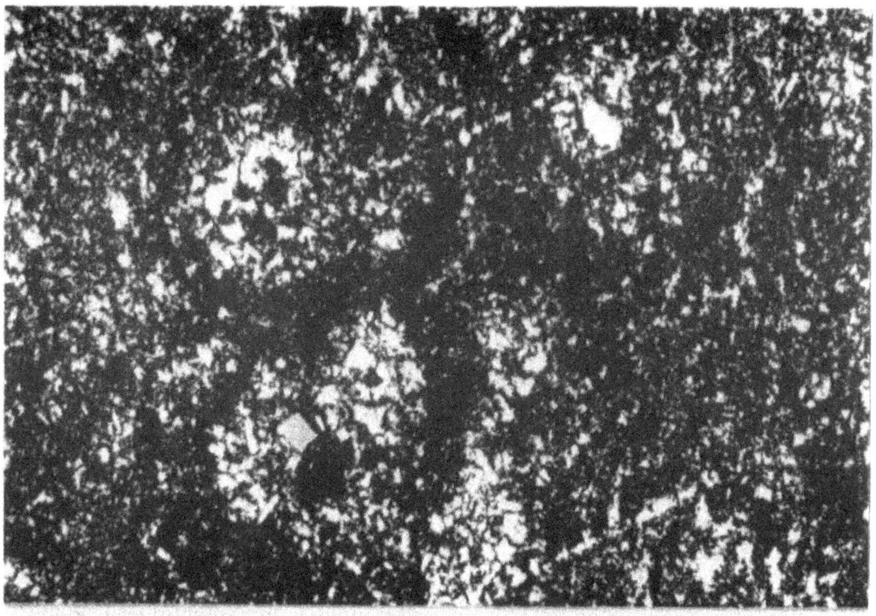

Polarisiertes Licht mit Analysator (= gekreuzte Polarisatoren)

LB Kante = 1.11 mm Natur

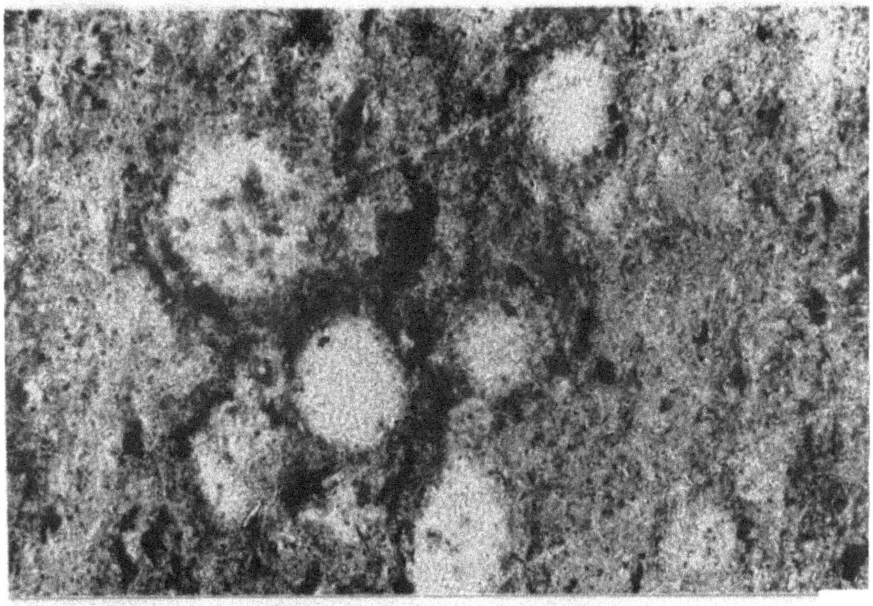

Polarisiertes Licht ohne Analysator

LB Kante = 1.11 mm Natur

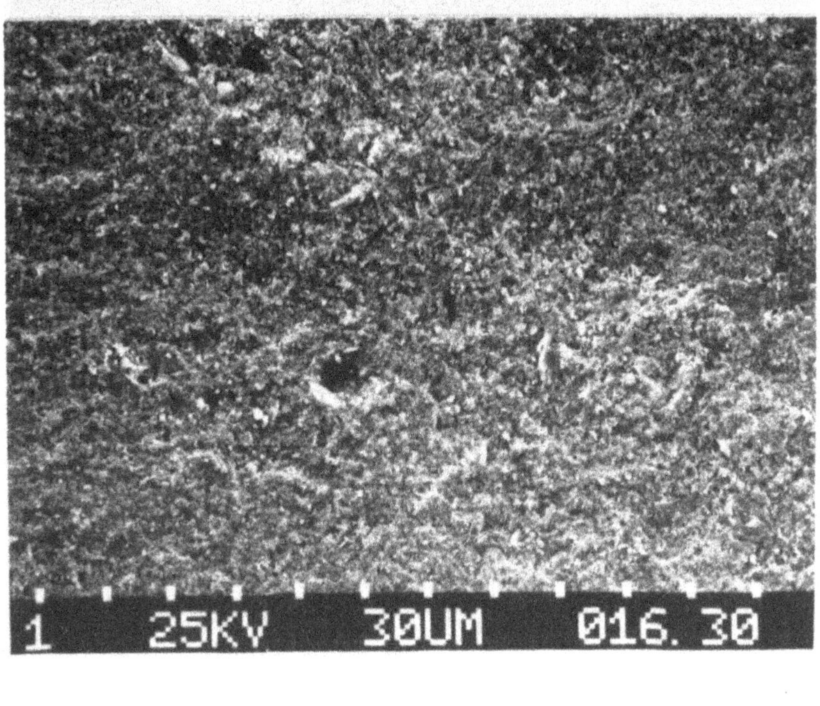

Tafel 24

L 2/EP

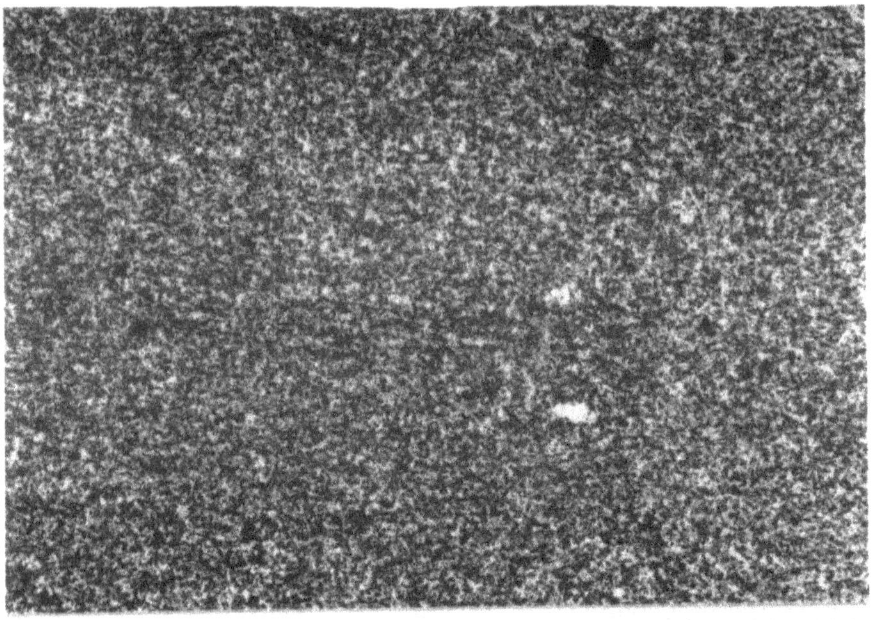

Polarisiertes Licht mit Analysator (= gekreuzte Polarisatoren)

LB Kante = 1.11 mm Natur

Polarisiertes Licht ohne Analysator

LB Kante = 1.11 mm Natur

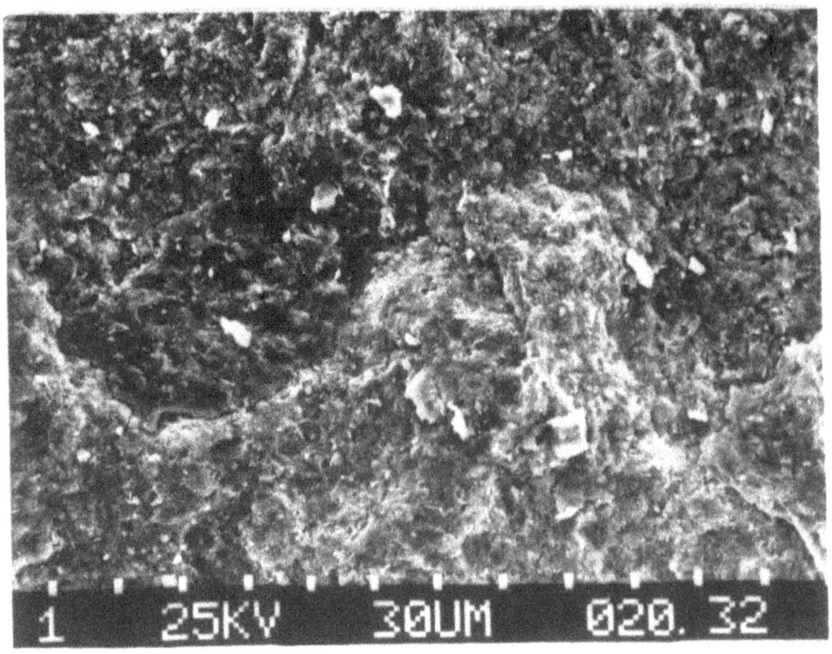

Tafel 25

KO/EP

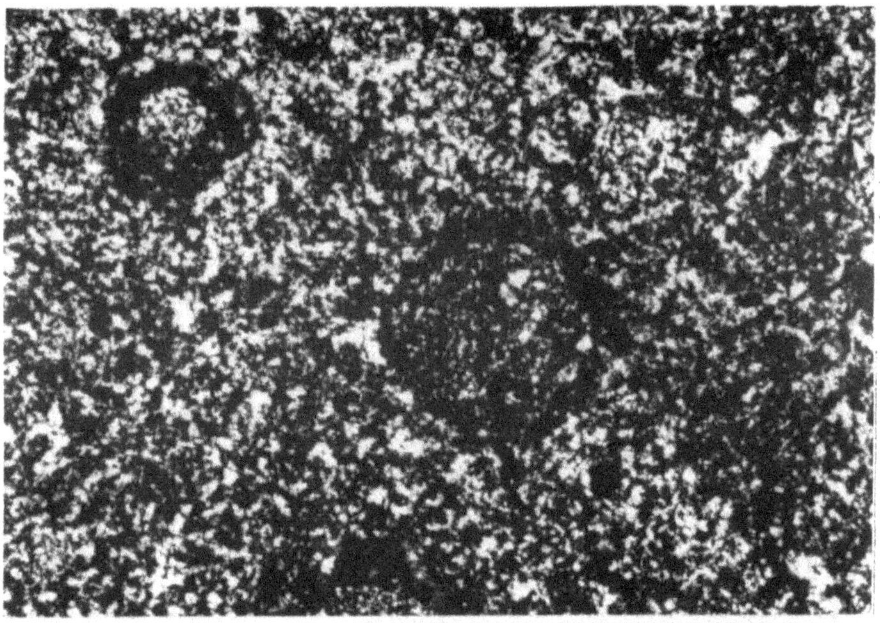

Polarisiertes Licht mit Analysator (= gekreuzte Polarisatoren)

LB Kante = 1.11 mm Natur

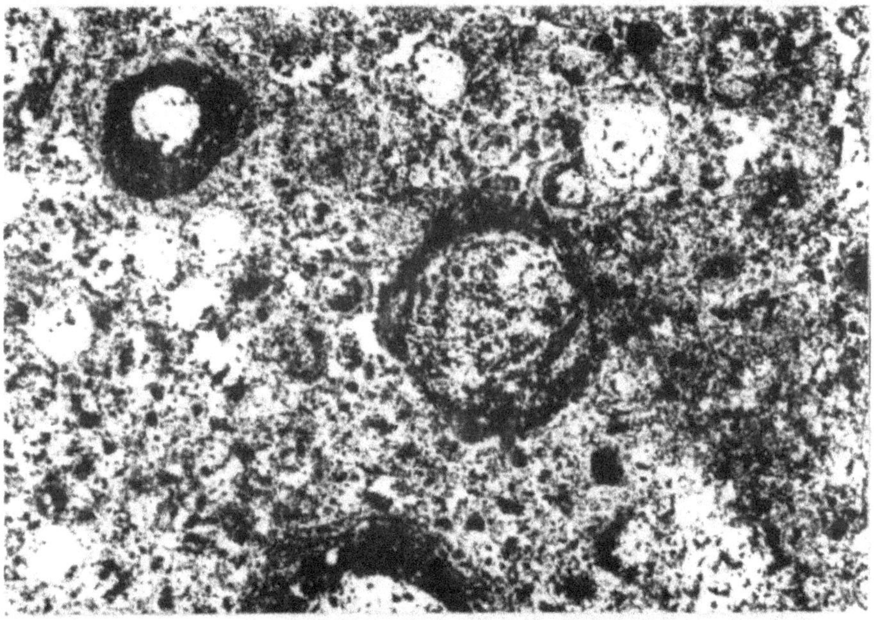

Polarisiertes Licht ohne Analysator

LB Kante = 1.11 mm Natur

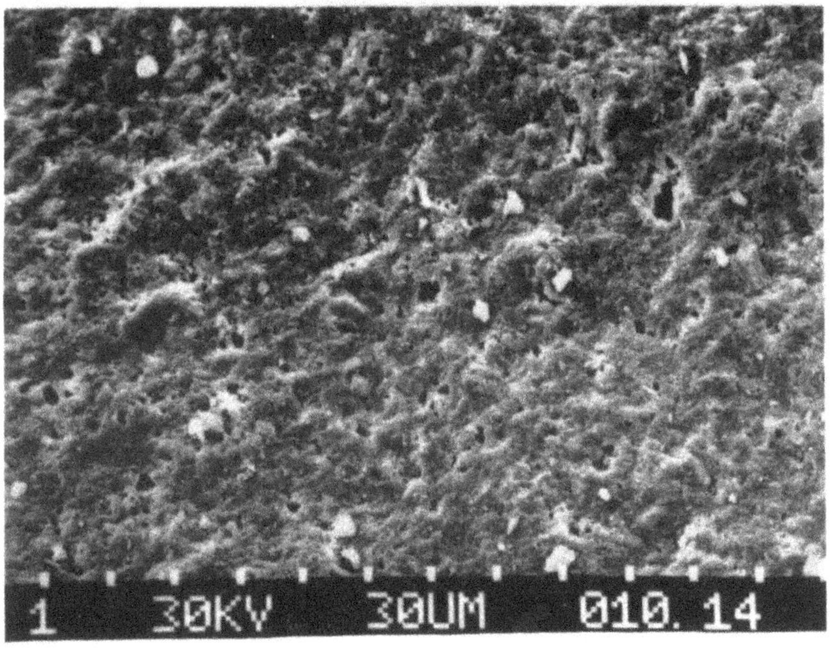

Tafel 26

VK/EP

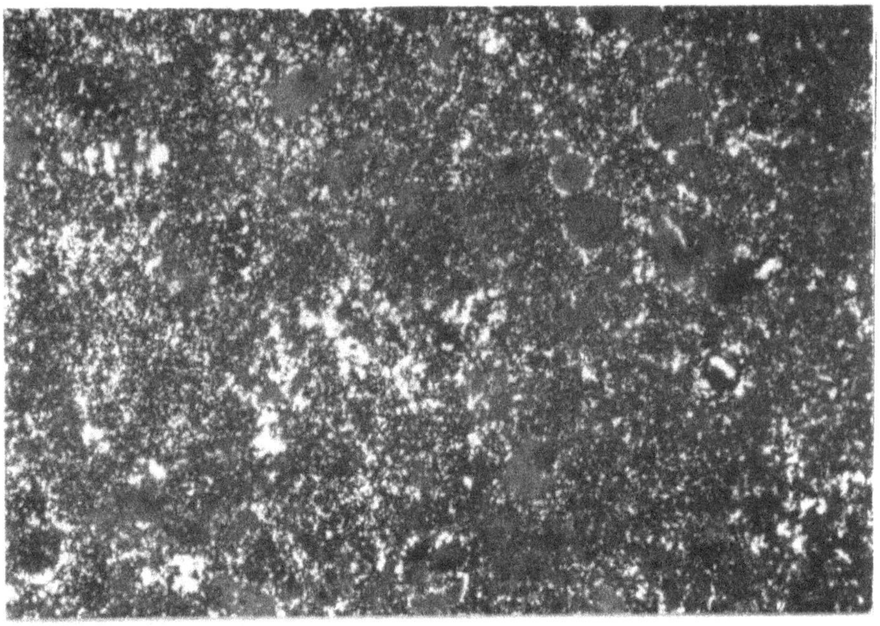

Polarisiertes Licht mit Analysator (= gekreuzte Polarisatoren)

LB Kante = 1.11 mm Natur

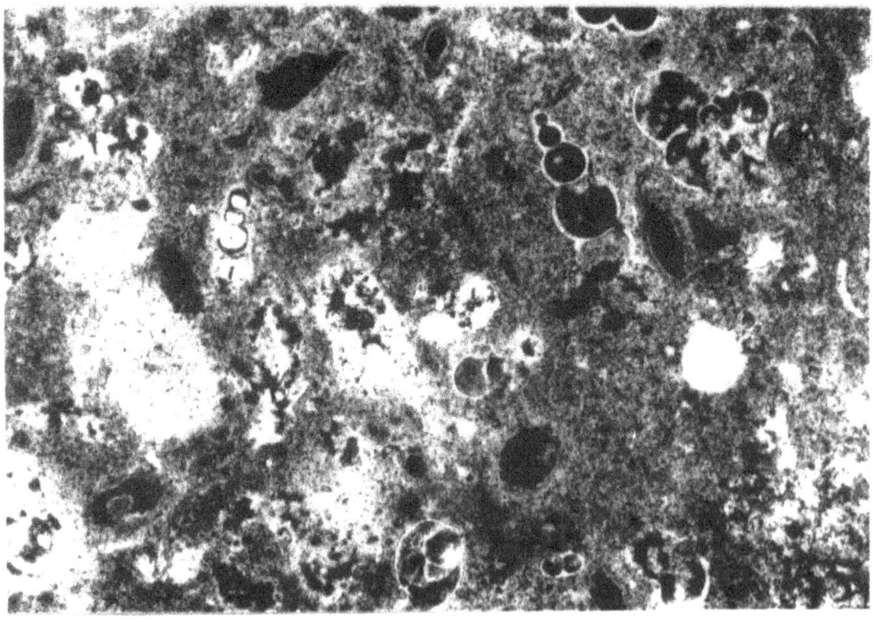

Polarisiertes Licht ohne Analysator

LB Kante = 1.11 mm Natur

Tafel 27

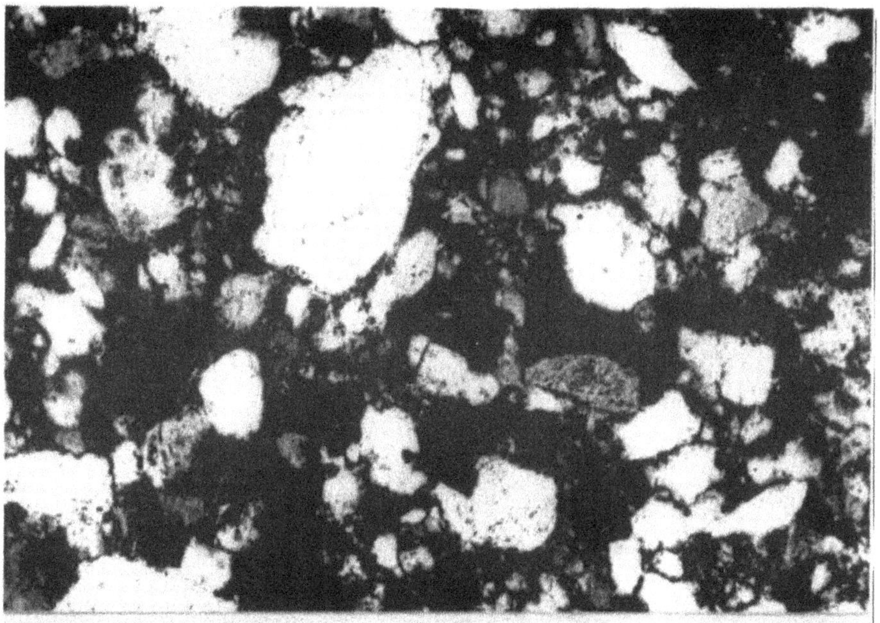

Eudenbach

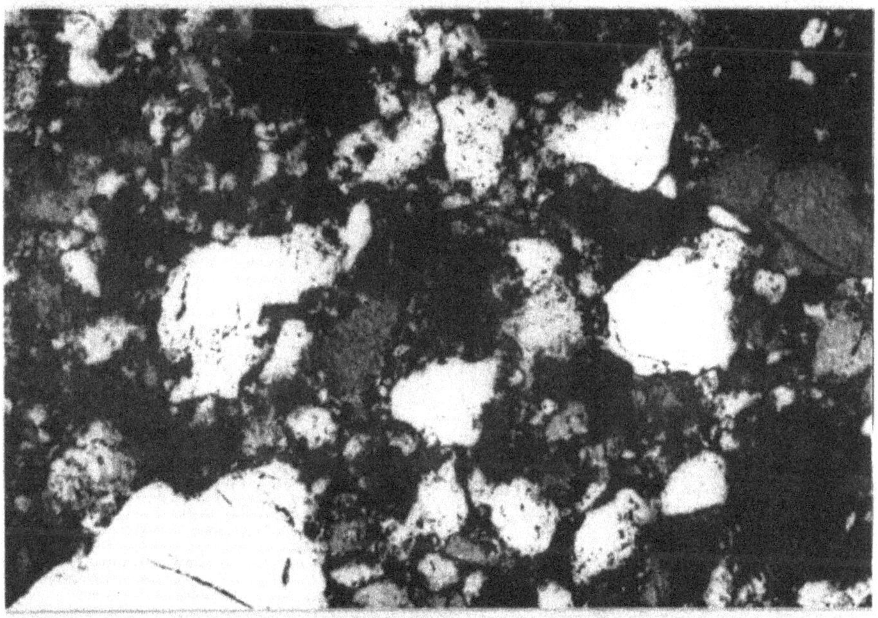

Herschbach

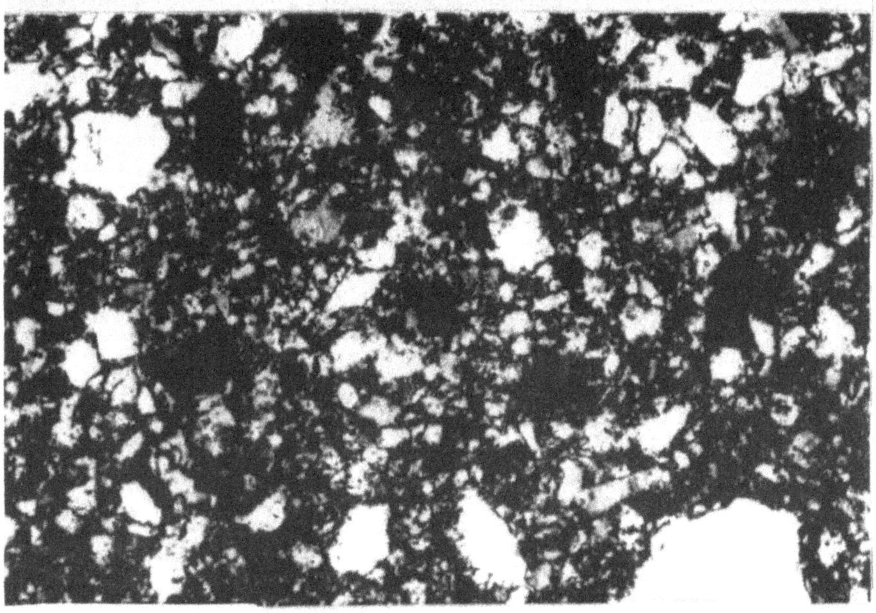

Muffendorf

Polarisiertes Licht mit Analysator (= gekreuzte Polarisatoren), LB Kante = 0.885 mm Natur

Tafel 28

Wintermühlenhof

Hausen

Lenderscheid

Polarisiertes Licht mit Analysator (= gekreuzte Polarisatoren), LB kante = 1.11 mm Natur

Tafel 29

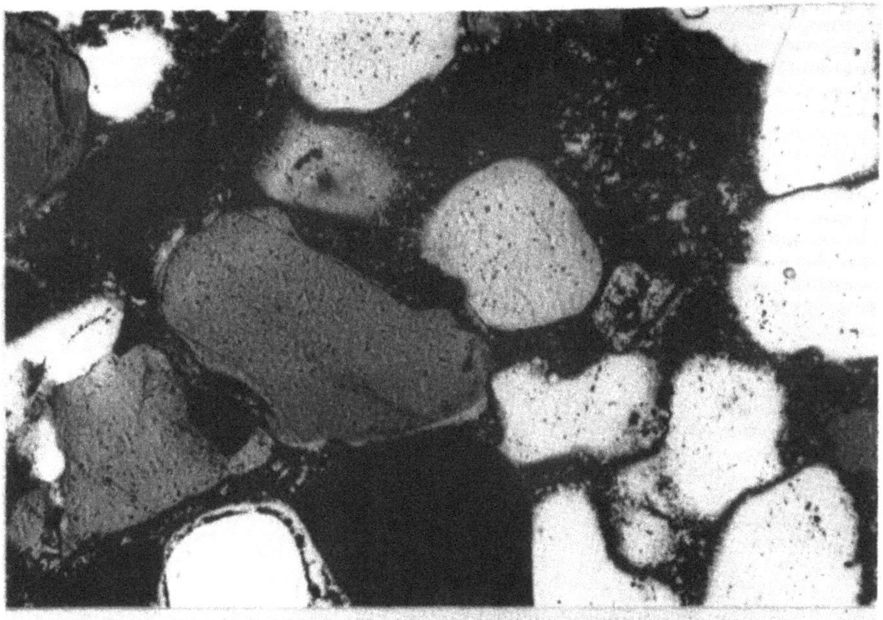

Rörshain

LB Kante =
1.11 mm Natur

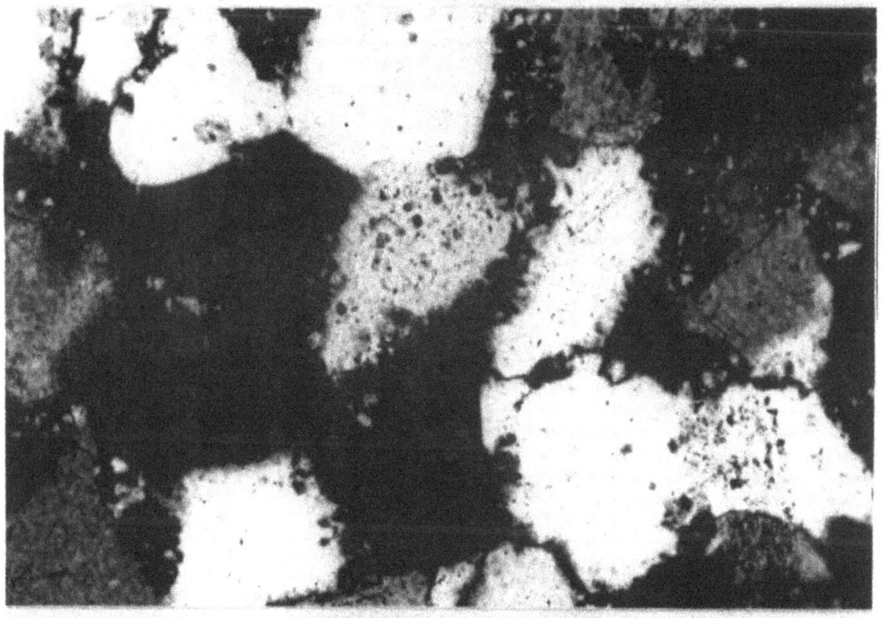

Ziegenhain

LB Kante =
0.885 mm Natur

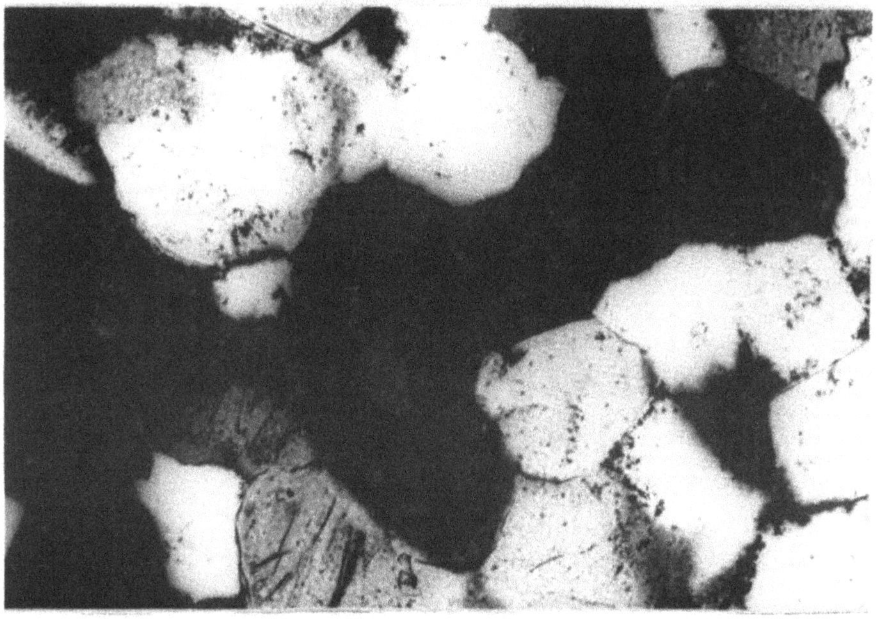

Scheden

LB Kante =
1.11 mm Natur

Polarisiertes Licht mit Analysator (= gekreuzte Polarisatoren)

Tafel 30

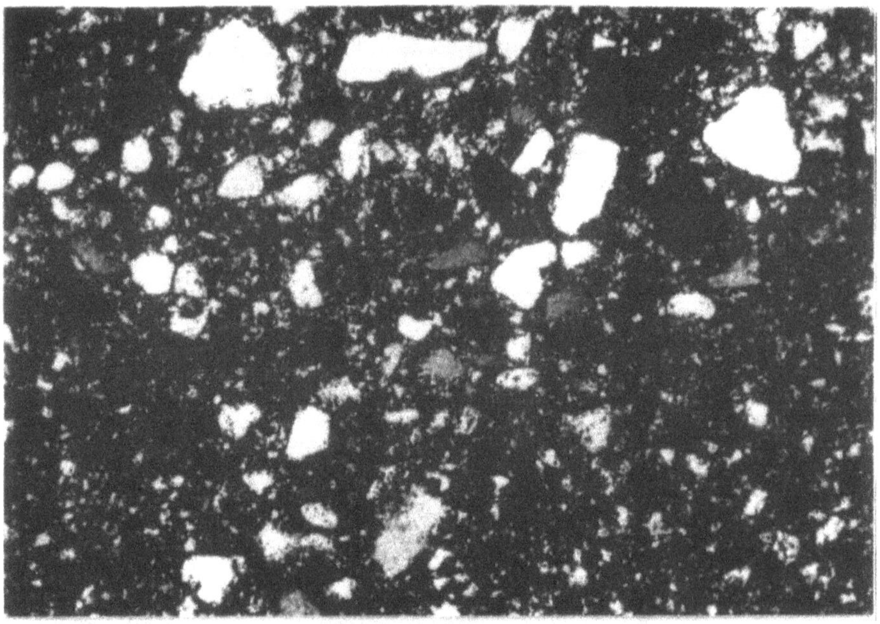

Liedberg

LB Kante = 0.885 mm Natur

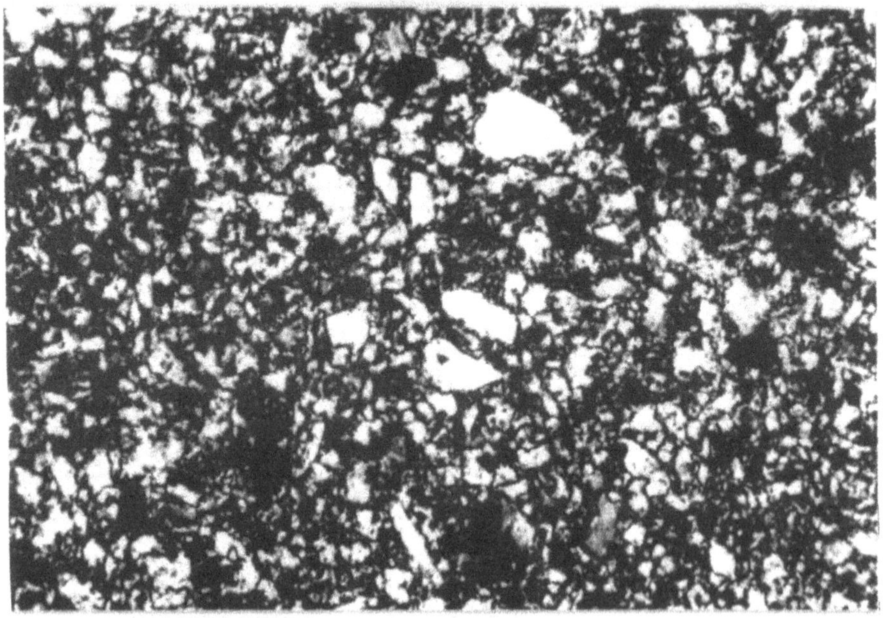

Wommersom

LB Kante = 0.885 mm Natur

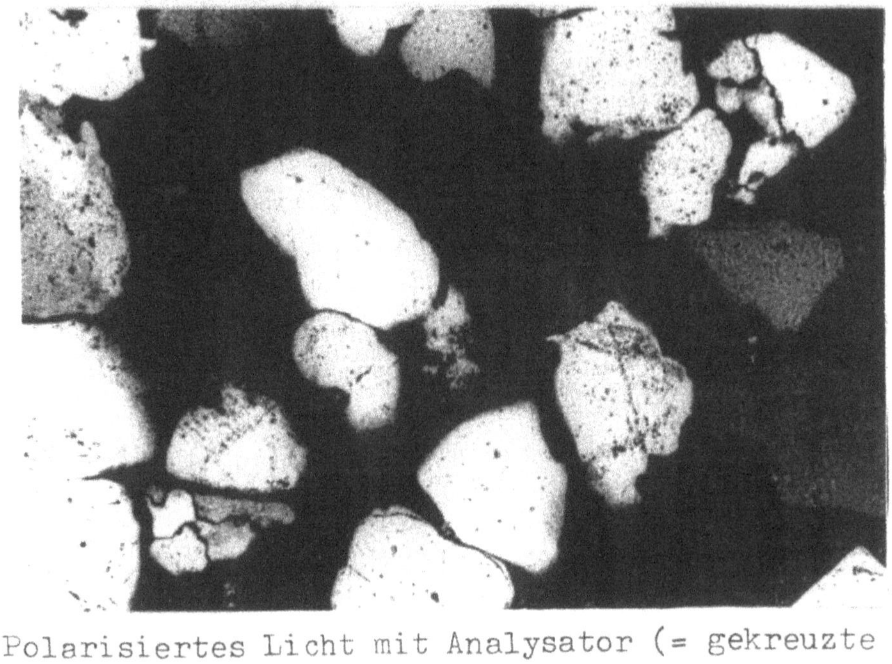

Teufelsmauer

LB Kante = 1.11 mm Natur

Polarisiertes Licht mit Analysator (= gekreuzte Polarisatoren)

<u>Tafel 31</u>

Ems-Quarzit

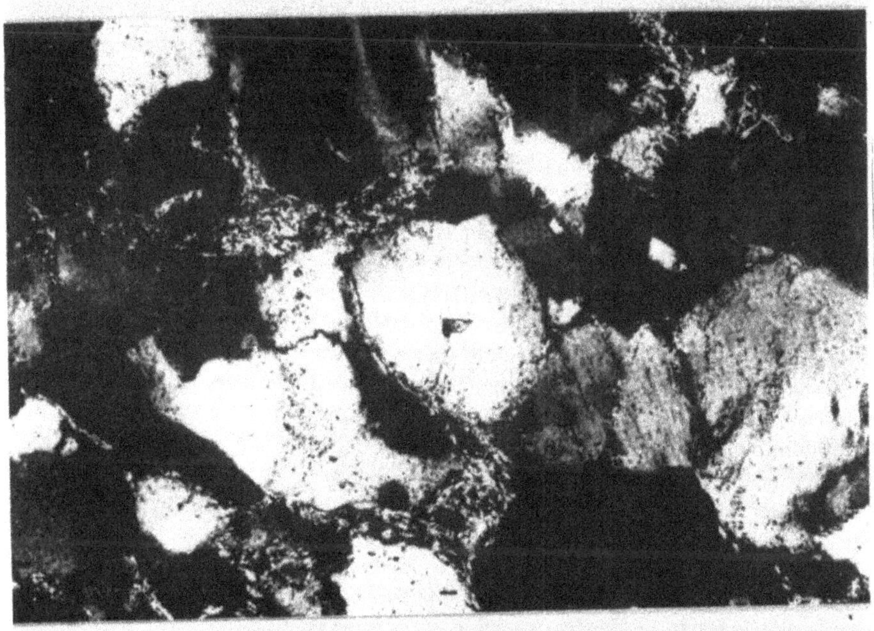

Taunus-Quarzit

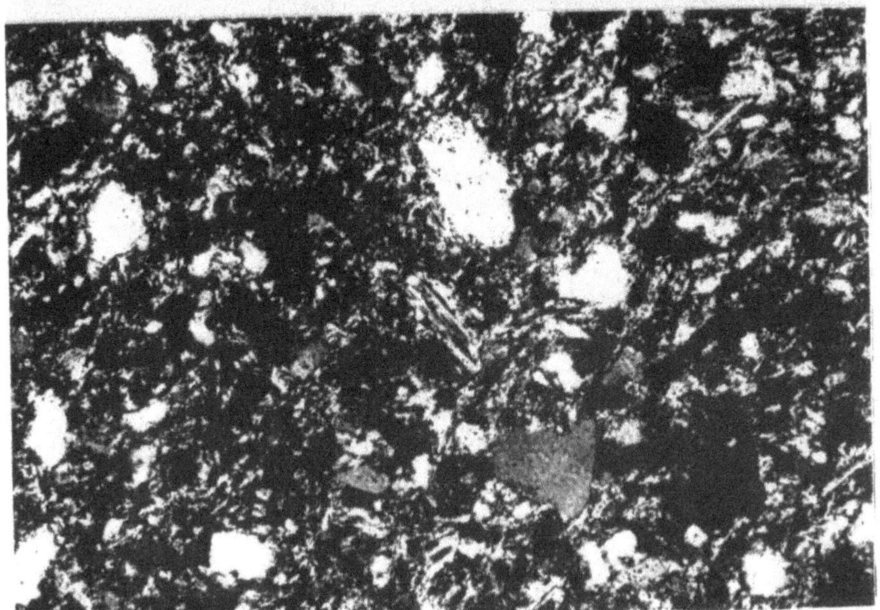

Quarzit aus den Ardennen

Polarisiertes Licht mit Analysator (= gekreuzte Polarisatoren), LB Kante = 1.11 mm Natur

Tafel 32

F 1/EP

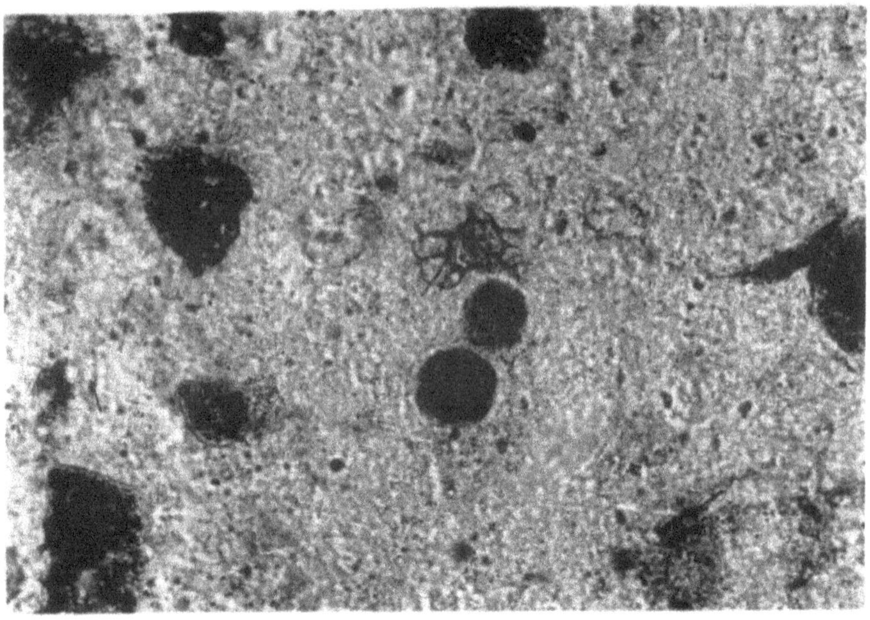

Foraminifere

Spiniferites ramosus

Durchlicht

0,05 mm

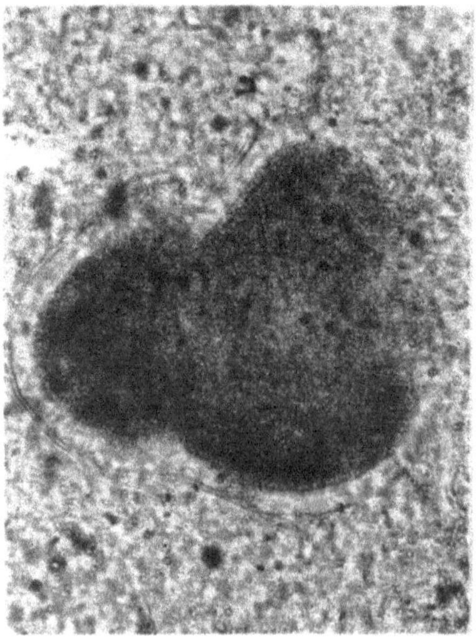

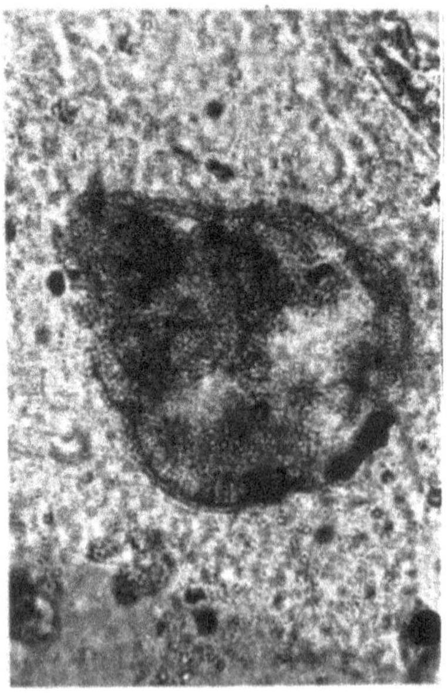

Foraminiferen

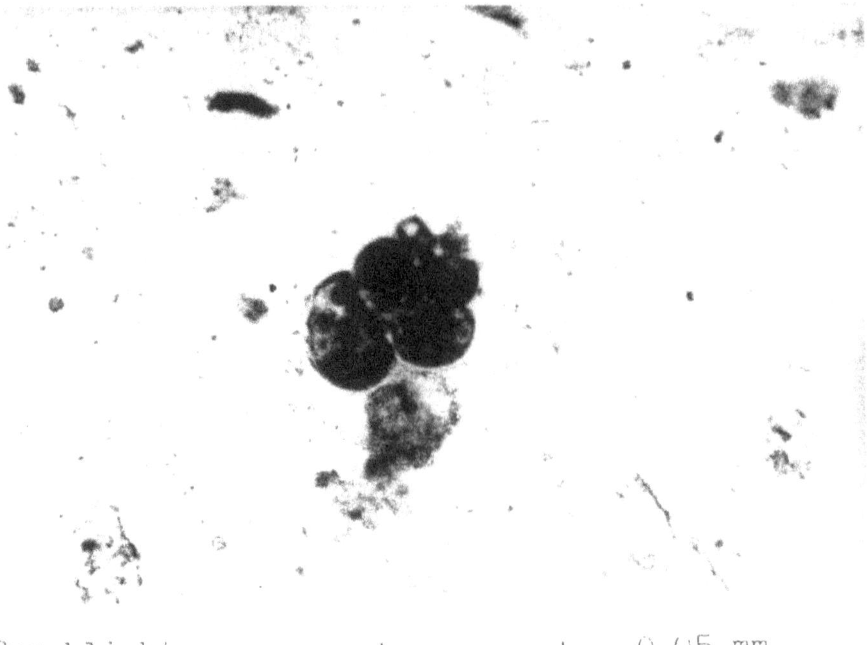

Foraminifere

Durchlicht 0,05 mm

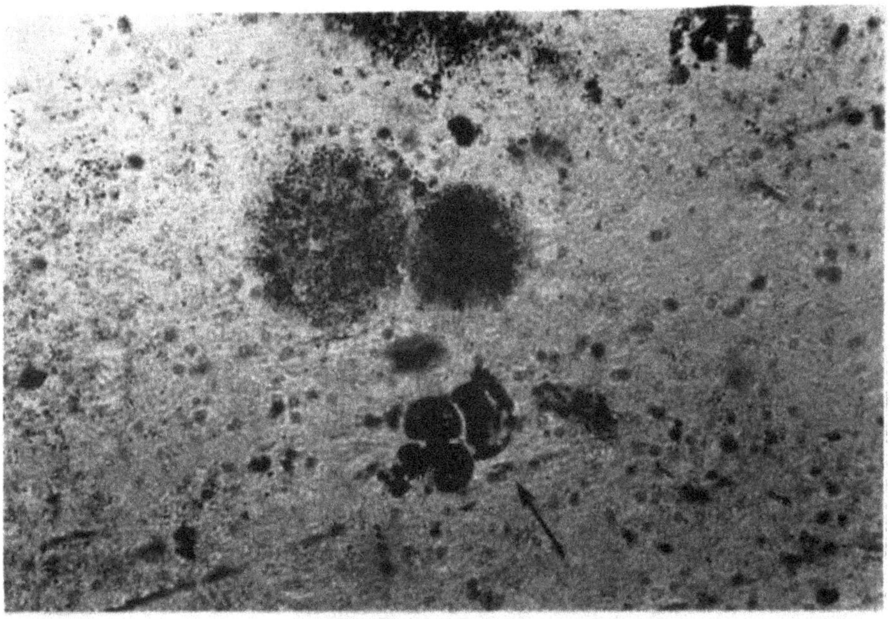

Tafel 33

F 2/EP

Foraminiferen

Durchlicht

0,05 mm

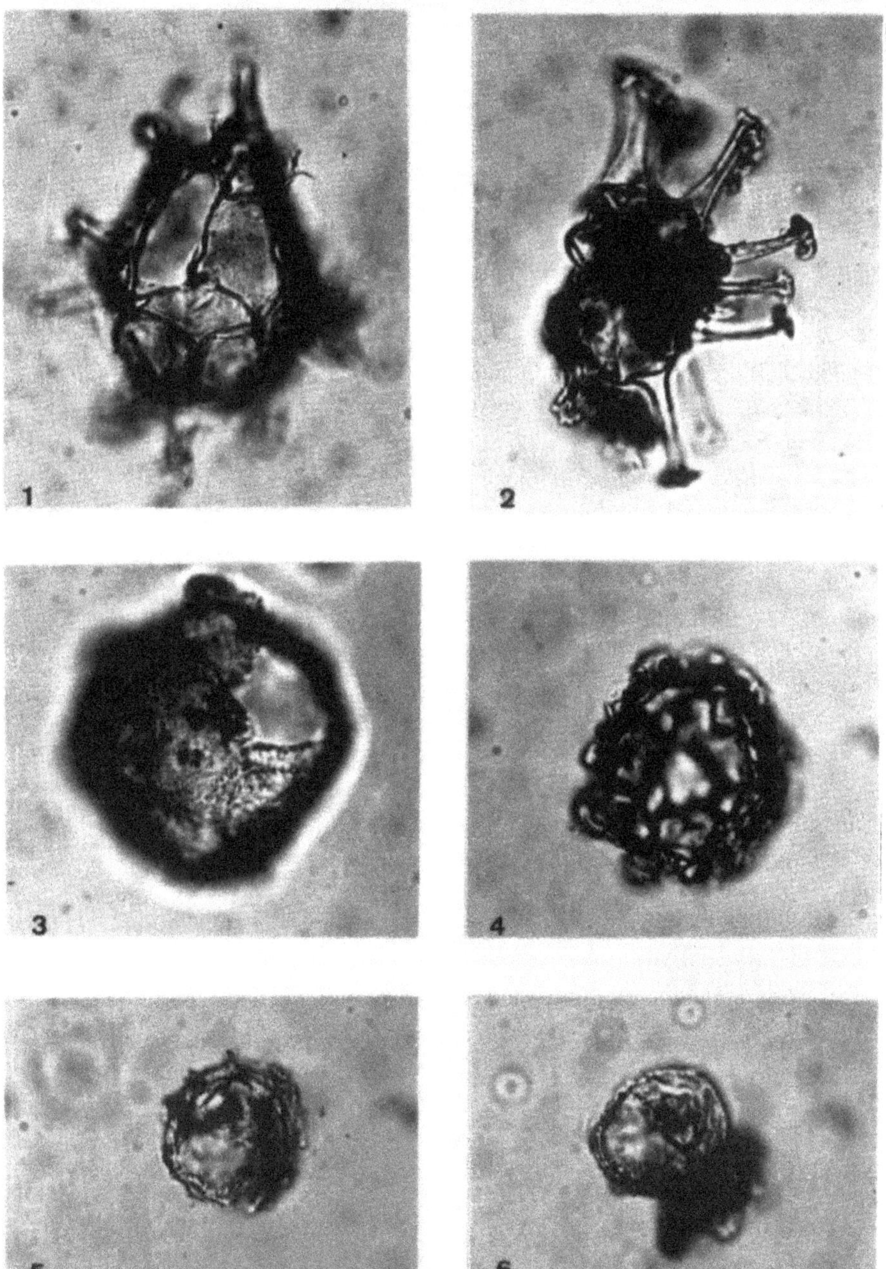

F 3/EP

1 Spiniferites ramosus

2 Hystrichosphaeridium tubiferum

3 Cribroperidinium sp.

4 Cassiculosphaeridia reticulata

5 Batiacasphaera sp.

6 Protoellipsodinium sp. (?)

Durchlicht 0,02 mm

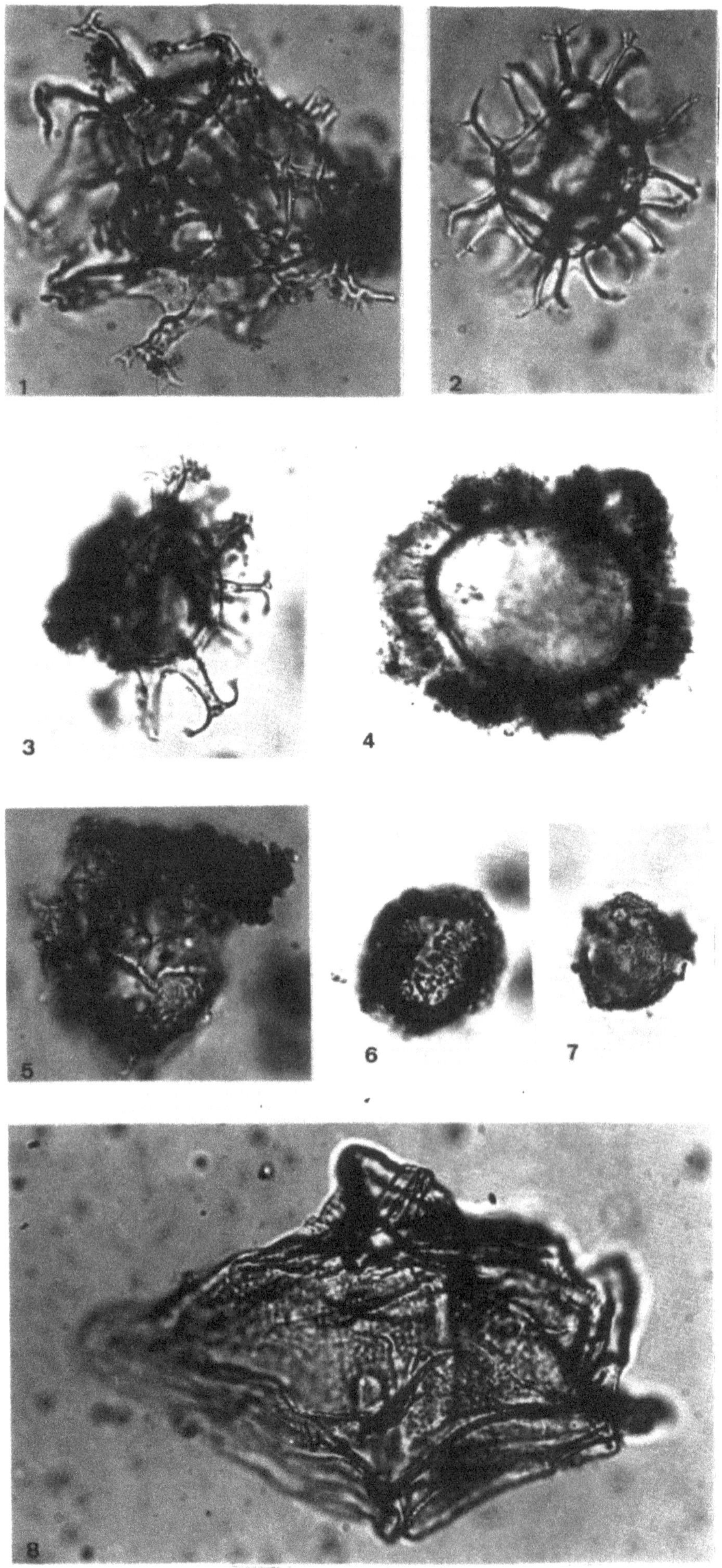

Tafel 34

F 4/EP

1 Spiniferites ramosus

2 Spiniferites ramosus

3 Spiniferites ramosus

4 Exochosphaeridium bifidum

5 Oligosphaeridium poculum

6 Chlamydophorella discreta

7 Batiacasphaera sp.

8 Palaeoperidinium pyrophorum

Durchlicht 0,02 mm

www.ingramcontent.com/pod-product-compliance
Lightning Source LLC
La Vergne TN
LVHW072249300926
849160LV00018B/1622
* 9 7 8 0 8 6 0 5 4 5 7 5 0 *